力学

Ⅰ

質点・剛体の力学

新装版

原島 鮮 著

裳華房

本書は 1973 年 2 月刊，原島鮮著「力学Ⅰ— 質点・剛体の力学 —」を"新装版"
として刊行するものです．

はしがき

著者が昭和 33 年に力学の教科書を発行してから，多くの大学で教科書として採用され，また多くの学生諸君によって参考書として読まれてきたことは，著者として感謝に堪えないところである．

年月が経つにつれて，著者自身にも書き直したいところや追加したいところに気がつき，読者の方々からもいろいろとご注意を受けた．また，過去数年間電子計算機で力学の現象を計算したり，運動をプロッターに描かせ，ブラウン管に映したりしているうちに，これを教科書に織り込みたいと思うようになった．従来の力学の教科書は解析的に解くことのできる現象を基本として内容がつくられている．もともと自然がそのようなものであるのか，あるいは私たちの自然認識の方法がそのようにしたものか，いろいろと考え方があろうが，電子計算機による数値計算は問題が解析的に簡単であるかどうかにはあまりよらない．それで数値計算を従来よりも利用したらどうであろうかと考えるようになった．

以上のような経過で，出版社裳華房の遠藤恭平氏に相談したところ，経済的に問題があるのにもかかわらず快く書き直しを引き受けて下さった．それで第一には著者は改訂と思っても客観的には改悪になっている恐れもあり，第二には全体のページ数が多くなり学習者にとってくわし過ぎる可能性もあり，また著者にとってはいままでの“力学”に対する愛着が強くもあるので，いままでの“力学”はそのまま発行を続け，それとは別に“力学 I”と“力学 II”を出版することとなった．

“力学 I”では質点・質点系・剛体の力学の個々の現象を扱い，“力学 II”では解析力学として一般論を扱い，これに前期量子論，特殊相対性理論を含めることにした．2 部に分けたのは読者の便を考えたためである．

本書では電子計算機による図形をいくつか載せたが，それは正確な図形を提供するということ以外に，前に述べた考えをいくらか盛り込んでみたかったからである．しかしまだいろいろと問題があるので，全体の道筋は従来どおりの形にして，電子計算機の利用は付随的なものにとどめた．

本書が読者の力学理解のためいくらかでもお役に立つとすれば，それは著者に力学の手ほどきをしてくれた M. Planck の名著“一般力学”（寺沢寛一先生，久末啓一郎先生訳）をはじめとする内外の力学の教科書，また著者を導いて下さった恩師・先輩・友人，著者の講義をきいて下さった過去の学生であった方々やいろいろな注意を賜わった読者のお蔭である．

はじめからこの出版を理解して下さった裳華房の遠藤恭平氏，直接細かいところまで配慮して戴いた同書房 真喜屋実孜氏，電子計算機のことでいろいろお世話になっている国際基督教大学コンピューターセンターの方々に御礼申し上げる．

昭和 47 年 12 月

三鷹にて　　原 島　鮮

目　次

1　慣性の法則

2　力と加速度

3　簡単な運動

4 強制振動

5 運動方程式の変換

6 力学的エネルギー

7 角運動量 面積の原理

8 単振り子の運動と惑星の運動

9 相対運動

10　質点系の運動

11　剛体のつり合いと運動

12　剛体の平面運動

13　固定点のまわりの剛体の運動

1 慣性の法則

§1.1 点の位置の表わし方 直交変換

空間内に1つの点Pがあるとしよう．この点がただ1つあるだけではその位置を表わすことはできない．位置を表わすのには，必ず基準になる物体が必要である．Newton[1]は絶対静止空間を考え，1つの点の位置はこの絶対静止空間に対して記述できるものと考えた．

19世紀には光が波であることが確かめられ，さらに電磁波が空間を伝播することが発見されて，これらの波の存在から必然的に結論されるところの媒質としてエーテル（ether または aether）が物体の位置を絶対的に決定する基準になるものと考えられた．しかし，絶対空間もこのエーテルも，これが絶対空間である，これがエーテルであるというように物理的に確認する手段がないことからその存在を否定された．それで実在の物体だけが位置を決定するただ1つの手段として残された．1つの基準体を考え，1.1-1図のようにその上に3個の点A, B, Cをきめておけば，任意の点Pの位置は $\overline{\mathrm{AP}} = r_1$，$\overline{\mathrm{BP}} = r_2$，$\overline{\mathrm{CP}} = r_3$ の長さを与えることによってきめられよう．つまり，Pの位置は他の1つの

---

1) Newtonの著わした *Philosophiæ naturalis principia mathematica* (1687)（以下この本ではプリンキピア（*Principia*）と略称する）には

"Absolute space, in its own nature, without relation to anything external, remains always similar and immovable."（Encyclopædia Britannica: *Great Books of the Western World*, 34巻，8ページ）

と書かれている．

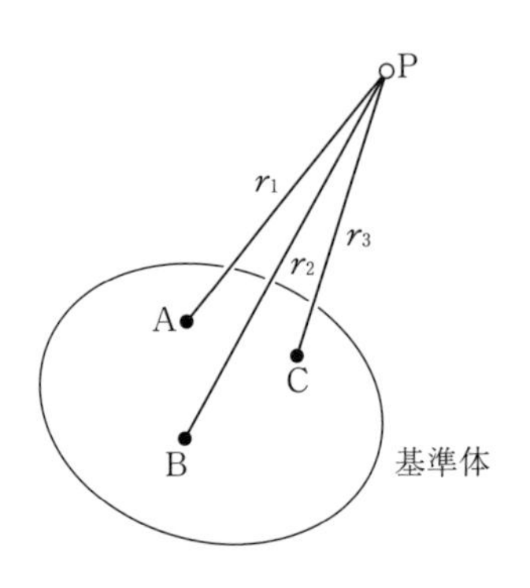

1.1-1 図

基準体に相対的にだけきめられるのである．

基準になる物体としては，時間がたっても形が変わらないもの（厳密な表現をすれば，物体内のどの2点の距離も時間に対して変わらないもの）をとるのが便利である．このような物体を**剛体**とよぶ．この剛体を基準体とすれば，1.1-1図に示されているようにP点の位置をきめることができる．

この基準になる剛体が静止しているとか，動いているとかいうのは，いまのところ無意味である．そのようなことをいうのにはそれを確かめる方法を与えなければならないが，それにはもう1つのほかの基準体が必要であり，この新しい基準体が動いているか静止しているかをいうのには第3の基準体が必要になって際限がないからである．ふつうは地面からみて位置が変わらない物体を静止しているというのであるが，これはまったく便宜的ないい方であって，地面が静止しているという保証はどこにもない．それゆえ，空間内に1つの剛体があるとし，それが静止しているとか運動しているとかは問題にせず，この剛体を基準体として他の任意の点の位置をきめると考えなければならない．

物体の位置をこの基準剛体に対してきめ，その時間経過に対しての変化を記述するだけならば —— このような記述の仕方を論じる学問を運動学（kinematics）とよぶ —— 基準剛体としてどのようなものを選んでもよいが，物体に働く力を考え，その力によって運動がどのように決定されるかを論じるときには —— このようなことを論じる学問が力学である —— 基準剛体のとり方によって力学の体系が複雑にも簡単にもなる．どのような基準剛体をとれば体系が簡単になるかは経験によってきめられなければならない．

惑星の運動をもっとも簡単に論じるには，地面に対する運動を考えるよりも太陽に対する運動を考えたほうが簡単であることはよく知られている事実である．地上にみられる運動，天体の運動をいろいろと調べた結果，

太陽系の質量の中心（重心）に固定され，恒星に対して回転しない剛体を

基準にとると力学現象がもっとも簡単に扱われる

ことがわかった．このような剛体を**慣性系**（inertial system）とよぶが，§1.5の慣性の法則のところでくわしく述べるように，このような慣性系に対して，等速直線運動をしていて恒星に対して回転しない任意の剛体も慣性系である．

運動学の範囲内にとどまるのならば，基準体として慣性系をとる必要もないのであるが，力学では結局，慣性系が主役をするので，この§1.1から，物体の運動は慣性系に対して記述することにしよう．地上に固定された基準体は厳密にいえば慣性系ではないが，多くの場合，慣性系として扱って誤りが起こらない．落体や振り子の運動などの場合，地上に固定された系によって物体の運動を記述して研究することにより力学の法則が得られたのはこれによると考えられる．

以上のような剛体には互いに直角に交わる3つの軸，x軸，y軸，z軸をとりつけてこれに対する座標(x, y, z)を使うのが便利である．これはデカルト（Descartes, 1596 ～ 1650）によって考えられたもの（1637）であるが，力学に取り入れられたのは，1742年マクローリン（Maclaurin）によってであった．通常，デカルト座標（cartesian coordinates）とよぶ．右手の親指，人差し指，中指をx, y, z軸とし，互いに直角に保てば右手系（right-handed system），左手で同様にすれば左手系（left-handed system）となる．右手系を鏡に写せば左手系となる．右手系も左手系も使われたが，今日ではほとんどすべての場合，右手系が使われる．1.1-2図は右手系で点Pの位置を表わすもので，Pの座標は

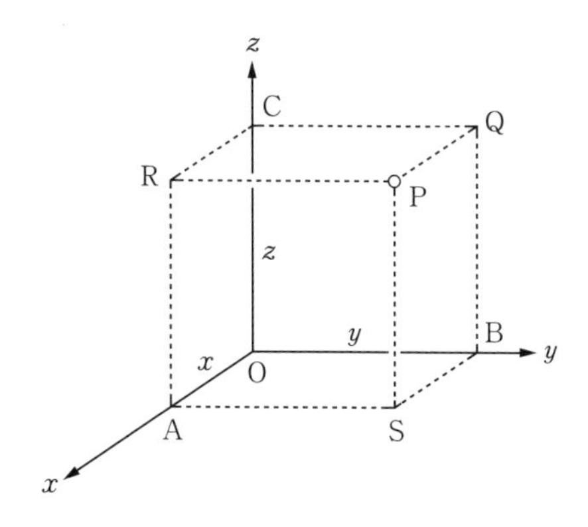

1.1-2図

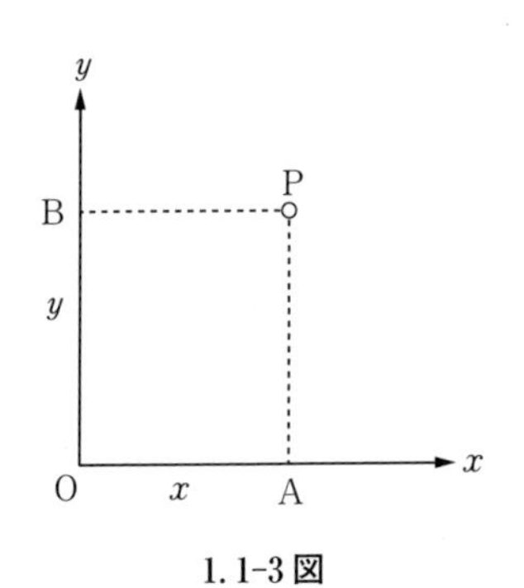

1.1-3 図

$$x = \overline{\mathrm{OA}}, \quad y = \overline{\mathrm{OB}}, \quad z = \overline{\mathrm{OC}}$$

である．

いろいろな場合，1 つの平面内の点の位置を考えればよいことが多い．1.1-3 図がその図で，

$$x = \overline{\mathrm{OA}}, \quad y = \overline{\mathrm{OB}}$$

である．

1.1-2 図の空間の場合にしても，1.1-3 図の平面の場合にしても，座標系は 1 つとは限らないで，原点をいろいろにとることもできるし，各座標軸の方向も，座標軸の間の角を直角に保ったまま，いろいろにとることができる．原点を変えないで方向だけを変えるような座標の変換がベクトルの性質に関連して重要である．このように，座標軸間の角を直角に保ったまま方向を変える変換を**直交変換**（orthogonal transformation）とよぶ．

1.1-4 図で P 点の位置を，(O, x, y) 座標系で表わしたものを (x, y)，(O, x', y') 座標系で表わしたものを (x', y') とする．両系のつくる角を α としよう．P から x 軸，y 軸に下した垂線の足を A, B，x' 軸，y' 軸に下した垂線の足を A′, B′ としよう．図からすぐにわかるように

$$x = \overline{\mathrm{OA}} = \overline{\mathrm{OA'}}\cos\alpha - \overline{\mathrm{A'P}}\sin\alpha = x'\cos\alpha - y'\sin\alpha,$$
$$y = \overline{\mathrm{OB}} = \overline{\mathrm{OA'}}\sin\alpha + \overline{\mathrm{A'P}}\cos\alpha = x'\sin\alpha + y'\cos\alpha.$$

まとめて，

$$\left.\begin{aligned} x &= x'\cos\alpha - y'\sin\alpha, \\ y &= x'\sin\alpha + y'\cos\alpha. \end{aligned}\right\} \qquad (1.1\text{-}1)$$

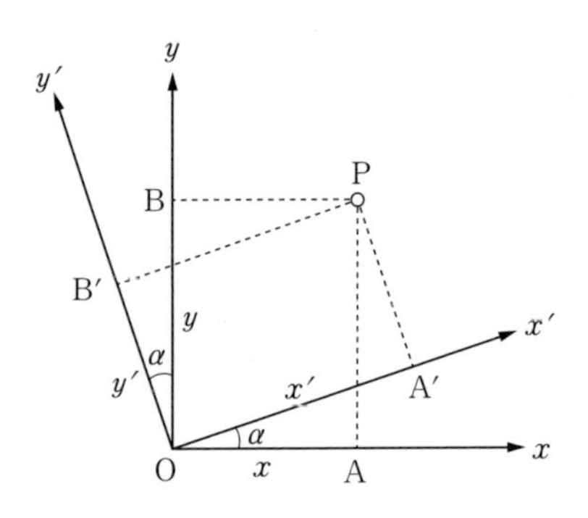

1.1-4 図

1.1-1 表

	x	y
x'	$\cos\alpha$	$\sin\alpha$
y'	$-\sin\alpha$	$\cos\alpha$

x', y' について解けば

$$\left.\begin{aligned} x' &= x\cos\alpha + y\sin\alpha, \\ y' &= -x\sin\alpha + y\cos\alpha. \end{aligned}\right\} \qquad (1.1\text{-}2)$$

これらの関係式（変換式）は，1.1-1 表のように座標軸の間の cos を表にして，これをみながら書き下すとよい．

例題　原点を共通に持つ 2 つの座標系の軸が 1.1-5 図のように $\pi/4$ の角をつくっている．任意の点 P の座標 $(x, y), (x', y')$ の間にはどのような関係があるか．また

$$x'^2 + y'^2 = x^2 + y^2$$

であることを示せ．次に

$$ax^2 + 2hxy + ay^2 = 1$$

で示される曲線の方程式を x', y' を使って表わせ．

解　1.1-1 表をつくれば右に示すようになる．これから

	x	y
x'	$\dfrac{1}{\sqrt{2}}$	$\dfrac{1}{\sqrt{2}}$
y'	$-\dfrac{1}{\sqrt{2}}$	$\dfrac{1}{\sqrt{2}}$

$$x' = \frac{1}{\sqrt{2}}(x + y), \qquad y' = \frac{1}{\sqrt{2}}(-x + y).$$

また

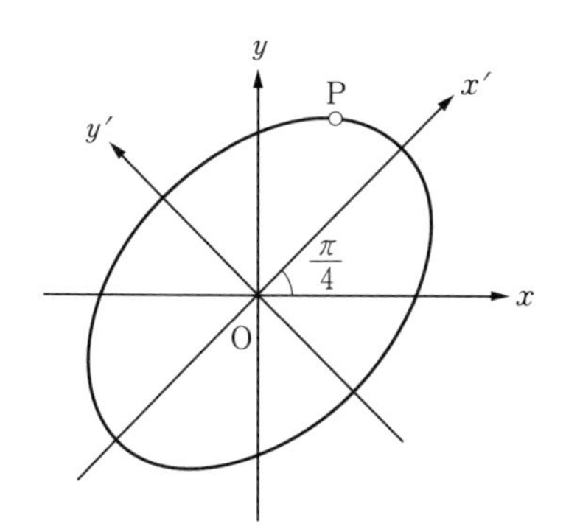

1.1-5 図

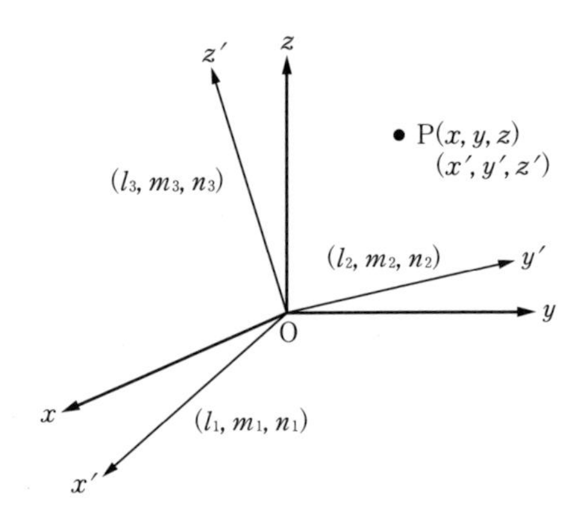

1.1-6 図

$$x = \frac{1}{\sqrt{2}}(x' - y'), \qquad y = \frac{1}{\sqrt{2}}(x' + y').$$

これらから

$$x'^2 + y'^2 = x^2 + y^2$$

がすぐ得られ，$ax^2 + 2hxy + ay^2 = 1$ は

$$(a + h)x'^2 + (a - h)y'^2 = 1$$

となる．$ax^2 + 2hxy + ay^2 = 1$ は 1.1-5 図に示すような楕円の方程式で xy の項を含むが，$(a + h)x'^2 + (a - h)y'^2 = 1$ は $x'y'$ の項を含まず，x', y' 軸が楕円の主軸であることを示す．このような変換を**主軸変換**（principal axis transformation）とよぶ．◆

上の議論を 3 次元の場合に拡張しよう．1.1-6 図に示すように 1 つの点 P の位置を表わすのに (x, y, z) 座標系，(x', y', z') 座標系を使うものとしよう．座標間の角の cos の表を 1.1-2 表に示す．

2 次元の場合と同様にして

1.1-2 表

	x	y	z
x'	l_1	m_1	n_1
y'	l_2	m_2	n_2
z'	l_3	m_3	n_3

$$\left.\begin{aligned} x' &= l_1 x + m_1 y + n_1 z, \\ y' &= l_2 x + m_2 y + n_2 z, \\ z' &= l_3 x + m_3 y + n_3 z \end{aligned}\right\} \qquad (1.1\text{-}3)$$

あるいは

$$\left.\begin{aligned} x &= l_1 x' + l_2 y' + l_3 z', \\ y &= m_1 x' + m_2 y' + m_3 z', \\ z &= n_1 x' + n_2 y' + n_3 z' \end{aligned}\right\} \qquad (1.1\text{-}4)$$

が変換の式である．この場合 (x, y, z) という直交座標から (x', y', z') という直交座標に変換されるので，直交変換（orthogonal transformation）にほかならない．その特徴は係数（l_1, m_1, n_1, など）によって与えられるが，それらの間には

$$\left.\begin{aligned} &l_1^2 + m_1^2 + n_1^2 = 1, \quad l_2^2 + m_2^2 + n_2^2 = 1, \quad l_3^2 + m_3^2 + n_3^2 = 1, \\ &l_2 l_3 + m_2 m_3 + n_2 n_3 = 0, \quad l_3 l_1 + m_3 m_1 + n_3 n_1 = 0, \\ &l_1 l_2 + m_1 m_2 + n_1 n_2 = 0 \end{aligned}\right\} \qquad (1.1\text{-}5)$$

の 6 個の関係式がある．

§1.2 ベクトル

ベクトル（vector）という名は，おそらく読者がいままでいくどかくり返し学んだものであろう．通常

大きさと方向を持つ量を“ベクトル”とよぶ

と定義されている．それからベクトルの和，ベクトルに実数を掛けることなどの定義をして，物理で出てくるベクトルを使いこなす準備をするのが通常の順序である．ベクトルについてこれらのことに慣れている読者には，次のような少し抽象的な定義に進むことは，学習のくり返しを避ける点から考えてもよいであろう．一口にいえば，座標変換に対して成分がどう変換されるかということによってベクトルを定義するのであるが，このような定義をしておくことは，ベクトルからテンソルに進むことに対しても，また「力学Ⅱ」で学ぶ特殊相対

論での4元ベクトルの定義の準備としても読者の役に立つかと思われるのである．

ベクトルを変換の性質から定義をする方法を示すため2次元の場合を説明しよう．次のように定義しよう．

> **定義**　1つの直交座標系 S(x, y) について1つの量が**直交成分**とよぶ2つの数（実数）の組 (A_x, A_y) で与えられ，この座標系を任意の角回転して得られる他の直交座標系 S$'(x', y')$ について2つの実数の組 $(A_{x'}, A_{y'})$ で与えられるものとする．$A_{x'}, A_{y'}$ と A_x, A_y の関係が座標の変換の関係（1.1-1），（1.1-2）と同じであるとき，$(A_x, A_y), (A_{x'}, A_{y'})$ のどちらの組にしても1つのベクトル $\boldsymbol{A}$ を定義する．[1)]

(A_x, A_y) と $(A_{x'}, A_{y'})$ の関係は（1.1-1），（1.1-2）と同様で1.1-1表によって，

$$\left.\begin{aligned} A_x &= A_{x'}\cos\alpha - A_{y'}\sin\alpha, \\ A_y &= A_{x'}\sin\alpha + A_{y'}\cos\alpha \end{aligned}\right\} \tag{1.2-1}$$

または，

$$\left.\begin{aligned} A_{x'} &= A_x\cos\alpha + A_y\sin\alpha, \\ A_{y'} &= -A_x\sin\alpha + A_y\cos\alpha \end{aligned}\right\} \tag{1.2-2}$$

である．つまり，成分が（1.2-1），（1.2-2）のように変換する量をベクトルと名づけるのである．

1.2-1図 (a) は2つの座標系 S(x, y) と S$'(x', y')$ を示し，それぞれの座標軸の上に $\overline{\mathrm{OQ}} = A_x$，$\overline{\mathrm{OR}} = A_y$，$\overline{\mathrm{OQ'}} = A_{x'}$，$\overline{\mathrm{OR'}} = A_{y'}$ となるように Q, R と Q′, R′ をとったものである．(b) に示すように，Q, R で x, y 軸に垂線を立ててそれらの垂線が交わる点を P とする．Q′, R′ で x', y' 軸に垂線を立てて同様にする．P′ が得られるとする．座標軸方向の成分 $(A_x, A_y), (A_{x'}, A_{y'})$ の間に（1.2-1），（1.2-2）の関係があれば P と P′ とが一致することはすぐに証明できよう．そうすると，（1.2-1），（1.2-2）の変換によって結ばれている (A_x, A_y) と $(A_{x'}, A_{y'})$ は，座標系の選び方にはよらないところの1つの量 $\boldsymbol{A}$ を決定することになる．座標系として何を選ぶかは数学的な表現をどのようにするかという

---

1)　$\boldsymbol{A}$ を図で O から P に引いた矢で表わすときには $\overrightarrow{\mathrm{OP}}$ と書くこともある．

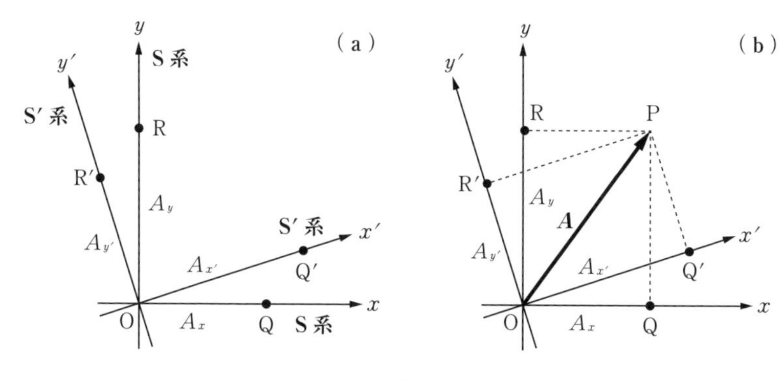

1.2-1図

ことで，これに対して $\boldsymbol{A}$ は物理的な意味を直接に持つものである．物理法則は座標方向の成分で表わしてもよいが，これをベクトルのことばで表わしてはじめて数学的な道具であるところの座標系とは無関係な内容を持つようになる．

以上，ベクトルを成分の方から定義することを考えたが，いくらか抽象的であったかもしれない．通常説明されるように，はじめベクトルを表わす矢を描いてそれから成分を考え，座標の変換に対するベクトル成分の変換の法則を導いてもよい．

さて，(1.2-1) または (1.2-2) からすぐ導かれるように

$$A_x{}^2 + A_y{}^2 = A_{x'}{}^2 + A_{y'}{}^2 \qquad (1.2\text{-}3)$$

である．つまり，$A_x{}^2 + A_y{}^2$ という形の式は直交変換に対して値が変わらないのであって，このことを

$A_x{}^2 + A_y{}^2$ は直交変換に対して“不変”(invariant) である

といい表わす．上に述べた変換の仕方によってベクトルを定義する方針にしたがういい表わし方を使うと，このように直交交換に対して不変に保たれる量をスカラー (scalar) とよぶことになる．通常，スカラーは大きさと正負の符号だけを持つ量として定義されているが，表現方法がどうであるかによらない量として定義したほうが定義としてははっきりしているであろう．なお，よく知れているように

$\sqrt{A_x{}^2 + A_y{}^2}$ をベクトル $\boldsymbol{A}$ の大きさ

という．$|\boldsymbol{A}|$, A などと書く．

以上述べたことは3次元の場合にもそのまま成り立つ．

1つの量が直交座標系Sについて (A_x, A_y, A_z) の3個の実数で与えられ，他の直交座標系S′（Sと原点を共通に持つとする）について $(A_{x'}, A_{y'}, A_{z'})$ の3個の実数で与えられるとし，これらの成分間の変換が，点の位置を表わす座標の変換（1.1-3)，(1.1-4）と同様に行なわれるとき，(A_x, A_y, A_z) または $(A_{x'}, A_{y'}, A_{z'})$ は1つのベクトル $\boldsymbol{A}$ であるとよぶ．その変換は（1.1-3)，(1.1-4）によって，

$$\left.\begin{aligned} A_{x'} &= l_1 A_x + m_1 A_y + n_1 A_z, \\ A_{y'} &= l_2 A_x + m_2 A_y + n_2 A_z, \\ A_{z'} &= l_3 A_x + m_3 A_y + n_3 A_z \end{aligned}\right\} \tag{1.2-4}$$

または，

$$\left.\begin{aligned} A_x &= l_1 A_{x'} + l_2 A_{y'} + l_3 A_{z'}, \\ A_y &= m_1 A_{x'} + m_2 A_{y'} + m_3 A_{z'}, \\ A_z &= n_1 A_{x'} + n_2 A_{y'} + n_3 A_{z'} \end{aligned}\right\} \tag{1.2-5}$$

である．

ベクトルを矢で定義する方法は初歩的，直観的でよいのであるが，矢でどこまでベクトルを定義しているのか，つまりベクトルの本質的なところが矢の持つ性質のどこまでかがはっきりしていないが，[1] 変換の性質で定義すると抽象的にはなるが，このようなあいまいさはなくなる．

最後に，(1.2-4)，(1.2-5）の内容と独立ではないが，この本でよく使う定理を説明しておこう．

---

1) 矢を引く起点の位置はベクトルとしては本質的なものではないが，矢を描くと本質的なもののような感じを与えるおそれがある．

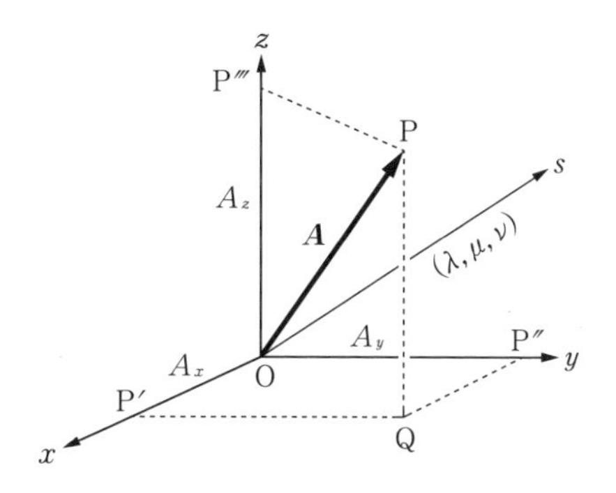

1.2-2 図

定理　1つのベクトル $\boldsymbol{A}$ の直交成分を A_x, A_y, A_z とし，任意の方向 Os の方向余弦を (λ, μ, ν) とすれば $\boldsymbol{A}$ の Os 方向の正射影，すなわち成分 A_s は

$$A_s = \lambda A_x + \mu A_y + \nu A_z \tag{1.2-6}$$

で与えられる（1.2-2 図）.

証明　座標系 x, y, z の他に座標系 x', y', z' を考え，x' が Os の方向に一致していると考えて（1.2-4）の第1の式を適用すればよい．$l_1 = \lambda$，$m_1 = \mu$，$n_1 = \nu$ であるから

$$A_s = \lambda A_x + \mu A_y + \nu A_z.$$

§1.3　ベクトルの演算

ベクトルの演算には読者はもう慣れていることと思う．

ベクトルの等式

2つのベクトル $\boldsymbol{A}, \boldsymbol{B}$ が等しいとは

$$A_x = B_x, \quad A_y = B_y, \quad A_z = B_z \tag{1.3-1}$$

であることであり，大きさと方向が一致することであるといってもよい．

$$\boldsymbol{A} = \boldsymbol{B} \tag{1.3-1$'$}$$

と書く．成分をとる原点をどこにとるか，いいかえれば矢をどこから引くかは問題にしない．

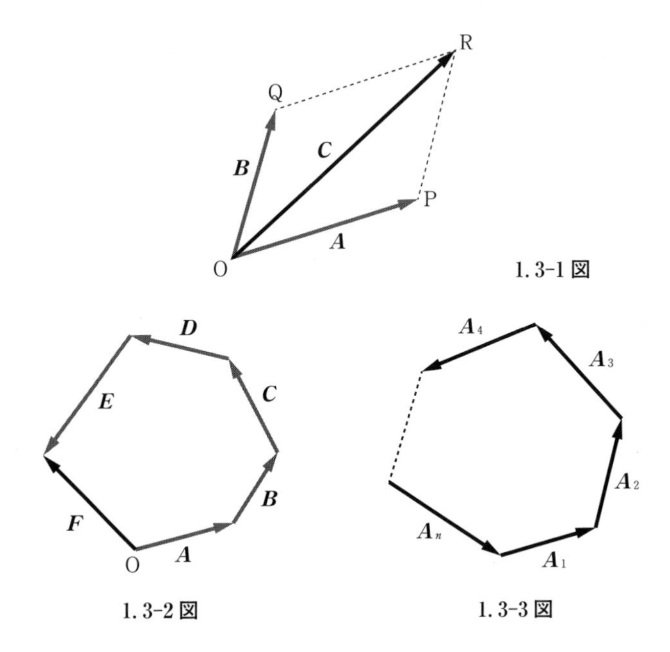

1.3-1 図

1.3-2 図

1.3-3 図

ベクトルの和

2つのベクトル $\boldsymbol{A}, \boldsymbol{B}$ があるとき，

$$C_x = A_x + B_x, \quad C_y = A_y + B_y, \quad C_z = A_z + B_z \qquad (1.3\text{-}2)$$

で与えられる C_x, C_y, C_z は (1.2-4), (1.2-5) の変換によって変換するからベクトルである.

$$\boldsymbol{C} = \boldsymbol{A} + \boldsymbol{B} \qquad (1.3\text{-}2)'$$

と書く．1.3-1 図に示すように $\boldsymbol{A}$ と $\boldsymbol{B}$ とのつくる平行四辺形の対角線 $\overrightarrow{\mathrm{OR}}$ が $\boldsymbol{C}$ を表わす.

$\boldsymbol{C}$ を求めるのには，$\boldsymbol{A}$ を表わす $\overrightarrow{\mathrm{OP}}$ の矢の先から $\boldsymbol{B}$ に等しい $\overline{\mathrm{PR}}$ を引いて $\overline{\mathrm{OR}}$ をつくってもよい．多くのベクトルの加え算も同様で，次々に矢の先端からベクトルを表わす矢を引いていけばよい．1.3-2 図の場合，

$$\boldsymbol{F} = \boldsymbol{A} + \boldsymbol{B} + \boldsymbol{C} + \boldsymbol{D} + \boldsymbol{E}$$

である．n 個のベクトル $\boldsymbol{A}_1, \boldsymbol{A}_2, \cdots, \boldsymbol{A}_n$ を次々につないでいくとき，閉じた多角形（$\boldsymbol{A}_n$ の先端が $\boldsymbol{A}_1$ の起点に一致する）をつくるならば（1.3-3 図），

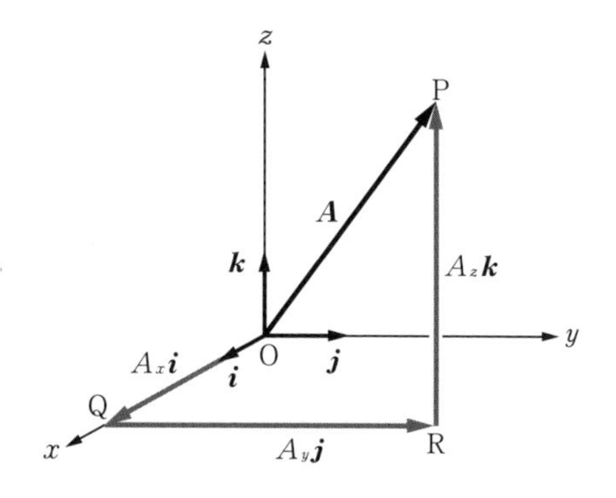

1.3-4 図

$$\boldsymbol{A}_1 + \boldsymbol{A}_2 + \cdots + \boldsymbol{A}_n = 0 \tag{1.3-3}$$

である．このような場合は，力のつり合いのときによく出てくる．

どんな方向でもよいから1つの方向に向いている大きさ1のベクトルを**単位ベクトル**（unit vector）とよぶ．任意のベクトルは，その方向を持つ単位ベクトルにベクトルの大きさを掛けて得られる．

1つの直交座標系 (x, y, z) をとり，x, y, z のおのおのの方向に単位ベクトルをとって $\boldsymbol{i}, \boldsymbol{j}, \boldsymbol{k}$ とする．1つのベクトル $\boldsymbol{A}$ を原点 O から引いて $\overrightarrow{\mathrm{OP}}$ とするとき，1.3-4 図に示すように $\overrightarrow{\mathrm{OP}}$ は

$$\overrightarrow{\mathrm{OP}} = \overrightarrow{\mathrm{OQ}} + \overrightarrow{\mathrm{QR}} + \overrightarrow{\mathrm{RP}}$$

としてベクトル $\overrightarrow{\mathrm{OQ}}, \overrightarrow{\mathrm{QR}}, \overrightarrow{\mathrm{RP}}$ の和として表わすことができる．図からすぐにわかるように

$$\overrightarrow{\mathrm{OQ}} = A_x\boldsymbol{i}, \quad \overrightarrow{\mathrm{QR}} = A_y\boldsymbol{j}, \quad \overrightarrow{\mathrm{RP}} = A_z\boldsymbol{k}$$

であるから

$$\boldsymbol{A} = A_x\boldsymbol{i} + A_y\boldsymbol{j} + A_z\boldsymbol{k} \tag{1.3-4}$$

と書くことができる．この書き方は，“ベクトル $\boldsymbol{A}$ の成分が A_x, A_y, A_z である”と文章で述べるよりも，式の演算の中に機械的に入れてしまうことができるので，ベクトルの成分について計算を行なうのに便利なことが多い．[1)]

---

1)　たとえば，§7.1 の例題 2 参照．

§1.4 変位ベクトル 位置ベクトル 速度ベクトル

§1.3では数学的な量としてベクトルを扱った．この節では，力学に出てくる物理量としての基本的なベクトルであるところの変位ベクトル，位置ベクトル，速度ベクトルの3種類のベクトルについて説明しよう．

1つの物理量をまず直交成分を定義してから考えるのに，その物理量がベクトルであることをいうのには，直交成分が変換式(1.2-4)，(1.2-5)にしたがうことを確かめなければならない．あるいはもっと初歩的にいえば，大きさと方向を持つ量としてのベクトルを表わす矢で，その量を与えてもよい．そのx, y, z軸上への正射影を成分とすれば上に述べた順序と同様なことになる．

加え算については少し注意をしておく必要がある．1つの物理量の加え算について考えられる1つの仕方は，その物理量についての何かの操作の重ね合せをベクトルの加え算に対応させることである．後にくわしく説明されることであるが，2つの力$\boldsymbol{F}_1, \boldsymbol{F}_2$が同時に物体に働くことを力の加え算（これを力の合成とよぶ）とよぶならば，これがベクトルの加え算のように平行四辺形の方法で加えられるかどうかは実験をしてみなければわからない．実験の結果これが確かめられてはじめて力をベクトルとして扱い，ベクトルの算法をこれに適用できることになる．

物理的な量をベクトルとして扱いこれにベクトルの加法を適用できる他の場合は，ベクトルの加法にしたがって得られる量が物理的に重要な意味を持つ場合である．後に説明することであるが，非常に短い時間での速度のベクトル的な増し高はこれをその微小時間で割ることによって加速度（ベクトル）という重要な量を生み出すが，この加速度は力と密接な関係にあるのである．この場合の速度のベクトル的な増し高を考えるのに，いわゆる速度の（ベクトル的）合成[1)]と直接関係のある説明の仕方には頼らない．

上の2つのいき方のどちらにしても，物理量をベクトルとして扱うためには，

---

1) 紙が机の上を$\boldsymbol{V}_1$の速度で運動し，この紙の上を1つの点が速度$\boldsymbol{V}_2$で運動するとき，机に対する点の運動が平行四辺形の方向で合成されることが証明できる（1.4-5図）．これが$\boldsymbol{V}$がベクトルであることの証拠とされることが多い．間違いではないが，この意味での速度の合成を，加速度を考えるときに持っていくことは少し無理がある．加速度の場合にはベクトルの意味での速度変化を時間で割って定義した方がよい．

それが大きさと方向とを持つこと，あるいはもっと正確にいえば座標変換に対する変換が (1.2-4)，(1.2-5) にしたがうことと，加え算が平行四辺形の方法にしたがうことが必要である．

最後に物理量は一般にディメンションを持つが，これをベクトルで表わすときディメンションも含められているとみなければならない．(1.3-4) にしたがって x, y, z 方向の単位ベクトルを使って１つの物理量 $\boldsymbol{A}$ が

$$\boldsymbol{A} = A_x\boldsymbol{i} + A_y\boldsymbol{j} + A_z\boldsymbol{k}$$

と表わされるとき，$\boldsymbol{i}, \boldsymbol{j}, \boldsymbol{k}$ はディメンションのない大きさ１のベクトルと考えるから，成分 A_x, A_y, A_z がディメンションを背負わなければならない．

(1) 変位ベクトル

たとえば，読者の前にあるこの本を回転させることなく，斜め右に変位させてみよう．この変位は大きさ（移動距離）と方向を持つからベクトルで表わせる可能性を持っている．直交座標軸の系 x, y を考え，この移動の x 軸，y 軸への正射影を $\Delta x, \Delta y$ とすれば，この $(\Delta x, \Delta y)$ で変位が表わされるが，$\Delta x, \Delta y$ は (1.2-4)，(1.2-5) の変換にしたがうからベクトルであるということができる．このベクトルを矢で示そうとし，矢の起点をどこにしようかと考え，書物の変位との関係を調べても矢の起点の選定については何も得られないであろう．このように

ベクトルを表わす矢はどこから引いても，そのベクトルを表わすという点では同じことである

ということの例を与える．つまりベクトルを矢で定義すると，その起点はどこでもよいと断らないかぎり必要以上の性質を一応与えてしまうおそれがある．

さて，本に $\boldsymbol{d}_1$ の変位を与え，さらに $\boldsymbol{d}_2$ で表わされる変位（1.4-1 図）を与える．２つの変位を相ついで行なった結果は 1.4-1 図の $\boldsymbol{d}$ で表わされる１つの変位を行なわせるのと同じ結果となる．変位というベクトル量を考えるのに，最初と最後の位置の関係だけを問題にして，途中の経路は問題にしなければ $\boldsymbol{d}_1, \boldsymbol{d}_2$ を相ついで行なわせた結果は $\boldsymbol{d}$ に同等であることになる．$\boldsymbol{d}_1, \boldsymbol{d}_2$ と $\boldsymbol{d}$ と

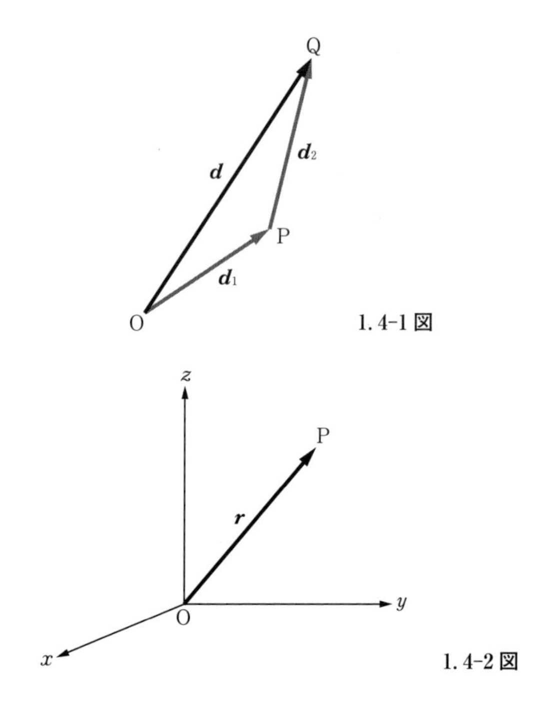

1.4-1 図

1.4-2 図

の関係は平行四辺形の関係にあり，成分でみれば（1.3-2）の関係と同じになっている

このように考えると変位ベクトルは簡単で，ベクトルの持つ性質を全部持っており，それ以外の性質は持っていないことがわかる．これがふつうベクトルの説明のもっともはじめにこの変位ベクトルが説明される理由である．[1)]

例題 1　変位ベクトルから入ってベクトルを説明する文章をつくれ．

(2) 位置ベクトル

1 つの直交座標系の原点 O があり，1 つの点 P が (x, y, z) の位置にあるとする．P の位置を表わすのに O から P に達するのにどのような変位で達せられるかを考え，この変位ベクトルで表わしてもよい．このようにして P 点の位置

1)　この方法のとられている数学の本としては，G. Birkhoff, S. Mac Lane : *A Survey of Modern Algebra*, 3rd ed.（Macmillan, 1971）149 ページ．

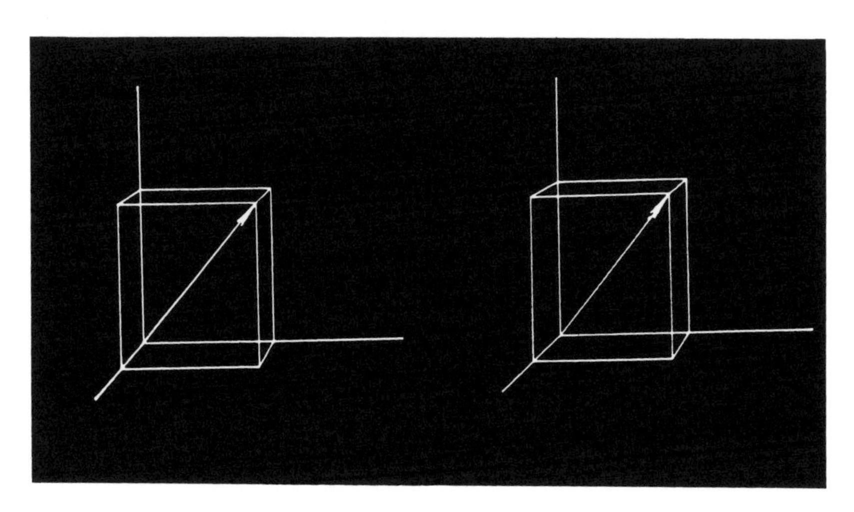

3次元空間の位置ベクトルの立体図．コンピューターにより作成したもの．両眼を調節して2つの図が重なるようにしてみる．間に25 cmぐらいの厚紙を立ててみると重ねやすくなる．

を表わすベクトルを**位置ベクトル**（position vector, radius vector）とよび，$\boldsymbol{r}$ で表わす（1.4-2図）．$\boldsymbol{r}$ の成分はP点の座標 (x, y, z) である．

$$\boldsymbol{r} = x\boldsymbol{i} + y\boldsymbol{j} + z\boldsymbol{k}. \qquad (1.4\text{-}1)$$

(3) 速度ベクトル

位置ベクトルが時刻がたつにつれて変化し，時刻 t で $\boldsymbol{r} = \overrightarrow{\mathrm{OP}}$ であったのが，$t + \Delta t$ では $\boldsymbol{r}' = \overrightarrow{\mathrm{OP'}}$ になったとする．$\overrightarrow{\mathrm{PP'}} = \Delta\boldsymbol{r}$ と書けば

$$\boldsymbol{r}' = \boldsymbol{r} + \Delta\boldsymbol{r} \quad \text{または} \quad \Delta\boldsymbol{r} = \boldsymbol{r}' - \boldsymbol{r}$$

である（1.4-3図）．$\Delta\boldsymbol{r}$ はPからP′への変位ベクトルでもある．通常の微分法の場合と同様に

$$\lim_{\Delta t \to 0} \frac{\Delta\boldsymbol{r}}{\Delta t}$$

をつくる．つまり，$\Delta t \to 0$ にしたがって，$\Delta\boldsymbol{r}$ の方向のとる極限の方向を考え，この方向に向かっていて大きさが $|\Delta\boldsymbol{r}|/\Delta t$ の極限の値に等しいようなベクトルを**速度ベクトル**（velocity vector），または簡単に**速度**（velocity）とよぶ．こ

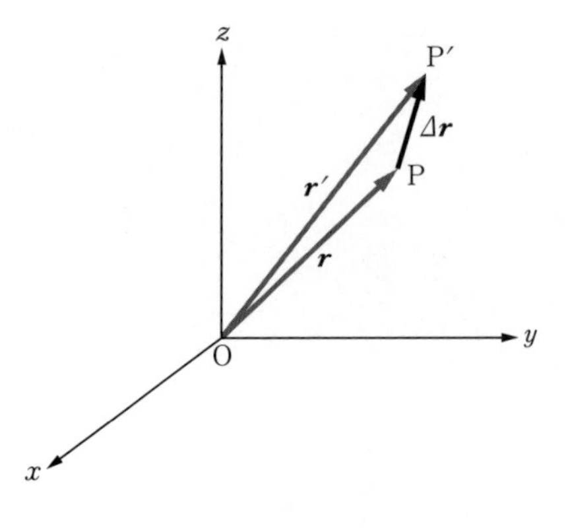

1.4-3 図

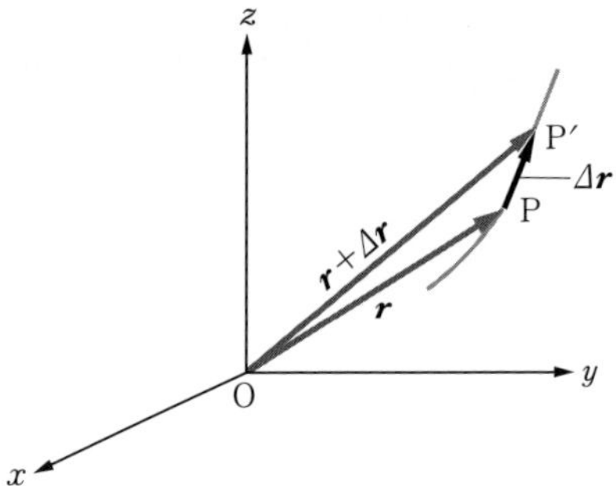

1.4-4 図

れを $\boldsymbol{V}$ で表わせば，

$$\boldsymbol{V}=\lim_{\Delta t\to 0}\frac{\Delta \boldsymbol{r}}{\Delta t}=\frac{d\boldsymbol{r}}{dt} \tag{1.4-2}$$

となる．通常の微分法のときと同様に，$\boldsymbol{r}$ を t で微分するとよぶ．$\boldsymbol{r}$ の代りに任意のベクトル $\boldsymbol{A}$ を時間の関数（時間とともに $\boldsymbol{A}$ の大きさも方向も変わる）として上と同様にして $d\boldsymbol{A}/dt$ をつくることができる．

P 点の位置を時間の経過にしたがってたどっていくと曲線を描く．これを軌道（orbit）または経路（path）とよぶ．1.4-4 図で時間の差 Δt が小さければ小さいほど，直線 $\overline{\mathrm{PP}'}$ ($\Delta\boldsymbol{r}$ の大きさ）と軌道に沿っての長さ Δs との比が 1 に近づくので，$\boldsymbol{V}$ の大きさ V は

$$V=\lim_{\Delta t\to 0}\frac{|\Delta \boldsymbol{r}|}{\Delta t}=\lim_{\Delta t\to 0}\frac{\Delta s}{\Delta t}=\frac{ds}{dt} \tag{1.4-3}$$

となる．ds/dt は単位時間について進む長さで，速さ（speed）とよばれる．

$\overrightarrow{\mathrm{PP'}}$ の方向は軌道の接線の方向に一致するので,

速度は,軌道の接線の方向を方向とし,速さを大きさとするベクトルである

ということができる. $\boldsymbol{V}$ の x, y, z 方向の成分を u, v, w とすれば,(1.4-2) の x, y, z 方向の正射影を求めて

$$u = V_x = \lim_{\Delta t \to 0} \frac{\Delta x}{\Delta t} = \frac{dx}{dt}, \qquad v = V_y = \frac{dy}{dt}, \qquad w = V_z = \frac{dz}{dt} \tag{1.4-4}$$

となる. $dx/dt, dy/dt, dz/dt$ はそれぞれ $\dot{x}, \dot{y}, \dot{z}$ と書くこともある (Newton の記法).

速度の場合と同様に任意のベクトル $\boldsymbol{A}$ に対して,その時間による微分係数

$$\frac{d\boldsymbol{A}}{dt} = \lim_{\Delta t \to 0} \frac{\Delta \boldsymbol{A}}{\Delta t} \tag{1.4-5}$$

が考えられるが

$$\left(\frac{d\boldsymbol{A}}{dt}\right)_x = \frac{dA_x}{dt}, \qquad \left(\frac{d\boldsymbol{A}}{dt}\right)_y = \frac{dA_y}{dt}, \qquad \left(\frac{d\boldsymbol{A}}{dt}\right)_z = \frac{dA_z}{dt} \tag{1.4-6}$$

である.

例題 2 半径 r の円周上を中心 O のまわりに一定の角速度 ω で回る点 P の速度ベクトルを求めよ.

解 速度ベクトルの方向は明らかに円の接線方向で点の進む向き,大きさは $V = r\omega$ である. または成分から次のように導いてもよい.

円の中心 O を原点とする座標軸 x, y をとり,OP と x 軸のつくる角を φ とすれば $x = r\cos\varphi$, $y = r\sin\varphi$, $d\varphi/dt = \omega$ で,速度成分 u, v は $u = \dot{x} = -r\omega \times \sin\varphi = -y\omega$, $v = \dot{y} = r\omega\cos\varphi = x\omega$. このような成分を持つベクトルは大きさ $V = r\omega$ で,方向は接線方向を向いている. ◆

(4) 速度の合成

1.4-5 図に示すように,点 P が座標系 S′ に対して $\boldsymbol{V}'(u', v')$ の速度で運動し,

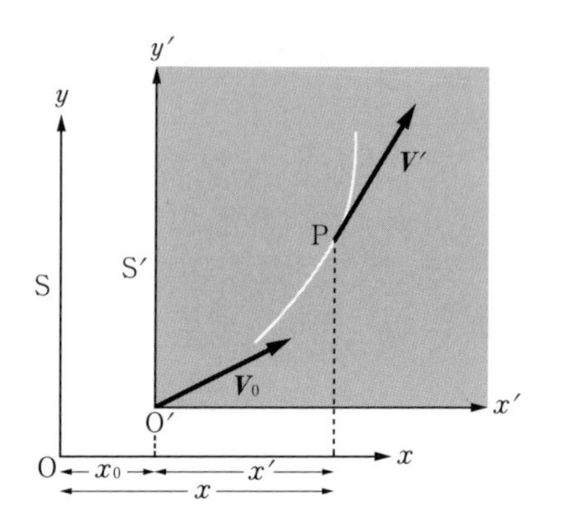

1.4-5 図

S′ が座標系 S に対して $\boldsymbol{V}_0(u_0, v_0)$ の速度で運動しているとする．P の S に対する運動を求めよう．

S に対する P の座標を (x, y) とし，S′ の原点 O′ の座標を (x_0, y_0) としよう．S′ に対する P の座標を (x', y') とすれば，図からすぐわかるように

$$x = x_0 + x', \qquad y = y_0 + y' \tag{1.4-7}$$

である．これらの式を時間 t で微分して

$$\frac{dx}{dt} = \frac{dx_0}{dt} + \frac{dx'}{dt}, \qquad \frac{dy}{dt} = \frac{dy_0}{dt} + \frac{dy'}{dt}. \tag{1.4-8}$$

これらの式は $\boldsymbol{V}_0$ と $\boldsymbol{V}'$ とを平行四辺形の方法で加えたものが $\boldsymbol{V}$ になることを示し

$$\boldsymbol{V} = \boldsymbol{V}_0 + \boldsymbol{V}' \tag{1.4-8$'$}$$

と書くことができることを示す．(1.4-7) は

$$x = u_0 t + x', \qquad y = v_0 t + y' \tag{1.4-7$'$}$$

と書くこともできるが，これを **Galilei 変換**（Galilei transformation）とよぶ．

速度の合成ということばは，通常，1.4-5 図で $\boldsymbol{V}_0$ と $\boldsymbol{V}'$ を合成すると $\boldsymbol{V}$ が得られるという意味に使われるが，この意味で速度の合成は平行四辺形の方法でなされる．このことが速度をベクトルとよぶことのできる根拠とされることもあるが，力学で重要な量であるところの加速度を考えるときには，ベクトル算の加え算の意味での速度の変化（増し高）を考え，1.4-5 図の意味とは別の使い方をする（14 ページ脚注）．

1)　law of inertia.

§1.5 慣性の法則[1)]

物体の運動を考えるとき，その大きさを問題にしないで，その物体が全体として，与えられた環境でどのように運動するかを考えることがある．そのようなときこの物体を**質点**（particle, material point）という．たとえば，太陽のまわりを回る地球の運動を考えるときには，地球を質点と考えてよい．石を投げたときの運動でも，通常，石を質点として扱う．どんな小さなものでもそれ自身の回転を考えるときには，質点として扱うことはできない．

これから考える質点の運動に関する物理法則は，質点が大きくても小さくても成り立つ．特に質点と考えられる1つの物体を2つに分けて考えるとき，これらのおのおのの部分をそれぞれ1つの質点と考えたとき，おのおのに対してこれから述べる力学の法則が成り立つし，両方をまとめて1つの質点と考えても同じ力学の法則が成り立つ．このようなことが可能であるのは力学の法則そのものがそのようにできているためで，またこのことがあるから質点という考え方も可能になっているのである．

質点の運動を記述するのに，選ぶ基準体のとりかたによって運動はちがって記述される．それゆえ，なにか運動についての法則を述べようとするのには，基準体（または基準になる座標系）として何をとっているかをはっきりとさせておかなければならない．

通常，物体の運動を考えるとき地上に固定した座標系がもっとも手近であるのでこれに頼ることが多い．実験室で行なう振り子の実験，物体を滑らす実験などがこれである．これらの地上の実験室に固定した座標系で力学の法則が得られたとし，これを非常に長い振り子を長時間振らせるFoucault（フーコー）振り子（Foucault pendulum）に適用してみると理論が複雑になることに気がつく．また，惑星の運動を地上にとりつけた座標系，または地球の中心にとりつけて恒星に対して，地球とともに回る座標系によって記述しても複雑な記述になることはPtolemy（トレミー）[2)]の天文学の示すとおりであった．そこで恒

2) Claudius Ptolemaeus. 紀元2世紀頃のギリシャの学者．英語流にはPtolemy（トレミー）とよぶ．その著 *The Mathematical Collection*（*He Mathematike Syntaxis*）は後に *Almagest* とよばれ，天動説を主張するものとして，12世紀にわたって後世に影響を与えた．

星に対して静止すると考えられる座標系が注目されるようになった.

恒星といっても互いに運動をしているのでどの恒星がもっとも標準になるかということは問として意味がない. 常識的に考えると, 宇宙には絶対静止している空間があってその中で恒星も浮くように存在しているのであるから, この絶対静止空間に頼ればよいと考えられそうである. しかしそのようなものを物理的に認識する手段はないから, この絶対静止空間に頼ることもできない. それで恒星全体の平均の運動を考え, これに対して回転しない座標系を考える.

座標系の原点にはこれまた任意性があるが, 太陽系の重心をこれにとることにしよう. このようにすると§1.1で述べたように,

太陽系の重心に原点をおき, 恒星に対して回転しないような座標系をとって, これにより運動を記述すると力学の法則が簡単になる

ことが経験される. このような座標系に対して質点の運動を記述すると,

質点は, 他の物体から十分遠く離れると等速直線運動を行なう

ことが経験法則として知られている. これを**運動の第1法則**または**慣性の法則**とよぶ.

いままでの説明で座標系についてははっきりわかるものと考えられる. “他の物体から十分遠く離れる”というのは次の意味である. まず1つの物体が宇宙中にある他のすべての物体から十分遠く離れることができるかどうかを考えてみる. 十分遠く離れるというのは影響がなくなるぐらい十分遠く離れるということであるが, 宇宙中の恒星から十分遠く離れることができるかどうかを考えてみよう. ちょっと考えると恒星は遠く離れているから, 1つの恒星が実験室内にある1つの物体に, 何も影響を与えそうもないが, 1つの物体からrと$r + dr$の距離内にある恒星の数はr^2drに比例するから, rが大きくなってもすべての恒星のことを考えると影響がなくなると簡単に断言するわけにはいか

ない．現にいま考えている慣性の法則は恒星系に対して静止している座標系を使ってはじめて成り立つものである．それで“恒星系を除いて他の物体から遠く離れている”と書き換えて解釈することにしよう．“他の物体から十分遠く離れる”とは次の意味である．

たとえば，太陽からある距離のところで質点を運動させると，上に述べたような座標系に対して速度の変わる運動をするが，距離を2倍にすると速度の変わり方は小さくなり，距離をもっと大きくすると速度の変わり方はもっと小さくなるというように，太陽から離せば離すほど速度の変わり方は小さくなる．このような事情をいい表わすのに，力が働かないとか質点は作用を受けないとかいうことがよくあるが，力や作用の定義がまだなされていないいまの段階でこれを使うのはあまり適当ではない．上に述べたように恒星についての保留をするならば，“他の物体から十分離れる”といえばはっきりした意味を持ってくる．

慣性の法則を直接実験で験証することは困難である．これが近似的に実現されると考えられるのは，滑らかな水平な床の上にのせられた物体の場合である．[1] この物体の近くにあるものとして第1に地球が考えられるが，床が水平であるかぎり，床を地面においても，高さをたとえ地球の半径ぐらいにしても物体の運動に差が認められないから，水平な床を使うことで，水平面内の運動に関するかぎり，地球から十分遠く離れているのと同じ効果を持たせることができる．物体に糸がついているときには，これを切り離し，また電気を帯びた物体が付近にあるときには十分離すようにすれば，この物体の運動は等速直線運動に近づくことが実験できる．しかし，まったく滑らかな床というものは実現できないから，地上では近似的といっても粗っぽい験証しかできないことはもちろんである．宇宙船の中では船の中にある空気の抵抗を除いては物体の運動に影響をおよぼすものをなくすことができるから実験は容易であろう．

慣性の法則のもっとも精密な験証は，物理の他の部門でも同様であるように，この法則が正しいとして導いたいろいろな結果が実際の実験や観測とよくあう

1) 底面からドライアイスの CO_2 ガスを噴き出させるようにして，水平な滑らかな机の上にのせると近似的に実現される．

ことにある．実際に，この法則を基礎としてつくりあげられている古典力学が天体の運動について観測と非常によく一致していることが，もっともよい証明なのである．

前節の（1.4-8）は速度の合成の式として扱ったが，系Sからみた運動と，系S′からみた運動を比較する式とみることもできる．S′がSに対して(u_0, v_0, w_0)の速度で運動しているとし，3次元の場合について書けば，（1.4-8）は

$$\frac{dx}{dt} = u_0 + \frac{dx'}{dt}, \qquad \frac{dy}{dt} = v_0 + \frac{dy'}{dt}, \qquad \frac{dz}{dt} = w_0 + \frac{dz'}{dt}$$

となる．1つの質点PがSに対して等速直線運動をすれば

$$\frac{dx}{dt} = \text{一定} = a, \qquad \frac{dy}{dt} = \text{一定} = b, \qquad \frac{dz}{dt} = \text{一定} = c$$

であるから，上の式から

$$\frac{dx'}{dt} = a - u_0, \qquad \frac{dy'}{dt} = b - v_0, \qquad \frac{dz'}{dt} = c - w_0$$

となり，S′からみたPの運動も等速直線運動となる．それゆえ，太陽系の重心に固定した座標系を使わないで，これに対して等速直線運動をしている座標系を使っても慣性の法則が成り立つ．

たとえば，地球の中心は太陽系の重心に対してそのまわりにゆるやかに回っているので，等速直線運動をしているとしてよい．したがって，地球の中心に原点をおき，恒星に対して回転しないような座標に対しても慣性の法則が成り立つ．

慣性の法則が成り立つような座標系を**慣性系**（inertial system）または**Galilei 系**（Galilean system of reference）とよぶ．地上に固定されている座標系は私たちがもっともよく使うものであるが，地球が自転しているため厳密にいって慣性系ではない．しかし地球の自転は1日に1回というゆるやかなものであるから，大体，慣性系とみなしてよいことが多い.[1]　地上に固定された座標系が慣性系に近いことは，慣性の法則の発見に役立ったといえよう．

1）物体を非常に遠くに投げる場合（大砲のような場合），Foucault 振り子の場合，台風のような場合，地球の自転による慣性系からのずれは無視できない．これらについては第9章参照．

第1章 問題

1　空間の1つの点の極座標を r, θ, φ とする．r, θ, φ 方向（r 方向は θ, φ を一定にして r だけが増すような方向．他も同様である）の方向余弦を求めよ．

2　3つのベクトル $\boldsymbol{A}, \boldsymbol{B}, \boldsymbol{C}$ を1つの点Oから引くとき，これらが一平面内にあるための条件を求めよ．

3　2つの点P, Qの位置ベクトルを $\boldsymbol{A}, \boldsymbol{B}$ とする．両点を通る直線の方程式は

$$\boldsymbol{r} = (1-\lambda)\boldsymbol{A} + \lambda\boldsymbol{B}, \qquad \lambda：パラメーター$$

であることを証明せよ．

4　1つの平面（xy 平面）内にあるベクトル $\boldsymbol{A}$ の成分が $A_x = A\cos\omega t$，$A_y = A\sin\omega t$（A, ω は定数）で与えられるとき，$\boldsymbol{A}$ と $d\boldsymbol{A}/dt$ とは互いに直角になっていることを証明せよ．

2 力と加速度

§2.1 加速度

1つの点Pの運動を，1つの基準体（またはこれにとりつけた座標系）によって記述する．2.1-1図に示すように，質点がある道筋を描いてPという位置にきたときの速度を $\boldsymbol{V}$，それから少し時間がたって P' にきたときの速度を $\boldsymbol{V}'$ とする．ベクトルの加え算による $\boldsymbol{V}'$ と $\boldsymbol{V}$ との差を $\Delta\boldsymbol{V}$ とし，この $\Delta\boldsymbol{V}$ を時間の差 Δt で割る．これを図で考えるのに，2.1-1図（b）のように2つのベクトル $\boldsymbol{V}, \boldsymbol{V}'$ を共通の点Cから引いて $\overrightarrow{\mathrm{CQ}}, \overrightarrow{\mathrm{CQ}'}$ とし $\overrightarrow{\mathrm{QQ}'}$ をつくれば，これが $\Delta\boldsymbol{V}$ である．Δt を無限に小さくしたときの $\Delta\boldsymbol{V}/\Delta t$ の極限のベクトルを基準体からみたP点の**加速度**(ベクトル）（acceleration）と名づける．これを $\boldsymbol{A}$ と書けば

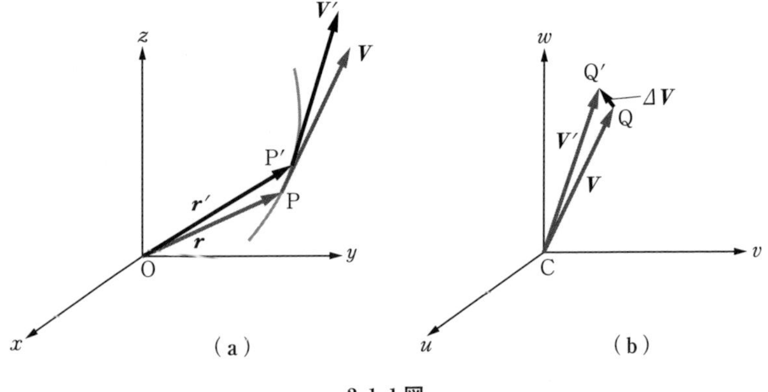

2.1-1図

$$\boldsymbol{A} = \lim_{\Delta t \to 0} \frac{\Delta \boldsymbol{V}}{\Delta t} = \frac{d\boldsymbol{V}}{dt}. \tag{2.1-1}$$

2.1-1 図 (b) によると，C を原点にしたときの位置ベクトルが $\boldsymbol{V}$ であることがわかるから，加速度ベクトル $\boldsymbol{A}$ は Q 点の速度ベクトルであるといってもよい．C を通って，x, y, z 軸に平行な座標系を考えると，$\boldsymbol{V}$ の成分を u, v, w として，$\boldsymbol{A}$ の成分は

$$A_x = \frac{du}{dt}, \quad A_y = \frac{dv}{dt}, \quad A_z = \frac{dw}{dt} \tag{2.1-2}$$

となる．または，(1.4-4)，(1.4-6) によって

$$\boldsymbol{A} = \frac{d^2\boldsymbol{r}}{dt^2},$$

$$\text{成分は} \quad A_x = \frac{d^2x}{dt^2} = \ddot{x}, \quad A_y = \frac{d^2y}{dt^2} = \ddot{y}, \quad A_z = \frac{d^2z}{dt^2} = \ddot{z} \tag{2.1-3}$$

であることがわかる．

(2.1-3) をみると，位置と時間との関係が知られているときは，これから加速度を求めることはたやすい．質点が x 軸上を運動し，位置と時間との関係が 1 次式で

$$x = at + b, \quad a, b：\text{定数} \tag{2.1-4}$$

で与えられるとすれば，加速度は

$$\frac{d^2x}{dt^2} = 0 \tag{2.1-5}$$

である．

質点が x 軸上を運動し，x と t との関係が 2 次式になっている場合もよく起こる．

$$x = \frac{1}{2}at^2 + bt + c, \quad a, b, c：\text{定数}. \tag{2.1-6}$$

このとき速度 u は

$$u = \frac{dx}{dt} = at + b. \tag{2.1-7}$$

これをもう一度 t で微分すれば，加速度が

$$\frac{du}{dt} = \frac{d^2x}{dt^2} = a \tag{2.1-8}$$

となり一定となる．(2.1-8) をみると (2.1-6) の a は加速度（一定値）という意味を持つことがわかる．(2.1-7) の b の意味をみるために，この式で $t=0$ とおこう．左辺は $t=0$ での u の値 u_0 となる．右辺は b であるから，

$$b = u_0. \tag{2.1-9}$$

(2.1-6) の c の意味をみるために $t=0$ とおく．左辺は $t=0$ での x の値 x_0 となり，右辺では c だけが残るから

$$c = x_0 \tag{2.1-10}$$

である．(2.1-9)，(2.1-10) を (2.1-6)，(2.1-7) に入れれば

$$x = x_0 + u_0 t + \frac{1}{2}at^2, \tag{2.1-11}$$

$$u = u_0 + at \tag{2.1-12}$$

となる．(2.1-8) から出発して，つまり加速度が一定値 a をとるということから出発しても (2.1-11)，(2.1-12) を導くことができる．このときには上に述べた微分していく方法と逆で，積分していかなければならない．(2.1-11)，(2.1-12) は一定の加速度 a を持つ運動で，$t=0$ での位置 x_0 と，$t=0$ での速度（初速度）u_0 が与えられたときの，任意の時刻 t での位置と速度とを与えるものである．(2.1-11)，(2.1-12) から t を消去すれば x と u との関係式

$$x = x_0 + \frac{u^2 - {u_0}^2}{2a} \tag{2.1-13}$$

が得られる．

x と t との関係が

$$x = a\cos(\omega t + \alpha), \qquad \omega, a, \alpha：定数 \tag{2.1-14}$$

または

$$x = a\sin(\omega t + \alpha) \tag{2.1-15}$$

で与えられる運動は**単振動**（simple oscillation, simple harmonic motion）とよばれ，一般の振動や波動を論じるときの基礎になるものとして大切である．

(2.1-14)，(2.1-15) のどちらにしても

$$加速度 \quad \frac{d^2x}{dt^2} = -\omega^2 x \tag{2.1-16}$$

である．すなわち，

単振動では加速度はいつも原点の方を向き（$x>0$ のとき加速度 <0，$x<0$ のとき加速度 >0），その大きさは原点からの距離に比例している．

（2.1-14）または（2.1-15）でみると，x は $\pm a$ の間を往復運動することがわかる．a を**振幅**（amplitude）とよぶ．cos または sin の中の $\omega t+\alpha$ は角であるが，この角によって x の値がきまるのでこれを**位相**（phase）とよぶ．α は**位相定数**または**初相**（initial phase，$t=0$ での位相という意味）とよぶ．t が増していって

$$T=\frac{2\pi}{\omega} \tag{2.1-17}$$

だけ時間がたつごとに運動はまったく同じことをくり返す．T を**周期**（period）とよぶ．

$$\nu=\frac{1}{T}=\frac{\omega}{2\pi} \tag{2.1-18}$$

は単位時間に何回往復するかを示すもので**振動数**（frequency）とよぶ．ω は 2π だけ時間がたつ間の振動数で**角振動数**（angular frequency）とよばれる．x と t との関係は

$$x=a\cos(\omega t+\alpha)=a\cos(2\pi\nu t+\alpha)=a\cos\left(\frac{2\pi}{T}t+\alpha\right) \tag{2.1-19}$$

などと書かれる．cos の代りに sin を使ってもよい．

例題 1 $x=ae^{i(\omega t+\alpha)}$ も（2.1-16）を満たすことを示せ．

解 $$\frac{dx}{dt}=i\omega ae^{i(\omega t+\alpha)},\qquad \frac{d^2x}{dt^2}=-\omega^2ae^{i(\omega t+\alpha)}=-\omega^2x.$$ ◆

例題 2 半径 r の円周上を一定の角速度 ω で運動する点の，1 つの直径上の正射影の運動は $t=0$ での点の位置のとりかたによって $x=a\cos(\omega t+\alpha)$ にも $x=a\sin(\omega t+\alpha)$ にもなることを示せ．

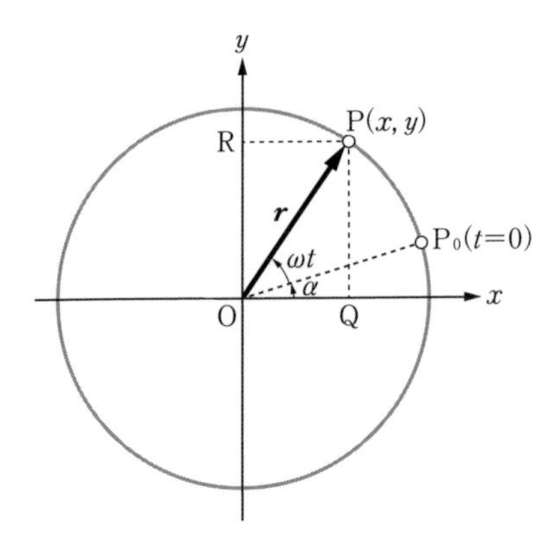

2.1-2 図

等速円運動の加速度は高等学校の物理でも，基礎物理学でも扱われるのであるが，ここでは成分から入ってみよう.[1] 2.1-2 図のように原点 O を中心とし，半径 r の円周上を一定の角速度 ω で運動する点 P の座標は

$$x = r\cos(\omega t + \alpha), \qquad y = r\sin(\omega t + \alpha)$$

で表わされる．加速度を求めれば，(2.1-16) と同様に

$$\ddot{x} = -\omega^2 x, \qquad \ddot{y} = -\omega^2 y \tag{2.1-20}$$

となる．したがって

$$\ddot{y} : \ddot{x} = y : x$$

となるから，まず加速度の方向は $\overrightarrow{\mathrm{OP}}$ かその逆の方向になっていることがわかる．また (2.1-20) の右辺に負の符号があることから，P から O に向かっていることになる．大きさは

$$a = \{(\ddot{x})^2 + (\ddot{y})^2\}^{1/2} = r\omega^2$$

である．P の速さ V は

$$V = r\omega$$

で与えられるから

$$a = r\omega^2 = \frac{V^2}{r} \tag{2.1-21}$$

と書くこともできる.

1) 基礎物理などで学んだもっと初歩的で幾何学的な導き出し方も復習していただきたい.

例題 3 地球のまわりに，表面すれすれに大円を描いて等速円運動を行なう点の加速度が 9.80 m/s^2 であるためには，1 周するのにどれだけ時間がかかるような速さでなければならないか．地球の半径は 6.37×10^6 m である．

（答：84.4 min）

§2.2 質点の質量

この節では力学の基礎的量であるところの質量（慣性質量）の定義を学ぶ．その定義の仕方はいろいろとあるが，ここではもっとも合理的と思われる Mach（マッハ）[2] の方法にしたがう．[3]

これからの質点の運動はすべて慣性系によって記述するものとする．§1.5 の意味で質点が他の物体から十分遠く離れていれば，加速度が 0 であることは学んだことであるが，2 つの質点が互いに近かったり，糸でつながれていたりするときには一般にこれらの質点は等速直線運動をしないで加速度を持つ．経験によると，

> 2 つの質点が，それら以外の物体からは十分遠く離れているものとし，これらが互いに近くあることによって慣性系に対して加速度を持つとき，それらの加速度は，両質点を結ぶ直線の方向に向いていて，互いに逆向きになっており，大きさの比は質点の運動状態によらずいつも一定である．

このような場合，2 つの質点は影響をおよぼしあうというが，その影響が質点の速度を持続させることに現われるのではなく，[4] 加速度という量で現われてくることは注目しなければならない．

---

2) Ernst Mach（1838 ～ 1916）．オーストリアの物理学者，哲学者．今日多くの科学者にとられている“自然科学ではどのような内容のことも，それが経験で実証できなければ意味がない”との考え方を主張した．

3) E. Mach: *Die Mechanik In Ihrer Entwickelung — Historisch-Kritisch Dargestellt*（伏見譲訳：「マッハ力学 — 力学の批判的発展史」（講談社，1969）200 ページ）．

4) 力という語をここに持ち出すのはまだ早いかもしれないが，アリストテレスは“物体が一定の速度を保持するのに力が必要である”と考えた．

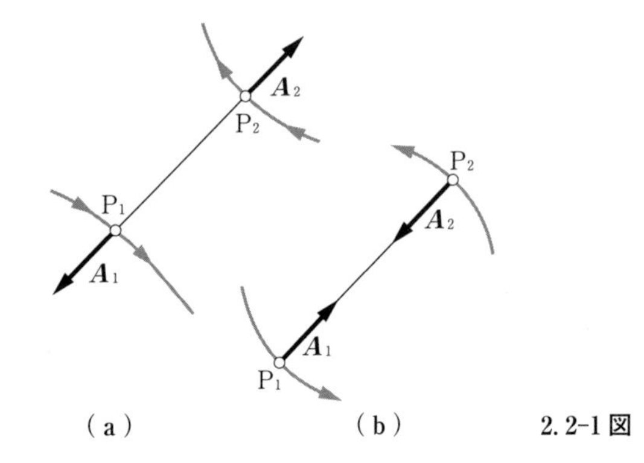

（a） （b） **2.2-1 図**

加速度の大きさが小さいほど速度の変化の仕方が小さいので，慣性が大きいと考えられる．この慣性の大小を表わすものとして，**質量**（くわしくは**慣性質量**（inertial mass）[1]）というものを各質点について考える．つまり，2つの質点 P_1, P_2 が近づいて加速度を持つとき，2.2-1 図（a）のように両質点が遠ざかるように加速度を生じることも，（b）のように近寄る方向に加速度を生じることもあるが，それらの大きさを A_1, A_2 とすれば，質量 m_1, m_2 の比は加速度の大きさの逆比によって与えられるものときめる．

$$\frac{m_1}{m_2} = \frac{A_2}{A_1}. \tag{2.2-1}$$

両方の加速度が逆であることを考えに入れて，ベクトルの記号で書けば，

$$m_1\boldsymbol{A}_1 + m_2\boldsymbol{A}_2 = 0 \tag{2.2-2}$$

となる．

1つの標準の物体（たとえば，国際標準局のキログラム原器）を単位にとれば，他の物体の質量は（2.2-1）によってきめられる．[2] CGS 制ではグラム（g）を，MKS 制ではキログラム（kg）を使う．

1） 重力質量（gravitational mass）（§3.1）に対することば．

2） これは原理の上のことで，実際には，物体の重さが質量に比例することを利用して，天秤（てんびん）によって比較することが多い．原子物理学や素粒子物理学で，粒子の質量を衝突による運動の変化の測定によって比較する場合は（2.2-1）を使っていることになる．

§2.3　力と加速度

§2.2で述べたように，2つの質点 P_1, P_2（質量 $= m_1, m_2$）が近づくと両方の質点が慣性系に対して加速度を持つが，このとき P_1 から P_2 に，また P_2 から P_1 に力が作用するという．

この力という考え方はもともと私たちの手などの筋肉の努力感から来たものである．滑らかな水平な床の上に1つの質点があるものとし，これに第2の質点を近づける代りに手で押すか引くかするものとしよう．このようにしても質点は慣性系に対して加速度を持つが，同時に手は努力をしたという感じを持つ．この感覚が日常，力ということばで意味されるものである．それで，私たちが手で押すとか引くとかいうことと無関係に，どのようなときにも，質点が加速度を持っているときにはその原因となる他の物体から，その物体の性質や環境によってきまる力が働く結果，この加速度を生じるものと考える．そして，力はベクトルと考え，加速度はこの力の方向と同じ方向に生じるものとし，加速度の大きさは力の大きさを質量で割ったものに等しいものとする．つまり，こうなるように力というベクトルを定義することにする．[3)]

このことを式で書くと，力を $\boldsymbol{F}$ で表わして，

$$m\boldsymbol{A} = \boldsymbol{F} \tag{2.3-1}$$

となる．

質点に力を作用する物体としては，手，張られた糸，地球，電気を帯びた物体（質点も電気を帯びているとき），質点が接している滑らかな面からの力（面の抗力とよぶ）などがある．(2.3-1) の座標軸の方向の成分を書くため，力 $\boldsymbol{F}$ の成分を (X, Y, Z) とすれば

3)　力と加速度の大きさが互いに比例しているということはある程度の任意性を持つ．筋肉の感じと加速度との関係からみると，力が加速度の大きさの増加関数になっていればよい．比例関係は私たちのきめた定義であって，このようにきめると力学の体系がもっとも簡単になる．これについては，原島鮮：「質点の力学」（基礎物理学選書1，裳華房，1970）32ページ以下参照．

$$\left.\begin{aligned} m\frac{d^2x}{dt^2} &= X, \\ m\frac{d^2y}{dt^2} &= Y, \\ m\frac{d^2z}{dt^2} &= Z \end{aligned}\right\} \qquad (2.3\text{-}2)$$

となる．(2.3-1)，(2.3-2) を質点の**運動方程式** (equation of motion) とよぶ．(2.3-1) をことばでいえば，

> 質点に他の物体から力が働くときは，質点は慣性系に対して，力の方向に，これに比例し，質量に反比例する加速度を持つ

ということができる．これを**運動の第 2 法則**とよぶ．力学の問題では，力 $\boldsymbol{F}(X, Y, Z)$ が質点の位置の関数として与えられ，(2.3-2) の微分方程式を解いて，位置 (x, y, z) を時刻 t の関数として求めるものが多い．その簡単な例は §3.1 ～ §3.3 などで，もっと複雑な例は第 8 章の単振り子や惑星の運動などで説明することにしよう．

力の単位は (2.3-1) または (2.3-2) によってきまる．CGS 制では，$m = 1$ g，$A = 1\ \mathrm{cm/s^2}$ をとってそのときの力の大きさを 1 ダイン (dyne，記号 dyn) として単位に使う．MKS 制では $m = 1$ kg，$A = 1\ \mathrm{m/s^2}$ のときの力を 1 ニュートン (newton，記号 N) として単位に使う．

$$1\ \mathrm{N} = 10^5\ \mathrm{dyn}$$

である．

1 つの質点には，いろいろな原因による力が同時に働くことが多い．たとえば，糸でつるされた質点が重力を受けながら運動するとき (単振り子の場合) には，質点には地球から重力が働いているのと同時に，質点をつるしている糸が糸の方向に質点を引張る向きに力を作用している．そのようなとき，おのおのの物体から質点に作用する力は，それらの物体の状態 (糸の張り具合，帯びている電気量など) によってきまるものである．これらを $\boldsymbol{F}_1, \boldsymbol{F}_2, \cdots, \boldsymbol{F}_n$ としよう．一方，質点は 1 つ，その運動からきめられる加速度も 1 つであるから，これら $\boldsymbol{F}_1, \boldsymbol{F}_2, \cdots, \boldsymbol{F}_n$ が同時に質点に働く効果はただ 1 つの力 $\boldsymbol{F}$ でおきかえられ

るはずである．$\boldsymbol{F}$ と $\boldsymbol{F}_1, \boldsymbol{F}_2, \cdots, \boldsymbol{F}_n$ の関係は経験によらなければならないが，経験によると

> 1つの質点にいくつかの力 $\boldsymbol{F}_1, \boldsymbol{F}_2, \cdots, \boldsymbol{F}_n$ が同時に作用するときには，これらの力をベクトル的に（平行四辺形の方法で）合成して得られる1個の力 $\boldsymbol{F}$ が働くのと同等である

という法則が成り立つ．この $\boldsymbol{F}$ を $\boldsymbol{F}_1, \boldsymbol{F}_2, \cdots, \boldsymbol{F}_n$ の**合力**（resultant force）とよぶ．この法則から

> 力は，そのいくつかが1つの質点に働く現象を通じてベクトルとして扱うことができる

といえる．

$$\boldsymbol{F} = \boldsymbol{F}_1 + \boldsymbol{F}_2 + \cdots + \boldsymbol{F}_n = \sum_i \boldsymbol{F}_i. \tag{2.3-3}$$

したがって，質点の運動方程式は

$$m\boldsymbol{A} = \sum_i \boldsymbol{F}_i, \tag{2.3-4}$$

または，座標軸の方向の成分を使って書けば

$$\left.\begin{aligned} m\frac{d^2x}{dt^2} &= \sum_i X_i, \\ m\frac{d^2y}{dt^2} &= \sum_i Y_i, \\ m\frac{d^2z}{dt^2} &= \sum_i Z_i \end{aligned}\right\} \tag{2.3-5}$$

となる．(2.3-4)，(2.3-5) が1つの質点の運動の第2法則のもっとも一般的な表現である．

§2.4　作用・反作用の法則

質点の質量の定義，この定義を下すことを可能にするための経験的事実

(§2.2の最初に述べたことがら)，それに第2法則を考えに入れて **Newtonの第3法則**，あるいは**作用・反作用の法則**とよばれるものを導くことができる．

2つの質点（質量 $= m_1, m_2$）が空間にあって，互いに力を作用しあうため，どちらの質点も慣性系に対して加速度（$\boldsymbol{A}_1, \boldsymbol{A}_2$）を持っているものとしよう．そのときは，§2.2で述べたように，$\boldsymbol{A}_1, \boldsymbol{A}_2$ は両質点を結ぶ方向にあって，しかも (2.2-2) が成り立つ．第2の質点から第1の質点に作用する力を $\boldsymbol{F}_{21}$，第1から第2に作用する力を $\boldsymbol{F}_{12}$ と書けば，運動方程式は

$$m_1 \boldsymbol{A}_1 = \boldsymbol{F}_{21}, \qquad m_2 \boldsymbol{A}_2 = \boldsymbol{F}_{12}$$

となる．(2.2-2) によれば

$$\boldsymbol{F}_{12} = -\boldsymbol{F}_{21}$$

である．$\boldsymbol{A}_1, \boldsymbol{A}_2$ が両質点を結ぶ直線の方向にあることとこの式とをまとめていえば，

> 2つの質点の一方が他方に力を作用しているときには，必ず後者も前者に力を作用しており，それらの力は両質点を結ぶ直線の方向に沿って逆の向きに作用しており，それらの大きさは等しい

ということができる．これが**運動の第3法則**である．一方の力を**作用** (action)，他方の力を**反作用** (reaction) とよぶことがある．どちらを作用，どちらを反作用とよぶかは立場によってちがうこともあるが，[1] 手が壁を押し，同時に壁が手を押しているときには，前の力を作用，後の力を反作用というよび方をする．一般的にいえば，重力，電気的な力，手で押すときの力など，その大きさ方向がはじめからわかっていたり，または私たちが制御できるような力のほうが作用とよばれ，壁の押し返す力，糸の張力，斜面からの抗力など，考えている体系の持つ束縛条件（固い壁があるとか，長さの一定な糸でつるされているとか，斜面の上を運動するように束縛されているとかの条件）によって現われる力（受身的に現われる力）のほうを反作用とよぶことが多い．

例題1 質量 m_1, m_2, m_3 の物体を次々に糸で連結して一直線にして水平な滑

1) どちらでもよいときには，作用，反作用のことばを使わないのがふつうである．

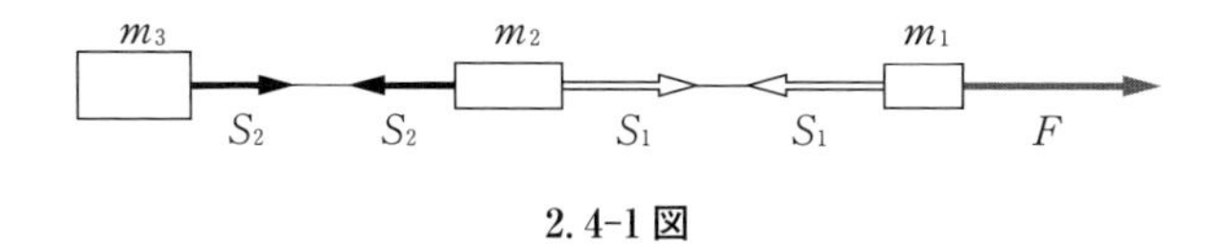

2.4-1 図

らかな机の上におく．m_1 に F の大きさの力をこの直線の方向に作用させて全体系を引張るとき，おのおのの糸の張力はどうなるか．

解 2.4-1 図のように糸の張力を S_1, S_2 とする．加速度を a とすれば，

m_1 の運動方程式　　$m_1 a = F - S_1,$　　(1)

m_2 の　〃　　$m_2 a = S_1 - S_2,$　　(2)

m_3 の　〃　　$m_3 a = S_2.$　　(3)

(1) + (2) + (3)

$$(m_1 + m_2 + m_3)a = F. \qquad \therefore\ a = \frac{F}{m_1 + m_2 + m_3}.$$

(1) に代入

$$S_1 = \frac{m_2 + m_3}{m_1 + m_2 + m_3}F.$$

(3) に代入

$$S_2 = \frac{m_3}{m_1 + m_2 + m_3}F.$$

◆

例題 2 水素原子では $+e$ の電気量を帯びた陽子のまわりを $-e$ の電気量を帯びた電子が回っている．電子の質量を m とし，これが陽子のまわりを半径 a[2] の円を描いて等速円運動をしているとして，電子が陽子のまわりを単位時間に回る回数 ν と a との関係を求めよ．陽子は静止しているものとし（陽子は電子の 1840 倍の質量を持っているからこのように仮定してもよい），陽子から電子には $e^2/(4\pi\varepsilon_0 a^2)$ の引力が働くものとする（ε_0 は真空の誘電率）．

解 電子の加速度は円の中心に向かって $a(2\pi\nu)^2 = 4\pi^2\nu^2 a$．運動方程式は

$$m \cdot 4\pi^2\nu^2 a = \frac{e^2}{4\pi\varepsilon_0 a^2}.$$

$$\therefore\ \nu = \frac{e}{4\pi^{3/2} m^{1/2} \varepsilon_0^{1/2} a^{3/2}}.$$

◆

2) 文字 a は加速度に対して使うのが本書の記法であるが，水素原子の場合，半径に a を使うのがふつうなので，ここでもそれにしたがった．

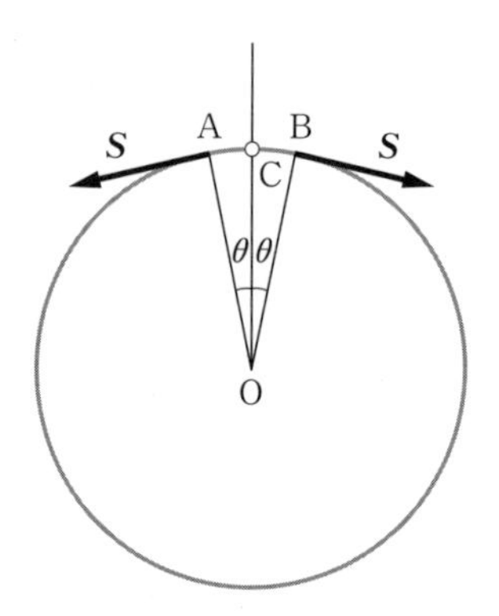

2.4-2 図

例題 3　単位長さの質量，すなわち線密度，が σ の糸が半径 r の円形の輪をつくり，その平面内で一定の角速度 ω でくるくる回っている．糸の張力を求めよ．

解　糸の小さな部分 $\overset{\frown}{\mathrm{AB}}$ を考える（2.4-2 図）．$\overset{\frown}{\mathrm{AB}}$ が中心 O でつくる角を 2θ とする．$\overset{\frown}{\mathrm{AB}}$ の長さを Δs とすればその質量は $\sigma\Delta s$．糸の張力を S とし，$\overset{\frown}{\mathrm{AB}}$ の部分に着目すれば，A と B とで接線の方向に作用している．この 2 つの力を合成するのに，$\overset{\frown}{\mathrm{AB}}$ の中点を C として C から O に向かう成分を使って加えればよい．$2S\sin\theta$ となるが，θ が小さいから $2S\theta$ としてよい．

$\overset{\frown}{\mathrm{AB}}$ の部分はこの力によって O のまわりに等速円運動を行なうのであるから，運動方程式は

$$\sigma\Delta s\cdot r\omega^2 = 2S\theta.$$

$\Delta s = 2r\theta$ を入れて

$$S = \sigma r^2\omega^2 = \sigma V^2, \qquad V：糸の速さ. \qquad ◆$$

§2.5　運 動 量

質量 m の質点が，速度ベクトル $\boldsymbol{V}$ で運動するとき

$$\boldsymbol{p} = m\boldsymbol{V} \tag{2.5-1}$$

の**運動量**（momentum）を持つという．質点の運動方程式（2.3-1）は，

$$\frac{d\boldsymbol{p}}{dt} = \boldsymbol{F} \tag{2.5-2}$$

と書くことができる．すなわち，第2法則は

質点の持つ運動量が時間とともに変わる割合はこの質点に働く力に等しい

と述べることができる．(2.5-2) の $\boldsymbol{F}$ が質点に他の物体から働く力全部を合成したものであるが，この合力が0の場合，すなわち，質点に力が何も働かないとき，または働いてもベクトル的に加えたものが0の場合には

$$\boldsymbol{p} = \text{一定} \tag{2.5-3}$$

となる．これを**運動量保存の法則** (law of conservation of momentum) とよぶが，この法則はむしろ質点の数が2つまたはそれ以上の場合に大切な意味を持つものである．

(2.5-2) で力 $\boldsymbol{F}$ が t の関数であると考え，$t = t_1$ で $\boldsymbol{p} = \boldsymbol{p}_1$，$t = t_2$ で $\boldsymbol{p} = \boldsymbol{p}_2$ とすれば，(2.5-2) を積分して，

$$\boldsymbol{p}_2 - \boldsymbol{p}_1 = \int_{t_1}^{t_2} \boldsymbol{F}\,dt = \overline{\boldsymbol{F}} \tag{2.5-4}$$

となる．$\overline{\boldsymbol{F}} = \int_{t_1}^{t_2} \boldsymbol{F}\,dt$ は，成分が $\overline{X} = \int_{t_1}^{t_2} X\,dt$，$\overline{Y} = \int_{t_1}^{t_2} Y\,dt$，$\overline{Z} = \int_{t_1}^{t_2} Z\,dt$ であるようなベクトルで，**力積** (impulse) とよばれる．(2.5-4) をことばでいえば，

ある時間内の質点の運動量ベクトルの増し高は，質点に働いている力のその時間内の力積に等しい．

球をバットでたたくときのように，質点に働く力が非常に短い時間，非常に大きな力である場合，これを**撃力** (impulsive force) とよぶ．撃力では，その作用している短い時間内のおのおのの瞬間，どのような力が働くかは複雑であって，これを調べるのはむずかしい問題であるが，多くの場合，そのようなことを調べる必要はなく，ただ撃力が働いたための運動の変化だけが問題となる．そのようなときに (2.5-4) の式が使われるのであって，撃力の効果は，$\overline{\boldsymbol{F}}$，つまり力積によって表わされる．2.5-1図は撃力の働くときの力の成分 X と t と

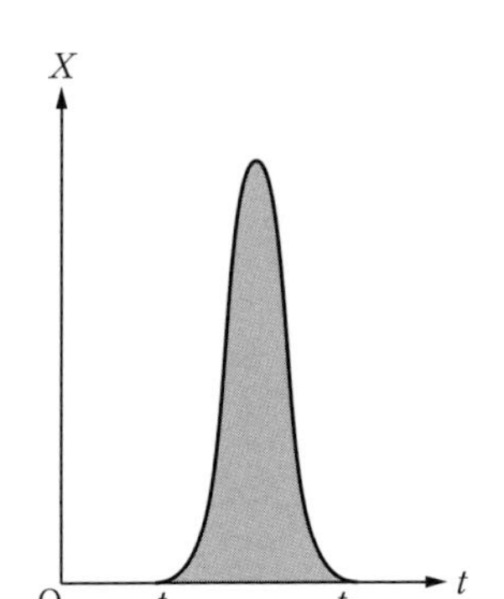

2.5-1 図

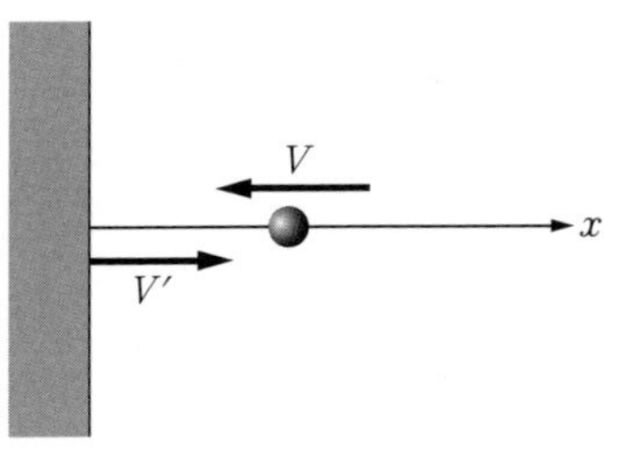

2.5-2 図

の関係を示すもので，$t = t_1$ から $t = t_2$ までの間，力が働く場合である．力積 $\overline{X}$ はこの図の影をつけた部分の面積に等しい．

例題 1　質量 m の球が壁に直角に V の速さで飛んできて，V' の速さではね返って飛び去った（2.5-2 図）．壁から球に作用した撃力の力積はどれだけか．

解　衝突後は x 方向に mV'，衝突前は $-mV$ の運動量を持つから，運動量の増加は

$$mV' - (-mV) = m(V + V').$$

これだけの力積の撃力が壁から球に働いたのである．$V' = V$ のときには $2mV$ となる．この場合には，球の運動エネルギーが衝突によって変わらないので，完全弾性衝突とよぶ．◆

例題 2　上の問題で，球の速度は $-V$ から，非常に短いが有限の時間かかって 0 となり，それからまた非常に短いが有限の時間の後に V' になると考えられる．つまり，速度が 0 になる瞬間の前が球がつぶれていく期間，後が回復の期間である．回復の期間に球に働く力積と，つぶれていく間の力積の比 e を見出せ．

解　回復の部分では，速度が 0 から V' となるので，力積は mV'（x 方向に）．前の期間では，$-V$ から 0 となるので力積は mV（x 方向に）である．したがって

$$e = \frac{V'}{V}.$$

この e を**はね返りの係数**，**回復係数**（coefficient of restitution），**反発係数**などとよぶ．◆

第2章　問題

1　滑らかな水平面上にある板（質量 $= M$）の上を人（質量 $= m$）が板に対して加速度 a で歩くとき，板は水平面に対してどのような加速度を持つか．また人と板とが互いに水平方向におよぼしあう力はどれだけか．

2　水平な滑らかな床の上に一様な鎖（質量 $= M$，長さ $= l$）を一直線において，その一端を一定の力 F で引張る．鎖の任意の点での張力を求めよ．

3　惑星が太陽から，惑星の質量に比例し，太陽からの距離の2乗に反比例する引力を受けて太陽のまわりに円運動を行なうものとする．いろいろな惑星が太陽のまわりを回る周期 T と，円運動の半径 a との間には

$$\frac{T^2}{a^3} = \text{惑星によらない定数}$$

の関係があることを示せ．

4　水平な滑らかな床の上で，糸につながれた2つの質点がそれぞれ r_1, r_2 の半径の等速円運動をしている．両質点の質量の比を求めよ．

5　前の問題を二重星（連星）の問題に直してみよ．

3 簡単な運動

§3.1 落下運動

地球の表面近くで物体（質点とみなす）を静かに放すと下向きに落ちる．上向きに投げても，下向きに突き落としても，質点の持つ加速度は下に向いていて，どの場合でも下向きの速度が増していく．鉛直上方に y 軸をとり，適当な高さの点（地面とか床とか）を原点にとる．質量 m の質点をこの y 軸にそって運動させる（3.1-1 図）．質点はとにかく下向きに加速度を持っているのであるから，地球から質点に，下向きの力が働いていることは確かである．この力の大きさを W としよう．運動方程式は，

$$m\frac{d^2y}{dt^2} = -W \tag{3.1-1}$$

である．

慣性質量は物体の慣性の大小を表わす量であり，重力 W は地球が物体を下向きに引っ張る力であるから，慣性質量と重力とはちがう現象に関係する量である．それゆえ，それらの間に何かの関係があるとはもともと考えにくいことであろう．重力に比例する質量を考えて，**重力質量**（gravitational mass）とよぶ．

y

m

W

O

3.1-1 図

ところが現在実験誤差の範囲内で重力質量は慣性質量に比例している（あるいは等しい）ことが確かめられているが，この事実は Galilei の落下運動の理論的・実験的研究にはじまり，Newton も振

り子の実験によって物質の種類がちがっても W と m との比はちがわないことをその実験誤差の範囲内で確かめた．その後 Eötvös（エトヴェシ，1890）によってさらに確かめられた．

一般相対性理論によると，物体の慣性をきめるものは恒星系であり，重力も恒星の作用する万有引力と同種の力によるものであるから，これら 2 つのものが比例するのは自然のことであろう．逆にいうと，慣性質量と重力とが比例することを実験的に確かめることが，一般相対性理論の実験的証拠ともなるので，今世紀に入ってからも多くの学者によって確かめられた．[1] 現在までの研究によると，直接実験の立場からは 3×10^{-11} の程度まで正しいとされている（R. H. Dicke, 1964）．

以上述べたように，重力と慣性質量の比がどの物体についても一定であるならば

$$W = mg \tag{3.1-2}$$

となる．g はどの物体にも共通な定数であるが，地球上の場所によっていくらかちがう値を持っている．事実，緯度・経度のちがい，高さのちがいによってちがう値をとる．よく知られているように

$$g = 9.80\ \mathrm{m/s^2} \tag{3.1-3}$$

にとる場合が多い．[2]（3.1-2）を（3.1-1）に代入して

$$\frac{d^2y}{dt^2} = -g, \tag{3.1-4}$$

すなわち，地上の同じ場所では重力加速度はすべての物体に対して等しい値を持つことになる．

（3.1-4）が Galilei の落下運動に関する研究を集約したものということができるもので，重力と質量とが比例するという重要なことのほかに，物体の運動に対する力の影響が，加速度をきめる（速度などでなく）というもう 1 つの重要なことを含んでいる．

これから（3.1-4）をもとにして，この式から導き出される速度や位置につい

1） 慣性質量と重力質量との関係については，原島鮮：「質点の力学」（基礎物理学選書 1，裳華房，1970）39 ページ以下参照．Sir Isaac Newton：プリンキピア Book III, Proposition 6. Theorem 6.

2） 京都では $979.7215\ \mathrm{cm/s^2}$．

て考えるのであるが，§2.1 で行なった方法の逆で，定数の意味を求めるところなど似たところがあるから，くわしい説明は抜きにして進むことにする．

(3.1-4) を積分すれば

$$\frac{dy}{dt} = -gt + c, \qquad c：定数. \tag{3.1-5}$$

いま，$t=0$ で $dy/dt = v_0$，つまり初速度を v_0 とすれば (3.1-5) で $t=0$ とおいて，

$$v_0 = c.$$

したがって (3.1-5) は $dy/dt =$ 速度 $= v$ とおいて，

$$v = \frac{dy}{dt} = v_0 - gt. \tag{3.1-6}$$

(3.1-6) をもう1度積分して

$$y = v_0 t - \frac{1}{2}gt^2 + c', \qquad c'：定数. \tag{3.1-7}$$

投げ出したときの位置を原点 O に選べば，(3.1-7) で $t=0$ とおいて，

$$0 = c'.$$

したがって，

$$y = v_0 t - \frac{1}{2}gt^2 \tag{3.1-8}$$

となる．(3.1-6)，(3.1-8) から t を消去すると，y と v との関係式

$$v^2 = {v_0}^2 - 2gy \tag{3.1-9}$$

となる．[1)]

(3.1-6) をみると，$v_0 > 0$ つまりはじめ上に向けて投げたときには，時間がたつにつれて速さが小さくなり，ある時刻 t_1 で $v=0$ になることがわかる．t_1 は (3.1-6) から

$$t_1 = \frac{v_0}{g} \tag{3.1-10}$$

によってきめられる．そのときの高さは (3.1-8) に (3.1-10) を入れて，

1) (3.1-9) は $\frac{1}{2}mv^2 + mgy = \frac{1}{2}m{v_0}^2$ と書いた方が力学的エネルギー保存の法則（第6章）と関連して記憶するのに便利である．

$$y_1 = \frac{{v_0}^2}{2g} \tag{3.1-11}$$

となる.

いままでは空気の抵抗がない場合の落下運動を考えたが，これから空気の抵抗があるときを考えよう．一般に物体が空気中を運動するときには，空気はこの物体にその運動をさまたげる力を作用する．これが空気の抵抗で，速さがあまり大きくないとき（音の速さより小さいとき）には次の2つの原因によって抵抗が起こると考えられる.

(a) 物体が動くにつれて運動する空気の部分の，物体に触れているところ，いくらか離れているところなどで，空気の速度がちがうが，空気の粘性によって物体の運動をさまたげる力が現われる．この原因による抵抗は物体の速さに比例する.

(b) 物体が空気中を動くとき，いままで静止していた空気に，急に運動を起こさせる．空気は物体の速度と同じ程度の大きさの速度で急に動き出すが，そのような空気の質量がまた物体の速度に比例している．物体は空気を押すのであるが，その反作用として空気から抵抗を受ける．この抵抗は上の理由によって物体の速さの2乗に比例する大きさをもっている.

物体が空気中を動くときばかりでなく，水のような液体中を動くときにも上の2つの原因による抵抗力が働く.

速度が十分小さければ抵抗は速さに比例する．つまり上に述べた(a)の効果だけが現われる．質点の質量を m，抵抗を kmv（k：定数）とし，鉛直下方に y 軸をとろう（3.1-2図）．運動方程式は

$$m\frac{dv}{dt} = mg - kmv \tag{3.1-12}$$

である．これから

$$\frac{dv}{v - \dfrac{g}{k}} = -k\,dt.$$

積分して

$$\log\left(v - \frac{g}{k}\right) = -kt + \text{定数}.$$

O

kmv

mg

y

3.1-2 図

したがって

$$v = \frac{g}{k} + Ce^{-kt}, \qquad C: 定数.$$

$t = 0$ で $v = v_0$ とすれば，この式で $t = 0$ とおいて

$$v_0 = \frac{g}{k} + C. \qquad \therefore\ C = v_0 - \frac{g}{k}.$$

上の式に代入して

$$v = \frac{g}{k} + \left(v_0 - \frac{g}{k}\right)e^{-kt} \tag{3.1-13}$$

となる．これが，任意の時刻での速度を与える．また，$v = dy/dt$ であるから，これを（3.1-13）に入れて積分すれば，

$$y = \frac{g}{k}t - \frac{1}{k}\left(v_0 - \frac{g}{k}\right)e^{-kt} + C'.$$

$t = 0$ で $y = 0$ とおけば $C' = \dfrac{1}{k}\left(v_0 - \dfrac{g}{k}\right)$. したがって

$$y = \frac{g}{k}t + \frac{1}{k}\left(v_0 - \frac{g}{k}\right)(1 - e^{-kt}) \tag{3.1-14}$$

が得られる．

（3.1-13）をみると，十分時間がたつと，v は

$$v_\infty = \frac{g}{k} \tag{3.1-15}$$

となるが，この値は初速 v_0 にはよらないことがわかる．つまり，はじめ静かに落とせば速度がしだいに大きくなるが，それにつれて空気の抵抗が大きくなり，加速度は小さくなる．運動方程式（3.1-12）によると，v が g/k，すなわち v_∞ に近くなっていくと dv/dt が 0 に近づき，速度は一定に近づいていく．はじめ速度を大きくして，v_0 が g/k より大きいようにしよう．（3.1-12）によると，加速度は負となり，速度はしだいに小さくなり，v が g/k に近づくと dv/dt は 0 に近づく．$v_\infty = g/k$ を**終りの速度**または**終端速度**（terminal velocity）とよぶ．

例題 1　空気の抵抗が速度に比例するとき，はじめ上向きに v_0 の初速で投げた後の運動を調べよ．

解　はじめ上向きに投げるのであるから上向きに y 軸をとろう．抵抗はいつも

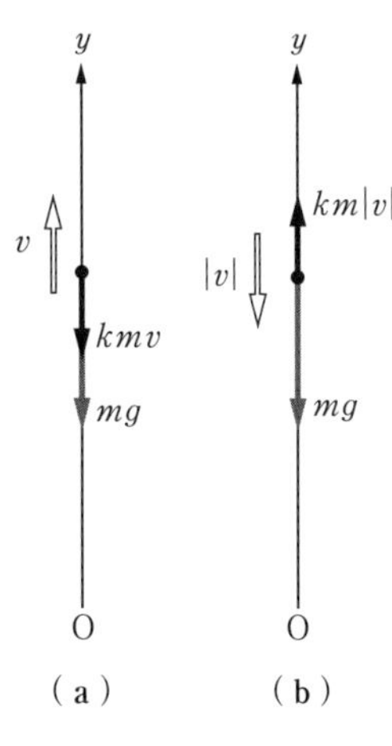

3.1-3 図

速度と逆向きに向いていて，位置によってきまるのではないから質点が上に向かって運動する場合と，下向きに落ちる場合とで運動方程式が同じ形であるかどうかを確かめておく必要がある．

上向きに運動するときは3.1-3図 (a) に示す．運動方程式は

$$m\frac{dv}{dt} = -mg - kmv.$$

下向きに運動するときは3.1-3図 (b) に示す．運動方程式は，v の絶対値を $|v|$ として，

$$m\frac{dv}{dt} = -mg + km|v|.$$

ところで，$v < 0$ ならば $|v| = -v$ であるから $m(dv/dt) = -mg - kmv$ となって，上向きに運動するときと同じ運動方程式となる．つまり，上向きに運動するときにも，下向きに運動するときにも，同じ運動方程式で論じることができる．与えられた初期条件の下で運動方程式を解くのには本文と同様にすればよいが，いま $t = 0$ で $y = 0$，$v = v_0$ (上方に) の条件の下に運動方程式を解けば

$$v = -\frac{g}{k} + \left(v_0 + \frac{g}{k}\right)e^{-kt},$$

$$y = -\frac{g}{k}t + \frac{1}{k}\left(v_0 + \frac{g}{k}\right)(1 - e^{-kt})$$

となる．この場合の終りの速度は $v_\infty = -(g/k)$ である． ◆

3.1-4 図

例題 2 抵抗が速度の2乗に比例するとして (3.1-4図)，$y = 0$ で初速度 v_0 で下向きに投げられた物体の速度と時間との関係を求めよ．

解 運動方程式は

$$m\frac{dv}{dt} = mg - mkv^2.$$

$$\therefore \quad \frac{dv}{v^2 - \dfrac{g}{k}} = -k\,dt.$$

これを

$$\frac{1}{2\sqrt{\dfrac{g}{k}}}\left(\frac{1}{v-\sqrt{\dfrac{g}{k}}}-\frac{1}{v+\sqrt{\dfrac{g}{k}}}\right)dv=-k\,dt$$

と変形して，$t=0$ で $v=v_0$ の条件で積分すれば

$$v=\sqrt{\frac{g}{k}}\;\frac{v_0+\sqrt{\dfrac{g}{k}}\tanh(\sqrt{kg}\,t)}{v_0\tanh(\sqrt{kg}\,t)+\sqrt{\dfrac{g}{k}}}$$

となる．$t\to\infty$ で $(\tanh(\sqrt{kg}\,t)\to 1)$

$$v\to v_\infty=\sqrt{\frac{g}{k}}\qquad \text{終りの速度}$$

となる．3.1-5 図は $k=0.2$ の場合，いろいろな初速で落とされた物体の速度と時間の関係を示す．◆

例題 3　空気の抵抗が速度の 2 乗に比例するとき，物体が上に運動する場合と下に運動する場合とで運動方程式がちがうことを示せ．速度と時間との関

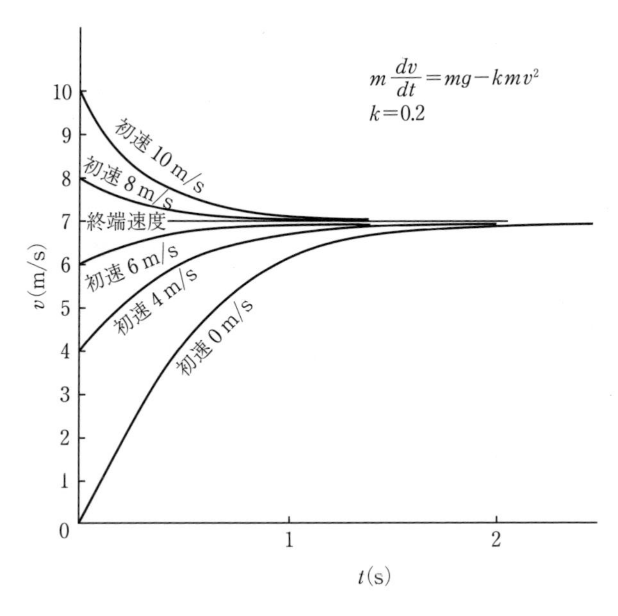

3.1-5 図

係を求めよ．

解 統一的に考えるため上向きに y 軸をとる．

上がるとき，力の働き方は3.1-6図（a）に示す．運動方程式は

$$m\frac{dv}{dt} = -mg - mkv^2. \qquad (1)$$

下がるとき，力の働き方は図（b）に示す．運動方程式は

$$m\frac{dv}{dt} = -mg + mkv^2. \qquad (2)$$

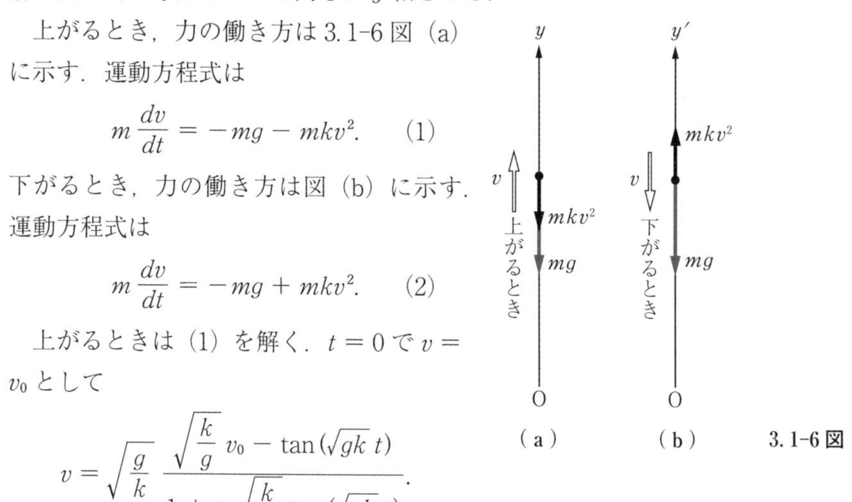

（a）　（b）　3.1-6図

上がるときは（1）を解く．$t=0$ で $v=v_0$ として

$$v = \sqrt{\frac{g}{k}}\,\frac{\sqrt{\dfrac{k}{g}}\,v_0 - \tan(\sqrt{gk}\,t)}{1 + v_0\sqrt{\dfrac{k}{g}}\,\tan(\sqrt{gk}\,t)}.$$

この式は $v=0$ となって最高点に達するまで使える．最高点に達する時刻を t_1 とすれば

$$t_1 = \frac{1}{\sqrt{gk}}\tan^{-1}\left(\sqrt{\frac{k}{g}}\,v_0\right).$$

$t > t_1$ では運動方程式（2）を使わなければならない．$t = t_1$ で $v=0$ という条件で解いて

$$v = -\sqrt{\frac{g}{k}}\tanh\{\sqrt{gk}\,(t-t_1)\}.$$ ◆

§3.2 放物運動

一様な重力の作用するところで，水平とある角をつくる方向に投げられた物体（質点とみなす）の運動を調べよう．この運動はGalileiによってはじめて正しい答が得られたので有名である．空気の抵抗を無視してよい場合を考える．任意の瞬間の質点の位置Pで，これに働く力は鉛直下方に大きさ mg の重力だけで，水平方向には力が働いていない．水平に x 軸を，鉛直上方に y 軸をとれ

ば，運動方程式は

$$m\frac{du}{dt}=0, \tag{3.2-1}$$

$$m\frac{dv}{dt}=-mg \tag{3.2-2}$$

である．これらの式はたやすく積分できる．$t=0$ で，水平と λ_0 の角をつくる方向に V_0 の速さで投げられたとする（3.2-1 図）．初期条件は

$$t=0 \quad \text{で,} \qquad x=0, \qquad y=0, \qquad u=V_0\cos\lambda_0, \qquad v=V_0\sin\lambda_0$$

である．(3.2-1)，(3.2-2) を t について積分すれば，

$$u=c_1, \qquad v=-gt+c_2.$$

初期条件を入れて，

$$c_1=V_0\cos\lambda_0, \qquad c_2=V_0\sin\lambda_0.$$

したがって，任意の時刻での速度成分 u, v は

$$u=V_0\cos\lambda_0, \qquad v=V_0\sin\lambda_0-gt. \tag{3.2-3}$$

$u=dx/dt$，$v=dy/dt$ を (3.2-3) に入れて積分する．初期条件を考えに入れて積分定数をきめれば，

$$x=V_0t\cos\lambda_0, \qquad y=V_0t\sin\lambda_0-\frac{1}{2}gt^2. \tag{3.2-4}$$

これが任意の時刻での質点の位置である．

(3.2-3)，(3.2-4) で任意の時刻での位置と速度がきまったのであるから質点の運動の時間的経過は t の関数として一義的にきまったのである．このことは古典力学では一般的にいえることで，1つの質点に働く力が位置の関数として

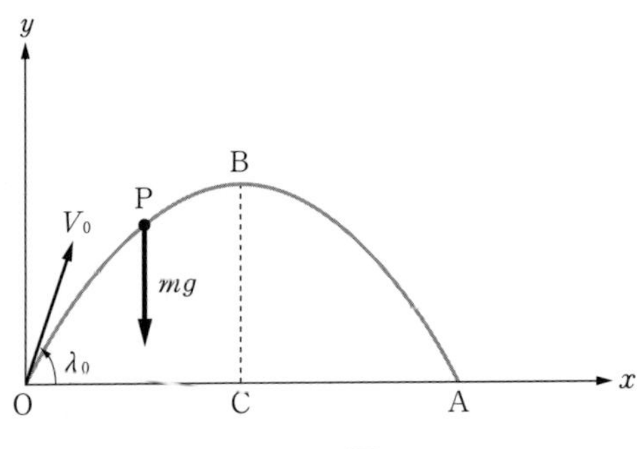

3.2-1 図

与えられているならば，その質点の将来の位置と速度とは，ある時刻（たとえば $t=0$）での状態によって一義的にきまってしまう．これを**古典力学の因果律**とよぶ．任意の数の質点から成り立つ体系の場合にも同様な因果律が成り立つ．

いまの場合のように，質点が (x,y) 平面内で運動するときには，運動の時間的経過のほかに，どのような軌道を描くかということが問題になる．それには (3.2-4) の2つの式から t を消去して x,y の関係を求めればよい．第1の式から t を出して第2の式に代入すれば

$$y=x\tan\lambda_0-\frac{1}{2}g\frac{x^2}{V_0{}^2\cos^2\lambda_0} \tag{3.2-5}$$

となる．$x=0$ で $y=0$ となることはあたりまえであるが，もう一度 $y=0$ になるところ，つまり放射距離 R（3.2-1 図の OA）は，(3.2-5) で $x=R$, $y=0$ とおいて，0 でない方の解を求めればよい．

$$R=\frac{V_0{}^2}{g}\sin 2\lambda_0 \tag{3.2-6}$$

となる．V_0 を一定にしておいて，λ_0 をいろいろと変えると R が変わる．$\lambda_0=\pi/4$ のとき，水平面上もっとも遠くまで達する．

例題 1点Oから初速度 V で石を投げ，水平距離 x，Oからの高さ y の点Pに当てるのにはどのような方向に投げればよいか．

解 求める方向と水平のつくる角を λ とする．Pに当たるまでの時間を t とすれば

$$x=Vt\cos\lambda,\qquad y=Vt\sin\lambda-\frac{1}{2}gt^2.$$

t を消去すれば，いくらか変形した後，λ を求める式として，

$$\tan^2\lambda-\frac{2V^2}{gx}\tan\lambda+1+\frac{2V^2y}{gx^2}=0$$

を得る．これから

$$\tan\lambda=\frac{V^2}{gx}\pm\sqrt{\frac{V^4}{g^2x^2}-1-\frac{2V^2y}{gx^2}}.$$

この式を満たす λ のうち，$-\dfrac{\pi}{2}\leqq\lambda\leqq\dfrac{\pi}{2}$ の範囲にあるものをとって，

$$\lambda_1 = \tan^{-1}\left(\frac{V^2}{gx} + \sqrt{\frac{V^4}{g^2x^2} - 1 - \frac{2V^2y}{gx^2}}\right),$$

$$\lambda_2 = \tan^{-1}\left(\frac{V^2}{gx} - \sqrt{\frac{V^4}{g^2x^2} - 1 - \frac{2V^2y}{gx^2}}\right).$$

平方根の記号の中の式が負になると λ の実数値は存在しない．そのときは，初速度 V でどのような方向に投げても P 点に達するようにすることはできないことを意味する．その境界の曲線は

$$y = \frac{V^2}{2g} - \frac{g}{2V^2}x^2$$

で，P 点がこの放物線の外側にあるときは（3.2-2 図の P_3）石は届かない．P がこの放物線の内側（P_1）にあれば，2 通りの角 λ_1, λ_2 がある．P がこの放物線上（P_2）にあれば λ_1 と λ_2 とが一致して λ は 1 通りしかない．3.2-2 図は原点から，初速 40 m/s で，いろいろな方向に投げた場合の軌道を示す．◆

放物運動で空気の抵抗がある場合を考えよう（3.2-3 図）．抵抗は速さ V に比例するものとする．鉛直上方と速度ベクトルのつくる角を ϕ とすれば，運動方程式は

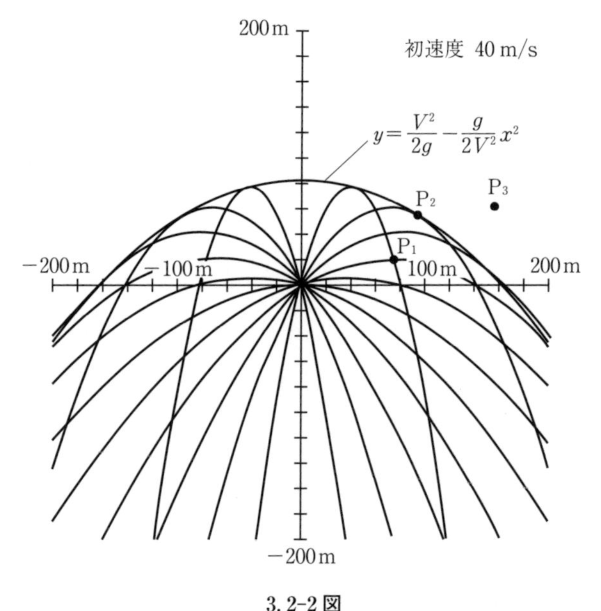

3.2-2 図

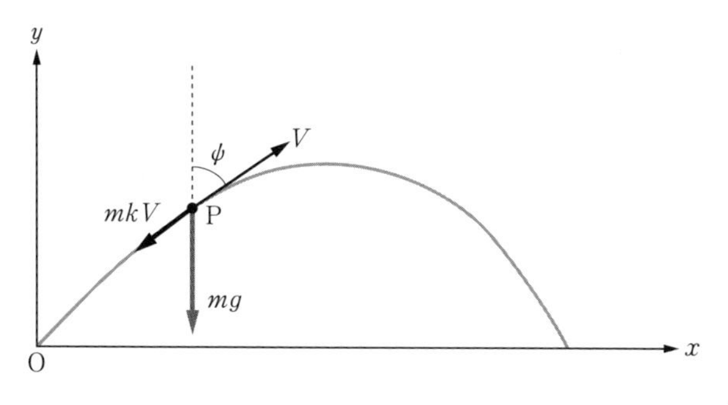

3.2-3 図

$$m\frac{du}{dt} = -mkV\sin\phi, \tag{3.2-7}$$

$$m\frac{dv}{dt} = -mkV\cos\phi - mg. \tag{3.2-8}$$

これらの式で $V\sin\phi = u$，$V\cos\phi = v$ であるから，

$$\frac{du}{dt} = -ku, \tag{3.2-9}$$

$$\frac{dv}{dt} = -kv - g \tag{3.2-10}$$

となり，u と v とについて別々の方程式となる．

$t = 0$ で $u = u_0$，$v = v_0$ とすれば，(3.2-9)，(3.2-10) を積分して

$$u = u_0 e^{-kt}, \qquad v = -\frac{g}{k} + \left(v_0 + \frac{g}{k}\right)e^{-kt} \tag{3.2-11}$$

となる．また $u = dx/dt$，$v = dy/dt$ を入れてもう一度積分すれば，$t = 0$ で $x = 0$，$y = 0$ として，

$$x = \frac{u_0}{k}(1 - e^{-kt}), \qquad y = -\frac{g}{k}t + \frac{1}{k}\left(v_0 + \frac{g}{k}\right)(1 - e^{-kt}) \tag{3.2-12}$$

が得られる．$t \to \infty$ で $u \to 0$，$v \to -g/k$ となる．3.2-4 図は抵抗の比例定数 $k = 0.05$ の場合，初速 40 m/s でいろいろな方向に投げた場合を示す．

実際に物を投げる場合には，空気の抵抗が速度の 2 乗に比例する場合が多い．運動方程式の立て方は (3.2-7)，(3.2-8) と同様で

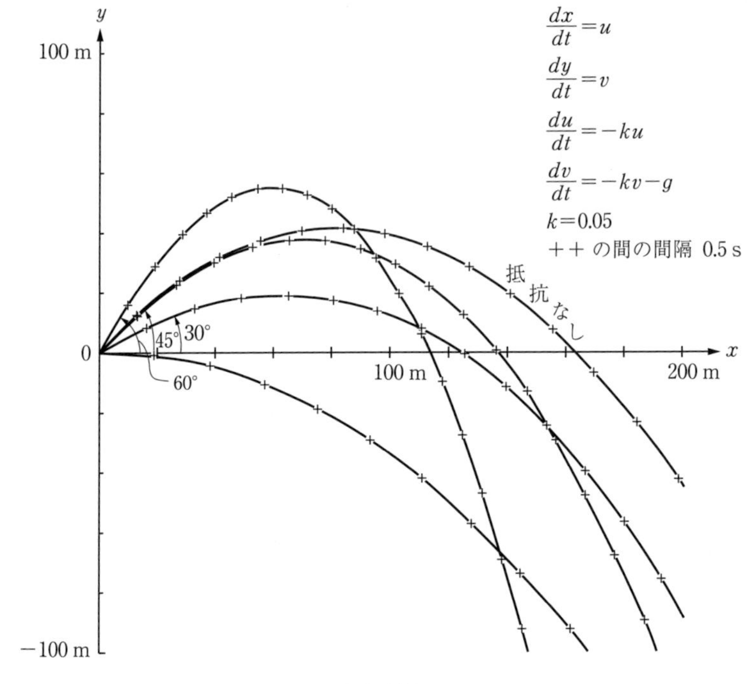

3. 2-4 図

$$m\frac{du}{dt} = -mkV^2\sin\psi, \tag{3.2-13}$$

$$m\frac{dv}{dt} = -mkV^2\cos\psi - mg \tag{3.2-14}$$

となる．$V\sin\psi = u$，$V\cos\psi = v$ を入れて

$$\frac{du}{dt} = -kVu, \tag{3.2-13$'$}$$

$$\frac{dv}{dt} = -kVv - g. \tag{3.2-14$'$}$$

運動方程式を便利な解析的な形に解くのは不可能であるが，[1] コンピューターによって数値計算をするのは困難ではない．3.2-5 図は抵抗の比例定数 $k=0$, 0.005, 0.01, 0.05 として，初速 40 m/s で投げた場合の運動を示す．＋印

1) 本章の章末問題 9，10 参照．

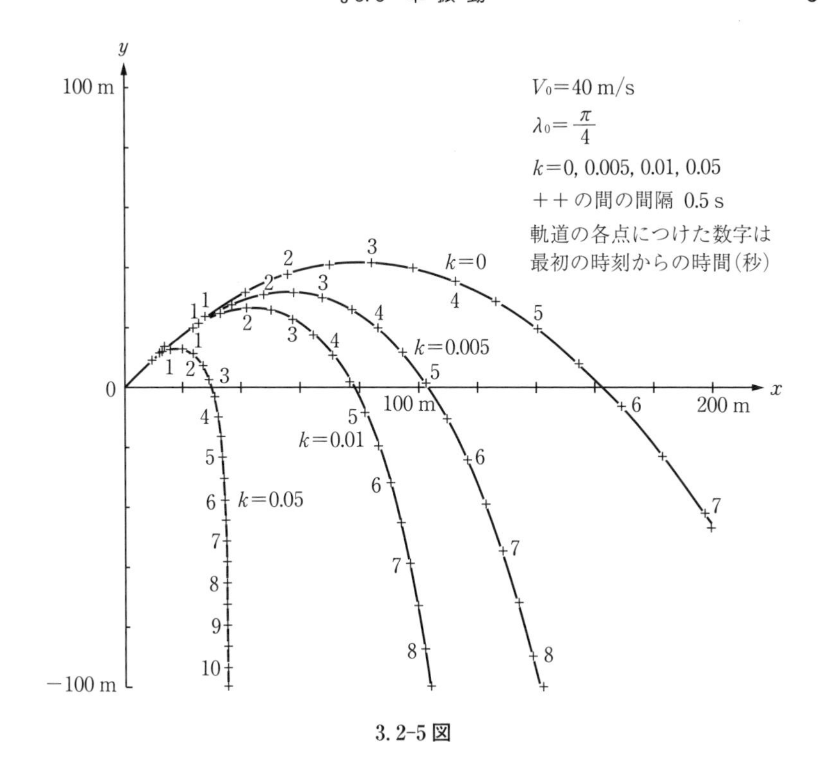

3.2-5 図

の間は0.5 s である．$k = 0.05$ の場合には，$t = 10$ s ぐらいから後はほとんど鉛直に運動しており，終りの速度になっていることがわかる．

空気の抵抗がある場合には投射角が45° のときが同じ水平面上もっとも遠くに達するというのではなく，45° よりも小さい角で最大投射距離となる．

§3.3 単 振 動

単振動の定義とその運動のありさまについては (2.1-14) ～ (2.1-19) のところで説明した．ここでは，質点がどのような力を受けるとき単振動を行なうかについて説明しよう．

直線（x 軸）上を運動する質点（質量 $= m$）に，直線上の定点 O（原点にとる）からの距離に比例し，いつも O の方に向いている力が作用するものとしよう．この力は $x > 0$ のとき負で，$x < 0$ のときは正であるから符号も含めて

3.3-1 図

$X = -cx$ $(c > 0)$ と書くことができる（3.3-1 図）．したがって，運動方程式は

$$m\frac{d^2x}{dt^2} = -cx \qquad (c > 0) \tag{3.3-1}$$

となる．x と t との関係が (2.1-14) の $x = a\cos(\omega t + \alpha)$ で与えられる運動が，加速度について（3.3-1）の性質を持つことを述べたが，ここではその逆の問題になっている．それゆえ（3.3-1）から逆に（2.1-14）の式を導いてみよう．

（3.3-1）の両辺に dx/dt を掛ける．

$$m\frac{dx}{dt}\frac{d^2x}{dt^2} = -cx\frac{dx}{dt}.$$

このようにすると両辺は t で積分できる形になっている．

$$\frac{1}{2}m\left(\frac{dx}{dt}\right)^2 = -\frac{1}{2}cx^2 + \text{定数}$$

または

$$\frac{1}{2}m\left(\frac{dx}{dt}\right)^2 + \frac{1}{2}cx^2 = \text{定数} \tag{3.3-2}$$

となるが，左辺をみると正の項ばかりであるから，右辺の定数は正でなければならない．これを $(1/2)ca^2$ と書こう．a が定数の役目をする．（3.3-2）は

$$\frac{dx}{dt} = \pm\sqrt{\frac{c}{m}}\sqrt{a^2 - x^2}.$$

または

$$\frac{\pm dx}{\sqrt{a^2 - x^2}} = \sqrt{\frac{c}{m}}\,dt.$$

両辺を積分すれば

$$\mp\cos^{-1}\frac{x}{a} = \sqrt{\frac{c}{m}}\,t + \alpha, \qquad \alpha：\text{定数}.$$

両辺の cos をとり，a を掛ければ

$$x = a\cos\left(\sqrt{\frac{c}{m}}\,t + \alpha\right), \tag{3.3-3}$$

つまり，(2.1-14) となる．または α の代りに $\alpha-(\pi/2)$ とおいて

$$x = a\sin\left(\sqrt{\frac{c}{m}}\,t + \alpha\right) \qquad (3.3\text{-}3)'$$

としてもよい．

実際に単振動がみられる場合はいろいろとあるが，そのうちで基礎的なものについて述べよう．3.3-2図のように，ばねの一端を固定し，他端におもりをつるすときいくらか伸びて，つり合ったとする（図 (a)）．これをもっと下に引張って放せばどのような運動を行なうかを調べよう．図 (a) のつり合いの位置で，ばねの張力を S_0 とする．これはおもりに働いている重力 mg とつり合うから

$$S_0 = mg. \qquad (3.3\text{-}4)$$

運動している任意の瞬間で，ばねがつり合いの位置から x だけ伸びているとすれば，張力は $S_0 + cx$（c はばねの強さを表わす定数）であるから，運動方程式は

$$m\frac{d^2x}{dt^2} = mg - (S_0 + cx)$$

となる．(3.3-4) を使えば，この式は単振動の運動方程式の標準の形

$$m\frac{d^2x}{dt^2} = -cx \qquad (c > 0)$$

となり，x と t との関係は

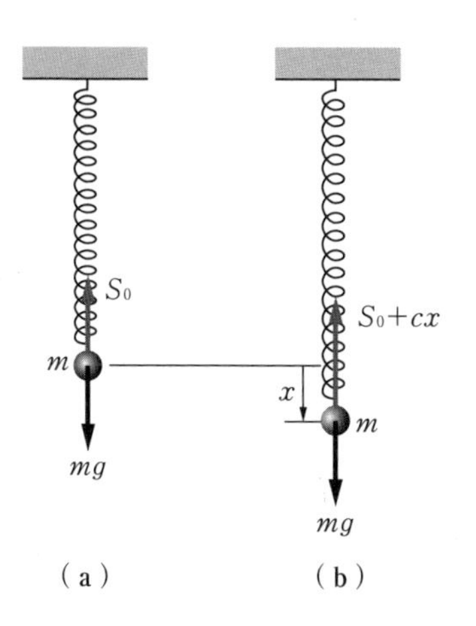

3.3-2図

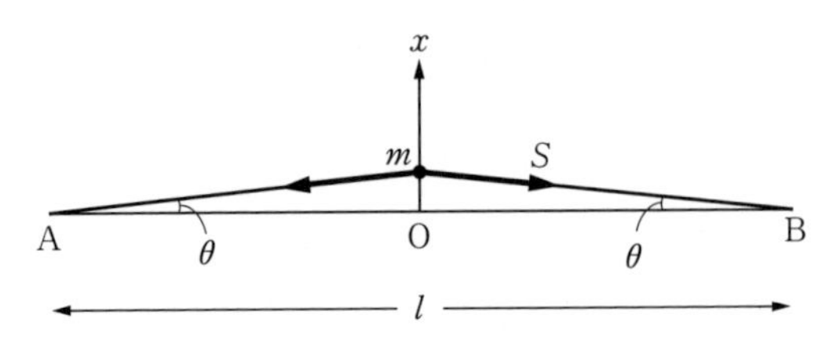

3.3-3 図

$$x = a\cos\left(\sqrt{\frac{c}{m}}\,t + \alpha\right),$$

周期は

$$T = 2\pi\sqrt{\frac{m}{c}}$$

となる．

3.3-3 図に示してあるように，長さ l の糸を強く張り，両端 A, B を固定する．糸の中点に質量 m の質点をとりつけ，これを糸に直角の方向に引張って放す．糸の張力を S とする．質点がつり合いの位置から x だけずれている瞬間に，糸は l よりも少し伸びているわけであるが，もともと S が大きいのであるから，この伸びによる張力の変化は考えないことにする．糸と AB のつくる角を θ とすれば，一方の糸から質点に作用する力の成分は $S\sin\theta$ であるから，運動方程式は

$$m\frac{d^2x}{dt^2} = -2S\sin\theta$$

である．θ が小さいときには

$$\sin\theta \fallingdotseq \tan\theta = \frac{x}{\frac{l}{2}} = \frac{2x}{l}$$

であるから，

$$m\frac{d^2x}{dt^2} = -\frac{4S}{l}x$$

となる．これは単振動の運動方程式で，

$$x = a\cos\left(2\sqrt{\frac{S}{ml}}\,t + \alpha\right), \qquad T = \pi\sqrt{\frac{ml}{S}}$$

である．

例題 1 滑らかな鉛直線に束縛された質点が，この鉛直線の外にある定点から距離に比例する引力を受けて行なう運動を調べよ．

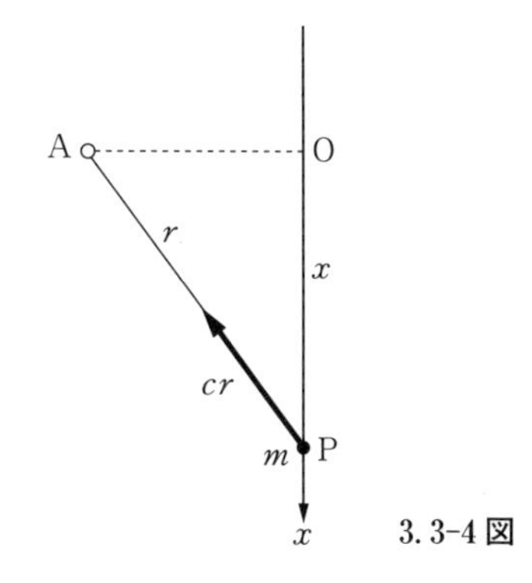

3.3-4 図

解　質点をP，定点をAとし，Aから直線に下した垂線をAOとする．$\overline{\mathrm{OP}} = x$とおく（3.3-4 図）．

運動方程式は

$$m\ddot{x} = mg - cr \times \frac{x}{r}.$$

$$\therefore\ m\ddot{x} = mg - cx \text{ または } m\ddot{x} = -c\left(x - \frac{mg}{c}\right).$$

$x - mg/c = \xi$とおいて，$m\ddot{\xi} = -c\xi$.

$$\therefore\ \xi = a\cos\left(\sqrt{\frac{c}{m}}\,t + \alpha\right) \text{ または } x = \frac{mg}{c} + a\cos\left(\sqrt{\frac{c}{m}}\,t + \alpha\right).$$

$x = \dfrac{mg}{c}$がつり合いの位置である．単振動の周期は$2\pi\sqrt{\dfrac{m}{c}}$．　◆

例題 2　水に浮かぶ物体の鉛直方向の振動の周期を求めよ．物体の運動にともなって水も運動するが，その影響は無視してよいものとする．

解　物体が静止しているときの排水量をV_0，吃水断面積をSとする．物体の質量をMとすれば，水の密度をρとして

$$M = \rho V_0.$$

静止の位置からxだけ上に移動したときの浮力は$Sx\rho g$減る．物体の運動方程式は

$$(\rho V_0)\frac{d^2x}{dt^2} = -S\rho g x.$$

したがって

$$周期 = 2\pi\sqrt{\frac{V_0}{Sg}}.$$ ◆

§3.4 減衰振動[1]

単振動を行なう質点に速さに比例する抵抗が作用する場合を考えよう．いろいろな振動体の振動がしだいに弱くなっていくのはこの原因によることが多い．運動方程式は

$$m\frac{d^2x}{dt^2} = -cx - 2mk\frac{dx}{dt} \tag{3.4-1}$$

である．ここで抵抗力の比例定数を $2mk$ としたのは便宜上のことである．抵抗のないときの角振動数を ω とすれば

$$\omega = \sqrt{\frac{c}{m}}, \qquad したがって \qquad c = m\omega^2$$

であるから，上の運動方程式は

$$\frac{d^2x}{dt^2} + 2k\frac{dx}{dt} + \omega^2 x = 0 \tag{3.4-2}$$

となる．これを解くために

$$x = e^{\lambda t} \tag{3.4-3}$$

とおこう．(3.4-2) に代入すれば

$$\lambda^2 + 2k\lambda + \omega^2 = 0 \tag{3.4-4}$$

となる．これから λ を求めれば

$$\lambda = -k \pm \sqrt{k^2 - \omega^2}$$

となり，したがって，(3.4-3) によって

$$e^{-kt+\sqrt{k^2-\omega^2}\,t}, \qquad e^{-kt-\sqrt{k^2-\omega^2}\,t}$$

が (3.4-2) の解となる．$k^2 - \omega^2$ が根号の中に入っているから，その符号にしたがって分けて考える必要がある．

(i) 抵抗が比較的に小さくて，$k < \omega$ の場合：

$$e^{-kt+i\sqrt{\omega^2-k^2}\,t}, \qquad e^{-kt-i\sqrt{\omega^2-k^2}\,t}$$

が (3.4-2) の解である．それゆえ，もっとも一般な解，すなわち，一般解は，

1) damped oscillation.

$$x = e^{-kt}(Ae^{i\sqrt{\omega^2-k^2}\,t} + Be^{-i\sqrt{\omega^2-k^2}\,t}), \qquad A, B:\text{定数}$$

で与えられる．一般に

$$e^{i\theta} = \cos\theta + i\sin\theta, \qquad e^{-i\theta} = \cos\theta - i\sin\theta$$

であるから

$$x = e^{-kt}\{C\cos(\sqrt{\omega^2-k^2}\,t) + D\sin(\sqrt{\omega^2-k^2}\,t)\} \qquad (3.4\text{–}5)$$

あるいは

$$x = ae^{-kt}\cos(\sqrt{\omega^2-k^2}\,t + \alpha) \qquad (3.4\text{–}5)'$$

と書くこともできる．(3.4–5)′は，振幅が ae^{-kt} にしたがって時間に対して指数関数的に小さくなっていく単振動を表わしていると考えることができる．3.4-1図（a）では $\omega = 1$ とおいてあるが，このうち $k = 0.05$ の曲線が（3.4–5)′を示す.[2] このような振動を**減衰振動**（damped oscillation）とよぶ．（3.4–5）から周期は

$$T = \frac{2\pi}{\sqrt{\omega^2-k^2}} \qquad (3.4\text{–}6)$$

となる．（3.4–5）から速度を求めると

$$u = -kae^{-kt}\cos(\sqrt{\omega^2-k^2}\,t + \alpha) - ae^{-kt}\sqrt{\omega^2-k^2}\sin(\sqrt{\omega^2-k^2}\,t + \alpha)$$

となるが，$u = 0$ とおくと変位が極大になるときの時刻とその変位が得られる．時刻は

$$t = \frac{1}{\sqrt{\omega^2-k^2}}\left(n\pi - \tan^{-1}\frac{k}{\sqrt{\omega^2-k^2}} - \alpha\right)$$

となる．そのときの x の値の絶対値は

$$|x| = a\left(1 - \frac{k^2}{\omega^2}\right)^{1/2} \times \exp\left(-\frac{nk\pi}{\sqrt{\omega^2-k^2}} + \frac{k}{\sqrt{\omega^2-k^2}}\tan^{-1}\frac{k}{\sqrt{\omega^2-k^2}} + \frac{\alpha k}{\sqrt{\omega^2-k^2}}\right)$$

となるが，

$$\log|x| = \text{定数} - \frac{nk\pi}{\sqrt{\omega^2-k^2}} \qquad (3.4\text{–}7)$$

2) 3.4-1図（b）では $k = 0.05$ の場合につきエネルギーの時間的変化を示す．このような図を描くことは石川孝夫教授の示唆による．

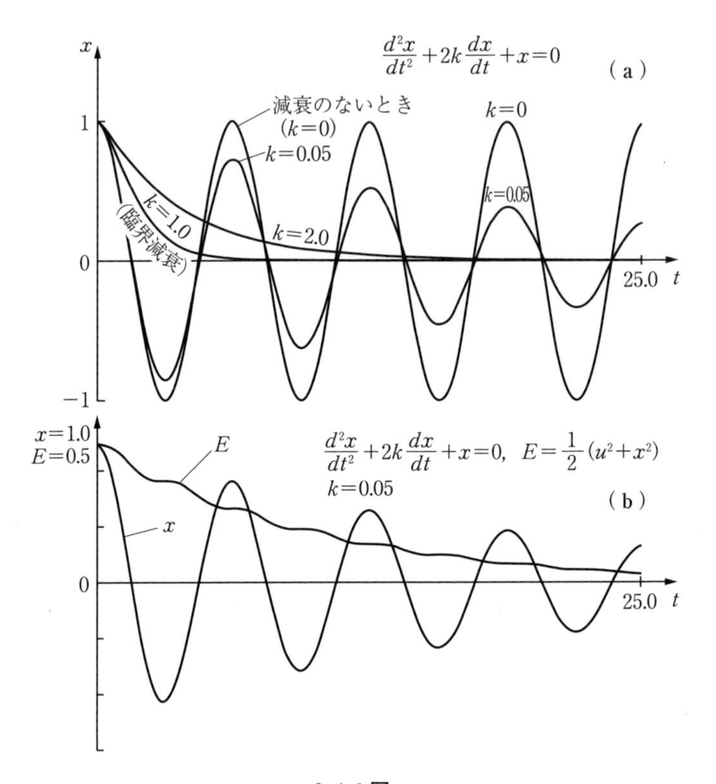

3.4-1 図

の形になっているので，1往復ごと，すなわち，n が2増すごとに，$\log|x|$ の値は $2k\pi/\sqrt{\omega^2-k^2}$ ずつ減っていく．この値を**対数減衰度**（logarithmic decrement）とよぶ．

（ii）　$k>\omega$ の場合：

この場合には一般解は

$$x=e^{-kt}(ae^{\sqrt{k^2-\omega^2}\,t}+be^{-\sqrt{k^2-\omega^2}\,t}) \tag{3.4-8}$$

となって振動的とはならない．このような運動を**非周期運動**（aperiodic motion）とよぶ．3.4-1図の $k=2$ の場合がその例である．

$t=0$ で $x=x_0$ までずらし，静かに放す $(u=0)$ ときには

$$a=\frac{1}{2}x_0\left(1+\frac{k}{\sqrt{k^2-\omega^2}}\right),\qquad b=\frac{1}{2}x_0\left(1-\frac{k}{\sqrt{k^2-\omega^2}}\right)$$

となり，

$$x = e^{-kt}x_0\left\{\cosh(\sqrt{k^2-\omega^2}\,t) + \frac{k}{\sqrt{k^2-\omega^2}}\sinh(\sqrt{k^2-\omega^2}\,t)\right\} \tag{3.4-9}$$

となる．これからわかるように，つり合いの位置 $x=0$ には $t\to\infty$ 以外には達することはできない．

はじめに原点の方に向かって十分大きな速度を与えれば $x=0$ のところを通過できるが，それから逆の方向に変位が極大になってから後には，そのときを $t=0$ にとると上の議論がそのまま成り立つ．それゆえ，もう $x=0$ の点を通ることはない．

（iii） $k=\omega$ の場合：

物理現象としていまの力学現象を扱う立場からいうと k が ω に数学的に等しくなるということはありえないが，微分方程式（3.4-2）を解くという立場からは $k=\omega$ の場合も解いてみたくなるであろう．

$\sqrt{k^2-\omega^2}=0$ であるから（3.4-3）の形の解は1個しかない．それで（3.4-2）で

$$x = e^{-kt}\xi \tag{3.4-10}$$

とおくと

$$\frac{d^2\xi}{dt^2} = 0$$

となる．これから

$$\xi = At + B.$$

したがって（3.4-10）から

$$x = e^{-kt}(At+B) \tag{3.4-11}$$

となる．3.4-1図で $\omega=1$，$k=1.0$ の場合が示されている．（3.4-11）も非周期運動であるが，この場合，特に**臨界減衰運動**（critically damped motion）とよぶ．

例題 $k=\omega$ でない場合にも，微分方程式（3.4-2）

$$\frac{d^2x}{dt^2} + 2k\frac{dx}{dt} + \omega^2 x = 0$$

を解くのに，$x = e^{-kt}\xi$ とおいて，ξ についての微分方程式に直してから解いてみよ．

§3.5 他の種類の抵抗が働くときの運動

(1) 抵抗が速度の2乗に比例する場合の振動

減衰振動で抵抗が速度の2乗に比例する場合は解析的に解くことはできない．このような場合，大体2通りの方法が考えられる．1つは抵抗の比例定数が小さいとして近似計算によって抵抗のない場合との差を求めることである．[1] もう1つの方法は運動方程式を数値積分する方法である．後者の方法ではコンピューターを使うのがもっとも便利である．

運動方程式を

$$\frac{d^2x}{dt^2} \mp k\left(\frac{dx}{dt}\right)^2 + x = 0 \tag{3.5-1}$$

とし，k にいろいろな値を入れてコンピューターで解き，コンピューターのプロッターでグラフを描かせたのが3.5-1図である．$k = 0$（抵抗のない単振動），$k = 0.1$，$k = 0.5$ の場合が描かれている．初期条件としては $t = 0$ で $x = 1.0$，$u = 0$ をとってある．

(2) 一定の摩擦力が働く場合の振動

粗い机の上においた物体にばねをつけて振動させるときには，単振動に一定の抵抗が速度の方向と逆に働く場合となる．抵抗を F で表わせば，運動方程式は

$$m\frac{d^2x}{dt^2} = -cx + F \tag{3.5-2}$$

となる．$m = 1$，$c = 1$ としよう．

$$\left.\begin{aligned} \frac{du}{dt} &= -x + F \\ \frac{dx}{dt} &= u \end{aligned}\right\} \tag{3.5-3}$$

1）有山正孝：「振動・波動」（基礎物理学選書8，裳華房，1970）79ページ以下参照．

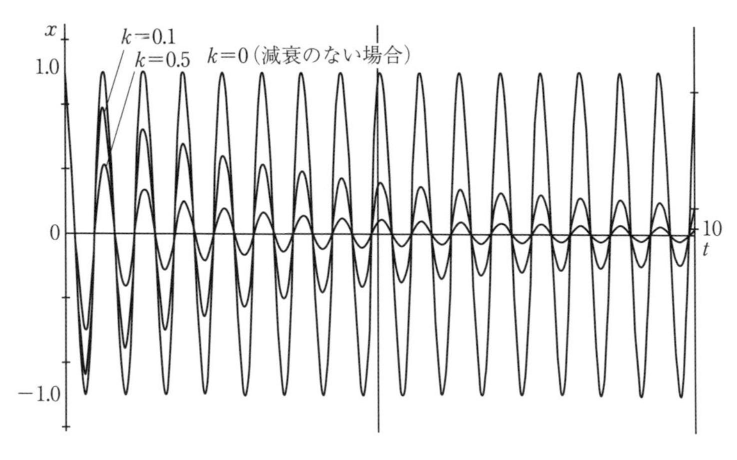

3.5-1 図

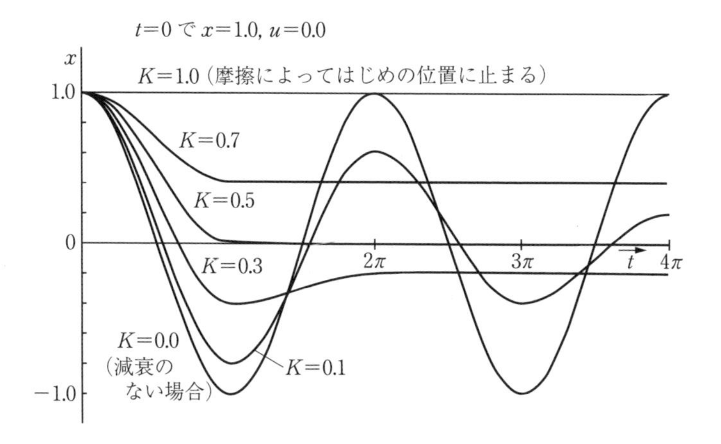

3.5-2 図

となるが，動摩擦と静止摩擦とを等しいとおいて，

$u > 0$ ならば $F = -K$,

$u < 0$ ならば $F = K$,

$u = 0$ では $\begin{cases} |x| < K \text{ ならば} \\ \quad \text{質点は静止を続ける} \\ |x| > K \text{ ならば} \\ \quad x > 0 \text{ で } F = K, \quad x < 0 \text{ で } F = -K \end{cases}$

である．

(3.5-3) は解析的に解くことができる．それには $u>0$ であったり $u<0$ であったりする運動の範囲，$u=0$ となるところでは $|x| \gtrless K$ の場合に分けて考えて分割して論ずればよい．3.5-2 図は $t=0$ で $x=1.0$，$u=0.0$ の初期条件で運動させたときの運動を $K=0.0$（減衰のない場合），$K=0.1$，$K=0.3$，$K=0.5$，$K=0.7$ の場合についてコンピューターで描かせたものである．

第3章 問題

1 全質量 M の風船が α の加速度で落ちていく．上向きに加速度 α の運動をするためには，どれだけの質量の砂袋を捨てなければならないか．

2 軽い定滑車に糸をかけてその両端に質量 m_1, m_2 の質点をつるす．放った後の両質点の加速度を求めよ．また糸の張力を求めよ（この装置を Atwood の装置とよぶ）．

3 前の問題で滑車を β の加速度で引き上げるとき，両質点の滑車に対する加速度と糸の張力はどうなるか．

4 地上から一定の速さで石を投げるとき，地面上に達することのできる区域の面積は S_0 である．地上から上方 h のところから同じ速さで投げるときは地上で達することのできる区域は $S_h = S_0 + 2h\sqrt{\pi S_0}$ で与えられることを証明せよ．

5 物体を投げるときの初速を知りたいが，これを直接に測ることは少しむずかしい．それで投射距離と飛行時間とを測定してこれを求めたい．必要な公式を求めよ．

6 図に示すように，正・負に帯電した平行金属板（偏向板）の間に電子（質量 $=m$）を両板に平行に走らせる．電子には一定の力 eE（e：電子の荷電，E：電場の強さ）が負の方から正の方に働く．電子が偏向板の間を l だけ走ってその端にきたとき，はじめ目指していた位置からどれだけずれるか．またそのとき，はじめの方向とどれだけの角をつくる方向に運動していくか．

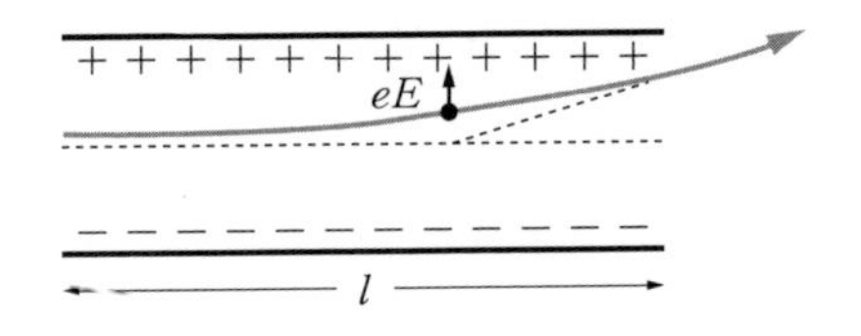

7 空気の抵抗が速さに比例する大きさ (kmV) を持つときの放物運動で抵抗が小さいとして放射距離の近似式を求めよ．

8 空気の抵抗が速さの 2 乗に比例する場合，物体を静かに落としたとき $\sqrt{gk}\,t$ が 1

に比べて小さくてその3乗以上の項を省略できるような時間内の，速さと t との関係，落下距離と t との関係を求めよ．

9 放物運動を行なう物体に作用する空気の抵抗が $m\varphi(V)$（ただし φ は任意の関数）であるとき，速さ V，鉛直線と軌道の接線のつくる角 ψ の関係は

$$\frac{1}{V}\frac{dV}{d\psi} = -\frac{\varphi(V)}{g\sin\psi} - \cot\psi$$

を積分することによって求められることを示せ．

10 前の問題で $\varphi(V) = kV^2$ の場合はどうなるか．

4 強制振動

§4.1　減衰のないときの強制振動

単振動を行なう質点に振動的な力が働く場合を考えよう．このときの振動を**強制振動**（forced oscillation）とよぶ．質点には，ばねからの力のような単振動を行なわせる力のほかに，外から周期的な力（たとえば，手によって）が加えられるのである．この周期的な力を

$$X = X_0 \sin \omega t \qquad (4.1\text{-}1)$$

としよう．運動方程式は

$$m \frac{d^2x}{dt^2} = -cx + X_0 \sin \omega t \qquad (4.1\text{-}2)$$

となるが，単振動の角振動数を

$$\sqrt{\frac{c}{m}} = \omega_0$$

とすれば

$$\frac{d^2x}{dt^2} + {\omega_0}^2 x = \frac{X_0}{m} \sin \omega t \qquad (4.1\text{-}3)$$

となる．この式の左辺は x とその微係数について 1 次であるが，右辺は t の既知関数で，(4.1-3) は全体として同次ではない．このようなときには，まず右辺を 0 とおいたときの同次方程式の一般解を求める．それは

$$x = a \sin(\omega_0 t + \alpha) \qquad (4.1\text{-}4)$$

である．

次に，(4.1-3) を満足する解（どんなものでもよい）を1つ見出す．それには (4.1-3) で

$$x = A\sin\omega t \tag{4.1-5}$$

とおいてみる．(4.1-3) は

$$(\omega_0{}^2 - \omega^2)A = \frac{X_0}{m}, \qquad \text{したがって} \qquad A = \frac{1}{\omega_0{}^2 - \omega^2}\frac{X_0}{m} \tag{4.1-6}$$

となる．それゆえ，

$$x = \frac{1}{\omega_0{}^2 - \omega^2}\frac{X_0}{m}\sin\omega t$$

は (4.1-3) の解である．これを**特解**とよぶ．それで，(4.1-3) の一般解は

$$x = a\sin(\omega_0 t + \alpha) + \frac{1}{\omega_0{}^2 - \omega^2}\frac{X_0}{m}\sin\omega t \tag{4.1-7}$$

である．定数 a, α は初期条件によってきまる．

この式からわかるように，外力の振動数 ω が，自由振動の振動数 ω_0 よりも小さいときには，(4.1-7) の第2項は外力と等しい位相になっているが，$\omega > \omega_0$ になると符号が逆になる．それは位相が π だけちがうということである．$\omega = \omega_0$ の場合，無限に大きくなるが，そのときは質点の変位が大きくなり，実際はばねがそれ以上縮まないとか，力が変位に比例しないとかいう事情が起こって (4.1-3) の式そのものが成り立たなくなってくる．$\omega = \omega_0$ のとき振幅が大きくなることを**共鳴**（または**共振**，resonance）という．

例題　つる巻きばね（弾性定数 $= c$，$c > 0$）の上端を固定し，他端に質量 m のおもりをつるす．上端を上下に振幅 a，角振動数 ω で単振動的に振動させるとき，おもりの行なう運動はどうなるか．

解　上端の座標 x_0 は

$$x_0 = A\sin\omega t$$

で与えられる．おもりの位置（上端の振動の中心から下にはかって）を x とすれば，運動方程式は

$$m\ddot{x} = mg - c(x - x_0 - l).$$

$x-(mg/c)-l-x_0=\xi$ とおけば

$$m\xi = -c\xi + m\omega^2 A \sin\omega t.$$

これは（4.1-3）で $X_0=m\omega^2 A$ とおいた形になっている．したがって解は（4.1-7）によって

$$\xi = a\sin(\omega_0 t+\alpha) + \frac{\omega^2}{{\omega_0}^2-\omega^2}A\sin\omega t, \qquad \omega_0=\sqrt{\frac{c}{m}}.$$

◆

§4.2　速度に比例する抵抗が働くときの強制振動

速度に比例する抵抗が働くときには（4.1-3）の代りに，

$$\ddot{x} + 2k\dot{x} + {\omega_0}^2 x = \frac{X_0}{m}\sin\omega t \tag{4.2-1}$$

となる．この場合にも，一般解はこの方程式の右辺を 0 とおいて得られる同次方程式の一般解に，特解を加えたものである．同次式の一般解は§3.4 で求めたから，ここでは特解だけを求めよう．こんどは（4.1-5）のような $\sin\omega t$ を使うおきかたでは dx/dt が $\cos\omega t$ となるので方程式を満足させることはできない．それで $\cos\omega t$ と $\sin\omega t$ を結合させよう．または，同じことであるが，

$$x = A\sin(\omega t-\delta) \tag{4.2-2}$$

とおく．つまり，外力と等しい振動数で運動するが，位相は δ だけおくれるものとしよう．（4.2-2）を（4.2-1）に代入して

$$-A\omega^2\sin(\omega t-\delta) + 2kA\omega\cos(\omega t-\delta) + {\omega_0}^2 A\sin(\omega t-\delta) = \frac{X_0}{m}\sin\omega t.$$

sin と cos とを展開して，$\sin\omega t, \cos\omega t$ の係数を左右両辺で比べると，

$$\left.\begin{aligned} &2k\omega A\sin\delta + ({\omega_0}^2-\omega^2)A\cos\delta = \frac{X_0}{m}, \\ &({\omega_0}^2-\omega^2)A\sin\delta - 2k\omega A\cos\delta = 0 \end{aligned}\right\} \tag{4.2-3}$$

となる．これらから $A\sin\delta, A\cos\delta$ を未知数として解き，さらに A,δ を解けば

$$\left.\begin{aligned} A &= \frac{1}{\sqrt{({\omega_0}^2-\omega^2)^2+4k^2\omega^2}}\frac{X_0}{m}, \\ \tan\delta &= \frac{2k\omega}{{\omega_0}^2-\omega^2} \end{aligned}\right\} \tag{4.2-4}$$

となる．これを (4.2-2) に入れたものが特解で，それに $k < \omega_0$, $k > \omega_0$, $k = \omega_0$ に応じて (3.4-5), (3.4-8), (3.4-11) を加えたものが，(4.2-1) の一般解である．(3.4-5), (3.4-8), (3.4-11) は時間が十分たつと 0 に近づくので，強制振動の項 (4.2-2) だけが残る．

強制振動の振幅は (4.2-4) で与えられるが，

$$f(\omega^2) = (\omega_0{}^2 - \omega^2)^2 + 4k^2\omega^2$$

が最小になると A が最大となる．そのような ω の値は

$$\omega = \sqrt{\omega_0{}^2 - 2k^2} \qquad (4.2\text{-}5)$$

である．k は ω_0 に比べて小さいことが多いが，そのようなときには，外力の振動数が，抵抗のないときの自由振動の振動数に近いときに A が最大になるといってよい．4.2-1 図は

$$D = \frac{k}{\omega_0} \qquad (4.2\text{-}6)$$

として，いろいろな D に対する ω/ω_0 と $mA\omega_0{}^2/X_0$ との関係を示す．(4.2-6)

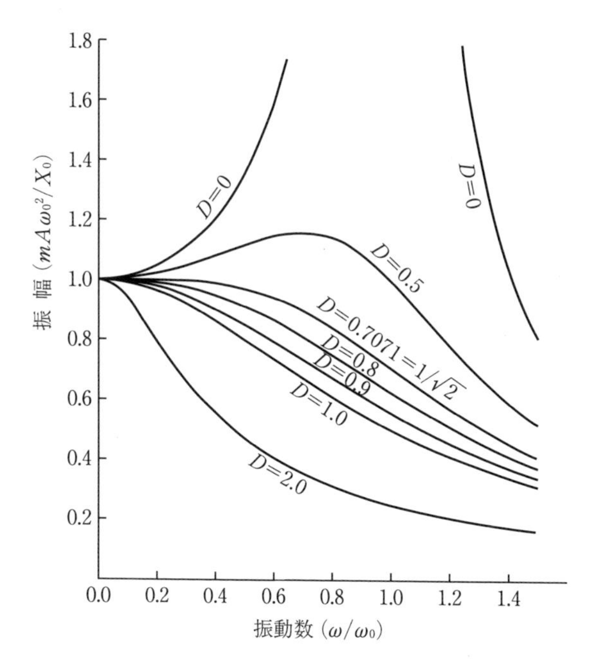

4.2-1 図　共鳴曲線

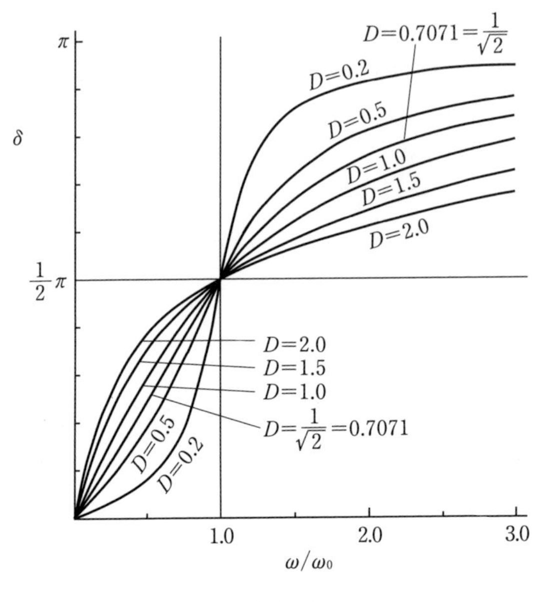

4.2-2 図

からわかるように，k が $\omega_0/\sqrt{2}$ より大きい場合，すなわち D が $1/\sqrt{2}$ より大きいと極大は $\omega=0$ 以外には現われない．4.2-1 図を**共鳴曲線**（resonance curve）とよぶ．A が極大になるような振動数で共鳴するという．4.2-2 図はいろいろな D に対する ω/ω_0 と δ との関係を示す．

以上調べた力学的の強制振動は電気の CLR の直列回路，すなわち，キャパシタンス C を持つキャパシター，インダクタンス L を持つコイルと，抵抗 R を直列に接続した回路に交流電圧を加えたときの現象と数学的にはほとんど同じである.[1]　キャパシターの両板に宿る電気量を $+Q$, $-Q$ とすれば，

$$\left.\begin{aligned} RI &= E_0\sin\omega t + \frac{Q}{C} - L\frac{dI}{dt}, \\ I &= -\frac{dQ}{dt} \end{aligned}\right\} \qquad (4.2\text{-}7)$$

が成り立ち，これから I について

1)　末武国弘：「基礎電気回路 1」（培風館，1971）216 ページ，原島鮮：「基礎物理学 II」（学術図書出版社，1971）195 ページ．

$$L\frac{d^2I}{dt^2}+R\frac{dI}{dt}+\frac{I}{C}=\omega E_0\cos\omega t \tag{4.2-8}$$

が得られる．これから力学の場合と同様にして

$$\left.\begin{aligned}&I=A\sin(\omega t-\delta),\\&A=\frac{E_0}{\sqrt{R^2+\left(\omega L-\dfrac{1}{\omega C}\right)^2}},\qquad \tan\delta=\frac{L\omega-\dfrac{1}{C\omega}}{R}\end{aligned}\right\} \tag{4.2-9}$$

が得られる．

共振の議論を力学に対応して行ない，両方の現象を比較せよ．

第4章　問題

1　角振動数 ω_0 で単振動を行なっている質点に，角振動数 ω_1, ω_2 の周期的な2つの力が作用するとき，この質点はどのような運動を行なうか．

2　上の問題で質点に T を周期とする周期的な力 $f(t)$ が働くときを考えよ．$f(t)$ の平均値は0とする．

5 運動方程式の変換

§5.1 運動方程式の接線成分と法線成分

質点の運動方程式はベクトルを使って書けば，(2.3-1) によって

$$m\boldsymbol{A} = \boldsymbol{F} \tag{5.1-1}$$

で与えられる．ここで加速度 $\boldsymbol{A}$ はもちろん慣性系に対する質点の加速度である．慣性系に x, y, z 軸をとって，これらの方向に (5.1-1) を投影すれば，(2.3-2) が得られるが，質点の運動を考えるとき，これらの軸の方向に分解して考えることが必ずしも便利であるとはかぎらない．ここでは他の方向へ分解することについて考えることにしよう．

議論を簡単にするために，また，今後もっとも頻繁に使われるものとして，質点が1つの平面内を運動する場合を考えよう．[1)]

質点が x, y 平面内を運動するものとする (5.1-1 図)．質点がPにいるときの接線が x 軸とつくる角を λ とし，dt だけ時間がたってP′にきたときの接線が x 軸と $\lambda + d\lambda$ の角をつくるものとする．質点の進む方向にとった接線の方向を τ 方向とする．P′では τ' 方向となる．$\widehat{\mathrm{PP'}} = ds$ とする．P, P′での法線PC, P′Cの交わる点をCとする．$\overline{\mathrm{PC}} = \overline{\mathrm{P'C}} = \rho$ とする．ρ は曲率半径（radius of curvature）とよぶ．

$$\frac{1}{\rho} = \frac{d\lambda}{ds} \tag{5.1-2}$$

1) 3次元空間の場合の接線方向，法線方向の幾何学は章末問題1，2をみよ．

であるが，$d\lambda/ds$ は軌道にそって単位長さ進むについて接線の方向の変わる割合を与えるから，$1/\rho$ を曲率（curvature）とよぶ．$\widehat{PP'}$ を円弧の一部とすれば ρ はその円弧の半径である．PC の方向を法線方向（ν 方向）とよぶ．

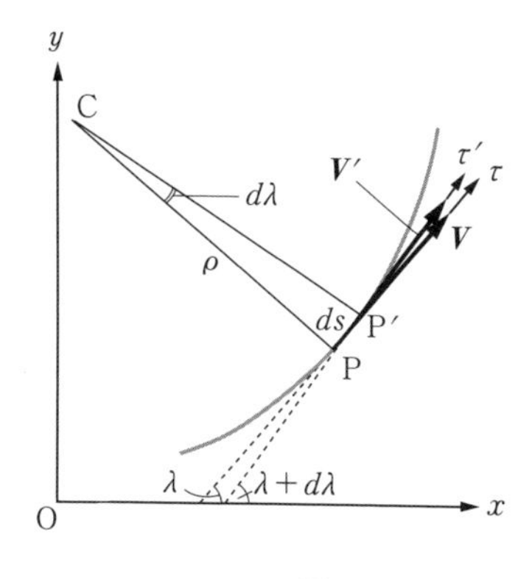

5.1-1 図

質点の速度ベクトル $\boldsymbol{V}$ は P から τ 方向を向いている．したがって $\boldsymbol{V}$ の x, y 成分 u, v は

$$u = V\cos\lambda, \qquad v = V\sin\lambda.$$

加速度 $\boldsymbol{A}$ の成分 A_x, A_y は

$$\left.\begin{aligned} A_x &= \frac{du}{dt} = \frac{dV}{dt}\cos\lambda - V\sin\lambda\,\frac{d\lambda}{dt}, \\ A_y &= \frac{dv}{dt} = \frac{dV}{dt}\sin\lambda + V\cos\lambda\,\frac{d\lambda}{dt}. \end{aligned}\right\} \tag{5.1-3}$$

τ, ν 方向の x, y 方向に対する方向余弦は右の表で示されるから，加速度（慣性系に対する）$\boldsymbol{A}$ の τ, ν 方向の成分 A_τ, A_ν は

	x	y
τ	$\cos\lambda$	$\sin\lambda$
ν	$-\sin\lambda$	$\cos\lambda$

$$A_\tau = A_x\cos\lambda + A_y\sin\lambda,$$
$$A_\nu = -A_x\sin\lambda + A_y\cos\lambda$$

で与えられる．(5.1-3) を代入して，

$$A_\tau = \frac{dV}{dt}, \qquad A_\nu = V\frac{d\lambda}{dt}$$

となる．

$$\frac{d\lambda}{dt} = \frac{d\lambda}{ds}\frac{ds}{dt} = V\frac{d\lambda}{ds} = \frac{V}{\rho}$$

を使えば $A_\nu = \dfrac{V^2}{\rho}$ となる．まとめれば

$$A_\tau = \frac{dV}{dt}, \qquad A_\nu = \frac{V^2}{\rho}. \tag{5.1-4}$$

運動方程式 (5.1-1) を τ, ν 方向に投影すれば

$$m\frac{dV}{dt} = F_\tau, \qquad m\frac{V^2}{\rho} = F_\nu \tag{5.1-5}$$

が得られる．これが慣性系に対する運動方程式を，τ, ν 方向に投影したものである．(5.1-5) は運動方程式を x, y 方向に投影したものとはちがい，その瞬間瞬間の質点の速さと，軌道の曲率半径を使って表わしたものであることをその特徴とする．その意味で (5.1-5) を**本質的運動方程式** (intrinsic equations of motion) とよぶことがある．加速度 $dV/dt, V^2/\rho$ には慣性系に通常使う座標 x, y が入っていないが，これらの加速度成分は慣性系に対する（恒星が慣性系をきめるという立場からいうと，恒星に対する）加速度 $\boldsymbol{A}$ の，その瞬間の τ 方向，ν 方向への正射影（成分）であることを忘れてはならない．(5.1-5) の形の運動方程式は，質点が滑らかな曲線に束縛されて運動する場合（単振り子など）に使うと便利である．

3 次元の場合：(5.1-4)，(5.1-5) を導くのに質点が 1 つの平面内を運動すると仮定したが，次に質点が空間内を任意の曲線を描いて運動するもっと一般の場合に議論を拡張しよう．5.1-2 図 (a)，(b) をみよう．質点が軌道にそって運動し P 点にいるとする．P の接線方向にとった大きさ 1 のベクトル（単位ベクトル）を $\boldsymbol{t}$ とする．[1] dt だけ時間がたつと質点は P′ にきて，接線方向 τ' 方向にとった単位ベクトルは $\boldsymbol{t}' = \boldsymbol{t} + d\boldsymbol{t}$（図 (b)）になる．

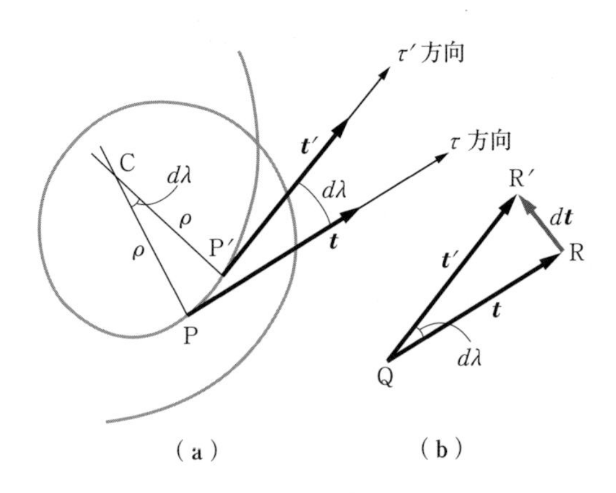

5.1-2 図

1）時間の t と混同しないように注意．

速度ベクトルは $\boldsymbol{t}$ の方を向いて大きさが V であるから

$$\boldsymbol{V} = V\boldsymbol{t} \tag{5.1-6}$$

と書くことができよう．これを t で微分したものが加速度 $\boldsymbol{A}$ であるから

$$\boldsymbol{A} = \frac{d\boldsymbol{V}}{dt} = \frac{dV}{dt}\boldsymbol{t} + V\frac{d\boldsymbol{t}}{dt} \tag{5.1-7}$$

である．

$\boldsymbol{t}$ と $\boldsymbol{t}'$ の決定する平面（図（b））を考えると P 点で質点はこの平面内で運動していると考えることができる．この平面を接触面（osculating plane）とよぶ．$d\boldsymbol{t}$ はこの平面内にあり，図（b）で $d\boldsymbol{t}$ は QR にも QR′ にも直角であるから，$d\boldsymbol{t}$ は P から軌道の曲率中心の方に向いていることがわかる．P, P′ で軌道に直角に立てた垂線の交わる点が曲率の中心 C で，$\overline{\mathrm{CP}} = \overline{\mathrm{CP'}}$ が曲率半径 ρ である．図（b）から，$d\boldsymbol{t}$ の大きさは $d\lambda$ であることがわかる．PC の方向を主法線の方向（ν 方向）とよぶが，この方向にとった単位ベクトルを $\boldsymbol{n}$ とすれば

$$\boldsymbol{n} = \frac{d\boldsymbol{t}}{d\lambda} \tag{5.1-8}$$

である．これはまず $\boldsymbol{n}$ が $d\boldsymbol{t}$ に平行なことと $|d\boldsymbol{t}| = d\lambda$ から $|\boldsymbol{n}| = 1$ であることからわかる．(5.1-8) を (5.1-7) に入れれば

$$\boldsymbol{A} = \frac{dV}{dt}\boldsymbol{t} + V\frac{d\lambda}{dt}\boldsymbol{n}$$

が得られる．$d\lambda/dt$ は平面内運動の場合と同様にして V/ρ と書くことができるから，上の式は

$$\boldsymbol{A} = \frac{dV}{dt}\boldsymbol{t} + \frac{V^2}{\rho}\boldsymbol{n} \tag{5.1-9}$$

となる．この式は $\boldsymbol{A}$ の τ 方向の成分（$\boldsymbol{t}$ の係数）が dV/dt であり，$\boldsymbol{A}$ の ν 方向の成分（$\boldsymbol{n}$ の係数）が V^2/ρ であることを示す．$\boldsymbol{t}$ にも $\boldsymbol{n}$ にも直角な方向（$\boldsymbol{t}$ の方向から $\boldsymbol{n}$ の方向に回る右回しのねじの進む向きを正にとる）を陪法線（binormal）の方向（β 方向）とよび，その方向にとった単位ベクトルを $\boldsymbol{b}$ とする．(5.1-9) の右辺に $\boldsymbol{b}$ の項がないことは加速度ベクトルはいつも $\boldsymbol{b}$ に直角な面内にあることを示す．

以上空間内の曲線を描く場合について論じたが，すべてベクトル幾何学的に考えた．質点が平面内を運動する場合にももちろん適用できるから，読者はこ

れを行なって (5.1-4)，(5.1-5) を出してみられることをおすすめする．

§5.2　運動方程式の動径方向と方位角方向の成分

§5.1 では質点の運動方程式

$$m\boldsymbol{A} = \boldsymbol{F}, \tag{5.2-1}$$

$\boldsymbol{A}$：慣性系（恒星系）に対する質点の加速度

$\boldsymbol{F}$：質点に働く力

を接線方向と法線方向とに分解したが，質点の位置を表わすのに極座標を使った方が便利なとき（たとえば，万有引力による運動の場合）には，運動方程式 (5.2-1) も極座標に特有な方向に分解する．

まず質点が一平面内を運動する場合を考えよう．その直交座標 (x, y) と極座標 (r, φ) との間には

$$x = r\cos\varphi, \qquad y = r\sin\varphi \tag{5.2-2}$$

の関係がある．原点 O と質点 P を結んで延長した方向を動径方向（r 方向），これに直角に φ の増す向きにとった方向を方位角方向（φ 方向）とよぶ（5.2-1 図）．質点が動くにしたがって，r も φ も変わっていく．速度 $\boldsymbol{V}$ の x, y 成分は

$$V_x = \dot{r}\cos\varphi - r\sin\varphi\,\dot{\varphi}, \tag{5.2-3}$$

$$V_y = \dot{r}\sin\varphi + r\cos\varphi\,\dot{\varphi} \tag*{(5.2-3)$'$}$$

である．

r, φ 方向の x, y 軸に対する方向余弦は表（次ページ）に示すようになっている．これから $\boldsymbol{V}$ の r 方向，φ 方向の成分 V_r, V_φ は

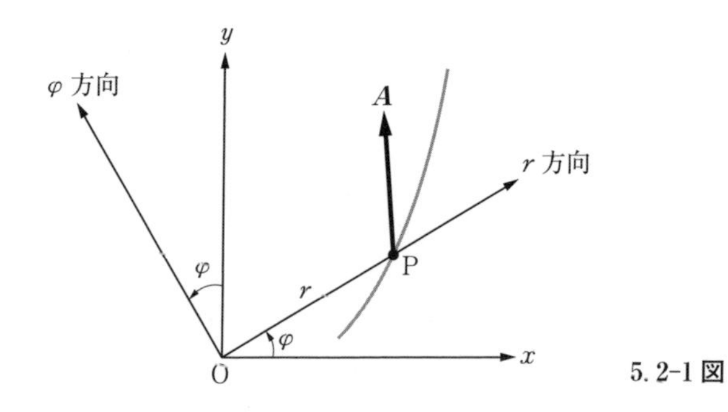

5.2-1 図

$$V_r = V_x \cos\varphi + V_y \sin\varphi,$$
$$V_\varphi = -V_x \sin\varphi + V_y \cos\varphi$$

	x	y
r 方向	$\cos\varphi$	$\sin\varphi$
φ 方向	$-\sin\varphi$	$\cos\varphi$

によって与えられることがわかる．(5.2-3)，(5.2-3)′ の両式を代入して，

$$V_r = \dot{r}, \qquad V_\varphi = r\dot{\varphi} \tag{5.2-4}$$

となる．

次に加速度を求めよう．(5.2-3)，(5.2-3)′ の両式を t で微分して

$$A_x = \ddot{r}\cos\varphi - 2\dot{r}\sin\varphi\,\dot{\varphi} - r\cos\varphi\,\dot{\varphi}^2 - r\sin\varphi\,\ddot{\varphi}, \quad \vdots \quad \cos\varphi \quad -\sin\varphi$$
$$A_y = \ddot{r}\sin\varphi + 2\dot{r}\cos\varphi\,\dot{\varphi} - r\sin\varphi\,\dot{\varphi}^2 + r\cos\varphi\,\ddot{\varphi}. \quad \vdots \quad \sin\varphi \quad \cos\varphi$$

やはり方向余弦の表をみながら（上の両式の右に書いてあるのは，それを掛けて加えると A_r, A_φ が出てくることを示す．たとえば，A_r を求めるのには $\cos\varphi, \sin\varphi$ を掛けながら加えればよい．対応する項をまとめながら答を書くと手際よくいく），

$$\left.\begin{aligned} A_r &= \ddot{r} - r\dot{\varphi}^2, \\ A_\varphi &= 2\dot{r}\dot{\varphi} + r\ddot{\varphi} = \frac{1}{r}\frac{d}{dt}(r^2\dot{\varphi}). \end{aligned}\right\} \tag{5.2-5}$$

これら A_r, A_φ も前の節の A_τ, A_ν と同様に，慣性系に対する（恒星系に対する）加速度 $\boldsymbol{A}$ の r, φ 方向への正射影（成分）である．質点に他の物体から働く力の r, φ 方向の成分を F_r, F_φ とすれば，運動方程式（5.2-1）は

$$\left.\begin{aligned} m\left\{\frac{d^2r}{dt^2} - r\left(\frac{d\varphi}{dt}\right)^2\right\} &= F_r, \\ m\frac{1}{r}\frac{d}{dt}\left(r^2\frac{d\varphi}{dt}\right) &= F_\varphi \end{aligned}\right\} \tag{5.2-6}$$

となる．r, φ 方向は質点の運動につれて，時々刻々動いているものであるが，$m\boldsymbol{A} = \boldsymbol{F}$ という式 —— これはもちろんこれからどの方向に投影しようとしているかにはよらない式であるが —— を各瞬間の r 方向，φ 方向に投影したものが（5.2-6）になるのである．r 方向の速度成分が $V_r = dr/dt$ であるからといって，加速度成分が d^2r/dt^2 であると思ってはいけない．d^2r/dt^2 は速度ベクトル $\boldsymbol{V}$ の r 成分 V_r を t で微分したものであり，A_r は速度ベクトル $\boldsymbol{V}$ を t で微分したものの r 方向の成分である．このように，ベクトルの成分をとる方

向が時間がたつにつれて方向を変えるときには，微分してから成分をとることと，成分をとってから微分することとは意味も結果もちがうのである．(1.4-6) や，(2.1-2)，(2.1-3) は，x, y, z 軸の方向が変わらないから成り立ったのである．

さて，運動方程式の成分を求める問題にかえって，3 次元の極座標の方向の成分を求めることを考えよう．

質点の極座標を r, θ, φ とする．原点 O と質点 P を結んで延長した方向を**動径方向**（r 方向，radial direction），r と φ とを一定にして θ だけを増すと考えるとき P の動く方向を**子午線方向**（θ 方向，meridian direction），r と θ とを一定にして φ だけを増すと考えるときの P の動く方向を**方位角方向**（φ 方向，azimuthal direction）と名づける．

5.2-2 図のように P 点を通り O を中心とする球面を地球の表面のように見たてると，r 方向は地球の中心から P で地球面を貫いて上方に延びる方向，θ 方向は子午面内で南向きの方向，φ 方向は東向きの方向である．r, θ, φ 方向は，方向だけが大切なので，どこからこれらの方向を表わす線を引くかということは問題ではない．それゆえ，P から引いたり，O から引いたりする．O から引くと，5.2-2 図に示してあるように，θ 方向は子午面内に赤道面と θ の角をつくり，φ 方向は $z = 0$ 面内（赤道面内）にあって，y 軸と φ の角をつくっている．r, θ, φ 方向の方向余弦は，これらの方向に単位ベクトルをとって，その x, y, z 成分をつくれば，単位ベクトルの大きさは 1 であるから，これらの成分がその

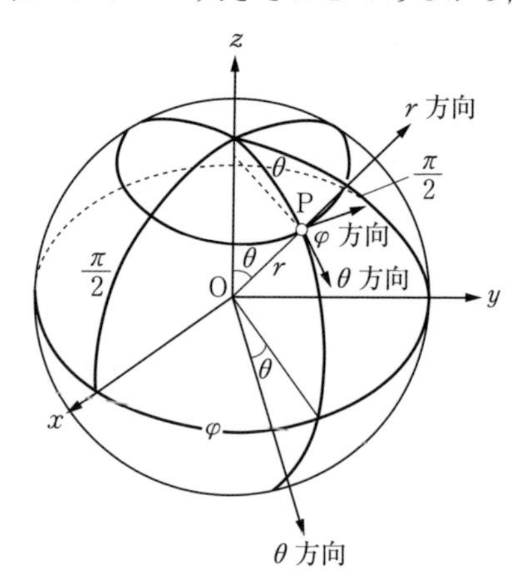

5.2-2 図

まま方向余弦になっている．r 方向の単位ベクトルの成分は，これをまず (x, y) 平面の方向と，z 方向とに分解し，それからはじめの成分を x, y 方向に分解すればわかるように，

$$\sin\theta\cos\varphi, \qquad \sin\theta\sin\varphi, \qquad \cos\theta$$

となる．φ 方向の単位ベクトルの成分は図からすぐわかるように，

$$-\sin\varphi, \qquad \cos\varphi, \qquad 0$$

である．それでこれらの方向余弦を表に示しておく．

	x	y	z
r 方向	$\sin\theta\cos\varphi$	$\sin\theta\sin\varphi$	$\cos\theta$
θ 方向	$\cos\theta\cos\varphi$	$\cos\theta\sin\varphi$	$-\sin\theta$
φ 方向	$-\sin\varphi$	$\cos\varphi$	0

これで任意のベクトルの r, θ, φ 方向の成分を求める準備ができた．P 点の直交座標 (x, y, z) と極座標 (r, θ, φ) との関係は，

$$x = r\sin\theta\cos\varphi, \qquad y = r\sin\theta\sin\varphi, \qquad z = r\cos\theta$$

であるから，速度ベクトルの x, y, z 成分は

$$\begin{aligned} V_x &= \dot{x} = \dot{r}\sin\theta\cos\varphi + r\cos\theta\cos\varphi\,\dot{\theta} - r\sin\theta\sin\varphi\,\dot{\varphi}, \\ V_y &= \dot{y} = \dot{r}\sin\theta\sin\varphi + r\cos\theta\sin\varphi\,\dot{\theta} + r\sin\theta\cos\varphi\,\dot{\varphi}, \\ V_z &= \dot{z} = \dot{r}\cos\theta - r\sin\theta\,\dot{\theta}. \end{aligned}$$

したがって，上の表を見ながら $\boldsymbol{V}$ の r, θ, φ 方向の成分を書けば，

$$V_r = \dot{r}, \qquad V_\theta = r\dot{\theta}, \qquad V_\varphi = r\sin\theta\,\dot{\varphi} \tag{5.2-7}$$

となる．

加速度の r, θ, φ 方向の成分を求めるためには（5.2-7）を微分すればよいと思ってはいけない．V_x, V_y, V_z を微分して，A_x, A_y, A_z を r, θ, φ；$\dot{r}, \dot{\theta}, \dot{\varphi}$；$\ddot{r}, \ddot{\theta}, \ddot{\varphi}$ を使って表わし，方向余弦の表を使えば A_r, A_θ, A_φ が得られる．結果は，

$$\left.\begin{aligned} A_r &= \ddot{r} - r\dot{\theta}^2 - r\dot{\varphi}^2\sin^2\theta, \\ A_\theta &= r\ddot{\theta} + 2\dot{r}\dot{\theta} - r\dot{\varphi}^2\sin\theta\cos\theta, \\ A_\varphi &= r\ddot{\varphi}\sin\theta + 2\dot{r}\dot{\varphi}\sin\theta + 2r\dot{\varphi}\dot{\theta}\cos\theta = \frac{1}{r\sin\theta}\frac{d}{dt}(r^2\sin^2\theta\,\dot{\varphi}) \end{aligned}\right\} \tag{5.2-8}$$

となる．これから，r, θ, φ 方向の運動方程式を書き下すことができる．(5.2-

8) で $\theta = \pi/2$ とおくと，質点が (x, y) 平面で運動するときの公式が得られる．

以上のように加速度はその場合に応じていろいろな方向の成分をとって使われるものである．

第5章　問　題

1　この章の本文で，空間曲線の接線方向にとった単位ベクトルを $\boldsymbol{t}$ としたが，$\boldsymbol{t}$ の成分は

$$\boldsymbol{t}\left(\frac{dx}{ds}, \frac{dy}{ds}, \frac{dz}{ds}\right)$$

で与えられることを示せ．s は曲線に沿っての長さである．

2　前の問題で主法線の方向にとった単位ベクトル $\boldsymbol{n}$ の成分は

$$\boldsymbol{n}\left(\rho\frac{d^2x}{ds^2}, \rho\frac{d^2y}{ds^2}, \rho\frac{d^2z}{ds^2}\right)$$

で与えられることを示せ．

3　らせん $x = a\cos\varphi$，$y = a\sin\varphi$，$z = k\varphi$ $(a, k$：定数$)$ の接線，主法線，陪法線の方向をきめよ．

4　環面（torus）

$$x = (c + a\sin\theta)\cos\varphi, \qquad y = (c + a\sin\theta)\sin\varphi, \qquad z = a\cos\theta$$

の上を運動する点の子午線方向（$\varphi =$ 一定で θ だけが増す方向），法線方向，方位角方向（φ だけが増す方向）の加速度成分を求めよ．

5　(x, y) 面を運動する点の描く軌道が $r = a\sin n\varphi$ $(a, n$：定数$)$ で与えられ，角速度 $\dot{\varphi}$ が r^2 に反比例するとき，この点の加速度を求めよ．

力学的エネルギー

§6.1　力学的エネルギー保存の法則

質点の持つエネルギーのことを考えるのには，通常は，力の行なう仕事という量を定義し，それから，仕事を行なうことのできる能力をはかるものとしてエネルギーというものを考える．実はエネルギーが大切な量で仕事はこのエネルギー移動の1つの形であるので，上に述べたような道筋で問題を考えるのはエネルギーの持つ意味を幾分希薄にしか伝えないことになる．ここでは，変化しつつある自然現象の中で保存されるものは何かということを強調する面からの説明法によることにしよう．

昔から，人間には2つの大きな夢があった．その1つはすべての物を金属の金に変えたいという望みで，そのため錬金術というものが起こり，この目的に対しては無駄な努力がなされたが，一方では化学の実験技術に貢献があったことはよく知られていることである．

もう1つの望みというのは次のものである．何か機械（車や粉ひき機械など）を動かそうとすると，人や家畜や水車・風車などの働き，あるいは外から燃料を補給してやることが必要であって，何かしら外からしてやらなければ機械はその働きを止めてしまう．しかし，人や家畜が働くことも，水を高いところから落とすことも，燃料を補給することも必要でない，一度動かせば永久に動いて，ふつうの車その他の機械がしてくれるのと同じことをする機械はないであろうか．人類がこのような機械を求めるのは当然であって，何世紀にもわたってこのような機械を求める試みがなされてきた．このような機械を第一種の永久運動（perpetual motion, perpetuum mobile）とよぶ．

しかし，そのような努力にもかかわらずどうしてもこれを製作することができなかった．18 世紀の終りには，純粋に力学的な操作では永久運動は不可能であることは一般に認められていたが，熱現象もともなう現象ではどうなるかということはまだはっきりしていなかった．

1842 年にドイツの Mayer（マイヤー）[1] は“無から有を生じない”というようなことばで，エネルギー保存の法則の主張することと同じことを唱え，1847 年にはドイツの Helmholtz（ヘルムホルツ）[2] が一般的な立場から力学的現象に熱現象，その他どのような現象が含まれていてもエネルギーが保存されることを示して，エネルギー保存の法則は確立されたのである．つまり，永久機関をつくるという夢が実現不可能であることを知ったとき，人類はエネルギー保存の法則という大法則を発見したことになる．

ここでは主に純粋力学の範囲内でエネルギー保存の法則を説明することにしよう．私たちは，車を馬にひかせ，石炭をたいて蒸気機関を動かし，水を高いところから落として発電させて，この電気で電動機を回す．これらの場合，馬，石炭をたいて出てくる熱，高いところにある水などは何を私たちに供給するのであろうか．永久運動が不可能であることから判断すると，このまだ何かわからないが私たちに役立つものは，その総量が一定に保たれているもの，つまり保存されるものでなければならない．

上に述べた保存される量を力学の範囲内で求めよう．一般的に求めるのはあと回しにして，いくつかの特別な例について考えよう．私たちのさがしているものはこれらの例に共通に保存されるものとして見出されなければならない．物体の運動は，とにかく運動方程式から導かれるものであるから，どのようなものが見出されるにしても，これは運動方程式から出発して導かれるものでなければならない．そこで，いままで扱ったいくつかの運動についての式を並べてみよう．

落体の運動：(3.1-9) またはその脚注にある形に書いて，

$$\frac{1}{2}mv^2 + mgy = \frac{1}{2}mv_0{}^2 = 一定. \qquad (6.1\text{-}1)$$

放物運動：(3.2-3) から，速さを V ($V^2 = u^2 + v^2$) と書いて，

$$V^2 = V_0{}^2 - 2gy.$$

1) Julius Robert von Mayer (1814 ～ 1878)．ドイツの物理学者．

2) Hermann Ludwig Ferdinand von Helmholtz (1821 ～ 1894)．ドイツの科学者．その研究した領域は力学から生理学にわたっていた．

したがって，

$$\frac{1}{2}mV^2 + mgy = \frac{1}{2}mV_0{}^2 = 一定. \qquad (6.1\text{-}2)$$

単振動：(3.3-2) から，$dx/dt = u$ と書いて，

$$\frac{1}{2}mu^2 + \frac{1}{2}cx^2 = 一定. \qquad (6.1\text{-}3)$$

このように並べると，まだ第8章以下に出てくる単振り子，惑星の運動などからも例がとれるが，これらの運動の中には運動方程式から出発して論じるような現象とエネルギーの式から出発する方が便利なものもある．それで，例となる現象の集まりとしては少し不十分ながら，(6.1-1)～(6.1-3) をみながら進むことにしよう．

これらの式をみると，質量と速度の2乗を掛けて2で割ったものと，質点に働く力に関係のある位置の関数との和が一定に保たれていることがわかる．それでこの量が前に述べた保存される量であり，またいろいろな機械が私たちに供給してくれるものに関連しているであろうということが想像できよう．それでこのことをもっと一般的に考えてみよう．

質量 m の質点に働く力の成分を X, Y, Z として運動方程式を書けば，

$$\left.\begin{aligned} m\frac{d^2x}{dt^2} &= X, \\ m\frac{d^2y}{dt^2} &= Y, \\ m\frac{d^2z}{dt^2} &= Z \end{aligned}\right\} \qquad (6.1\text{-}4)$$

である．これらの式から，(6.1-1)～(6.1-3) の形の式を導き出したいのであるが，元の方程式 (6.1-4) が x, y, z の t についての2階微分係数を含んでいるのに，導き出したい式は1階微分係数しか含んでいない．(6.1-4) が微分方程式であるという見方からすると，微分方程式 (6.1-4) を**積分**する問題を扱っていることになる．それで，(6.1-4) の各式に，$dx/dt, dy/dt, dz/dt$ を掛けて加えてみよう．

$$m\left(\frac{dx}{dt}\frac{d^2x}{dt^2} + \frac{dy}{dt}\frac{d^2y}{dt^2} + \frac{dz}{dt}\frac{d^2z}{dt^2}\right) = X\frac{dx}{dt} + Y\frac{dy}{dt} + Z\frac{dz}{dt}.$$

質点の速さを V とすれば

$$V^2 = \left(\frac{dx}{dt}\right)^2 + \left(\frac{dy}{dt}\right)^2 + \left(\frac{dz}{dt}\right)^2$$

であるから，前ページ下の式の左辺の括弧内の式は，V^2 を t で微分して 2 で割ったものになっている．したがって

$$\frac{d}{dt}\left(\frac{1}{2}mV^2\right) = X\frac{dx}{dt} + Y\frac{dy}{dt} + Z\frac{dz}{dt}.$$

または両辺に dt を掛ければ，dt 時間内の $(1/2)mV^2$ の変化として

$$d\left(\frac{1}{2}mV^2\right) = X\,dx + Y\,dy + Z\,dz \qquad (6.1\text{-}5)$$

が得られる．

いま，質点が $P_1(x_1, y_1, z_1)$ を通過するときの速さを V_1，$P_2(x_2, y_2, z_2)$ を通過するときの速さを V_2 として，(6.1-5) の小さな増し高を加え合わせてみよう．つまり積分する．そうすると

$$\frac{1}{2}mV_2{}^2 - \frac{1}{2}mV_1{}^2 = \int_{P_1}^{P_2}(X\,dx + Y\,dy + Z\,dz) \qquad (6.1\text{-}6)$$

となる．右辺を W とおけば

$$W = \int_{P_1}^{P_2}(X\,dx + Y\,dy + Z\,dz) \qquad (6.1\text{-}7)$$

である．この W の値は質点がどのような道を通ったかがわかっていて，各点での力の働き方がわかれば計算できる．しかし，質点が通る道を求めることは一般には運動方程式 (6.1-4) を解いてはじめてできることであるから，(6.1-6) の形が得られたといってまだ運動方程式を解くという立場からいうと少しも進んでいないのである．ただ，質点が一直線上を運動する場合には (6.1-6) で役に立つこともある．[1)]

しかし，力 (X, Y, Z) が特別な関係を満足するものであると (6.1-6) の右辺，つまり，(6.1-7) の積分を，質点の通る経路を知らなくても求めることができる．それは，成分 X, Y, Z が 1 つの 1 価関数 $U(x, y, z)$ から

$$X = -\frac{\partial U(x, y, z)}{\partial x}, \qquad Y = -\frac{\partial U(x, y, z)}{\partial y}, \qquad Z = -\frac{\partial U(x, y, z)}{\partial z}$$

(6.1-8)[2)]

のように導かれる場合である.[3] 実際このときには,(6.1-7)の被積分関数は

$$-\left(\frac{\partial U}{\partial x}dx+\frac{\partial U}{\partial y}dy+\frac{\partial U}{\partial z}dz\right)$$

となるが,この括弧内は x, y, z の増し高 dx, dy, dz に対する $U(x, y, z)$ という関数の増し高 dU である.

$$dU=\frac{\partial U}{\partial x}dx+\frac{\partial U}{\partial y}dy+\frac{\partial U}{\partial z}dz. \qquad (6.1\text{-}9)$$

したがって,(6.1-7)は

$$W=\int_{P_1}^{P_2}(-dU)=-\int_{P_1}^{P_2}dU=U(P_1)-U(P_2) \qquad (6.1\text{-}10)$$

となり,(6.1-6)は

$$\frac{1}{2}mV_2{}^2-\frac{1}{2}mV_1{}^2=U(x_1, y_1, z_1)-U(x_2, y_2, z_2) \qquad (6.1\text{-}11)$$

となる.この式を書き直せば

$$\frac{1}{2}mV_1{}^2+U(x_1, y_1, z_1)=\frac{1}{2}mV_2{}^2+U(x_2, y_2, z_2)$$

となるが,左辺は P_1 での運動状態に関係し,右辺は P_2 での運動状態に関係している.P_1, P_2 は運動中の任意の2点でよいから,結局,運動中いつでも

$$\frac{1}{2}mV^2+U(x, y, z)=一定=E \qquad (6.1\text{-}12)$$

でなければならない.この式を

$$\frac{1}{2}m\left\{\left(\frac{dx}{dt}\right)^2+\left(\frac{dy}{dt}\right)^2+\left(\frac{dz}{dt}\right)^2\right\}+U(x, y, z)=E \qquad (6.1\text{-}12)'$$

と書いてみると,2階の微分方程式の組(6.1-4)から,1階の微係数だけを含む式を導いたことになる.つまり(6.1-4)の積分の1つを得たことになる.他の積分については順を追って学ぶことになろう.

力の成分 X, Y, Z が(6.1-8)によって1つの1価関数 $U(x, y, z)$ から導かれるとき(6.1-10)が得られることは(6.1-7)の積分が P_1, P_2 だけによってきま

---

1) たとえば,質点が粗い斜面を滑べり落ちる場合.もちろん滑らかな場合も同様.

2) (6.1-8)の各式に $-$ の符号がついているのは習慣による.

3) 力が(6.1-8)の形の U から導かれるが,U が1価ではない例としては(6.3-10)の φ(ポテンシャル)がある.

り，P_1 から P_2 に移る経路にはよらないことを意味しているが，逆に（6.1-7）の積分が積分の道筋によらないときには，X, Y, Z はある 1 つの 1 価関数 $U(x, y, z)$ から（6.1-8）によって導かれることを証明することができる．

（6.1-12）をみると，力 (X, Y, Z) がこのような性質を持つとき，質点の運動中一定に保たれるものは，質点の速度に関係している $(1/2)mV^2$ という量と，位置に関係している $U(x, y, z)$ という量の和であるところの E であることがわかる．この E を**力学的エネルギー**（mechanical energy）[1] とよび，$(1/2)mV^2$ を**運動エネルギー**（kinetic energy），$U(x, y, z)$ を**位置エネルギー**（potential energy）とよぶ．

（6.1-8）をみると，これを満足する U に定数を加えてもやはり（6.1-8）を満足することがわかる．つまり位置エネルギー U には，力を導くという点からいって，不定な定数があることになる．それで，後でそれぞれの場合に示すように，空間内に適当な点を選んでそこで U が 0 になるように定数の値が選ばれる．力が（6.1-8）によって位置の 1 価関数 U から求められるようなもの，いいかえれば，（6.1-7）の W が質点の経路にはよらないものを**保存力**（conservative force）とよぶ．質点の受ける力が保存力であるとき，その空間を**保存力場**とよぶ．そうすると

> 質点が保存力場内で運動するときには，その運動エネルギーと位置エネルギーの和，すなわち，力学的エネルギーは保存される

ということになる．これを**力学的エネルギー保存の法則**という．

質点に摩擦力が働いたり，空気の抵抗が働いたりするときにはこの法則は成り立たない．そのことは（6.1-7）で P_1, P_2 を指定しておいても，道筋を長くしたり，速度をいろいろと変えると W の値がそのたびにちがうことからわかる．

摩擦力が働くとき質点に働く力は保存力ではないが，物体とこれに触れている面や，空気抵抗の場合の物体とこれに触れている空気を全部分子や原子まで

1）energy はギリシャ語の *energia* に由来する．*en* は in, *ergon* は work の意味．Thomas Young（1773 ～ 1829, イギリス）の命名．Young は Young 率，光の干渉の実験でも知られている．

分けてしまうと，分子間に働く力も原子同士作用しあう力も保存力であって，力学的エネルギー保存の法則の成り立つ現象に属する．このようなもともと保存力に属する力であっても，非常に多くの分子の間の力の平均を考えると，保存力でなくなることがある.[2)]

質点が保存力場内で滑らかな静止した束縛を受けるときには，この束縛するもの（滑らかな斜面，滑らかな針金など）から質点に作用する束縛力について(6.1-7）の計算を行なうと，束縛力と質点の進む方向はいつも垂直であるから

$$X\,dx + Y\,dy + Z\,dz = 0$$

である．したがって束縛力による積分は0となる．それゆえ，力学的エネルギー保存の法則は次のように拡張することができる．

> 質点が，保存力場で滑らかな静止した束縛を受けながら運動するとき，その力学的エネルギーは保存される．

束縛が滑らかでも時間とともに動くときには，6.1-1図に示すように，tでの質点の位置をPとし，t'での位置をP′とすればPP′は束縛力$\boldsymbol{S}$に対し直角でなくなるから，束縛力$\boldsymbol{S}$は仕事をすることになる．

以上学んだことをいくつかの例について調べてみよう．鉛直線にそっての落体の運動では，y軸の方向だけを考えればよい．Uは高さyだけの関数となるから，(6.1-8）によって

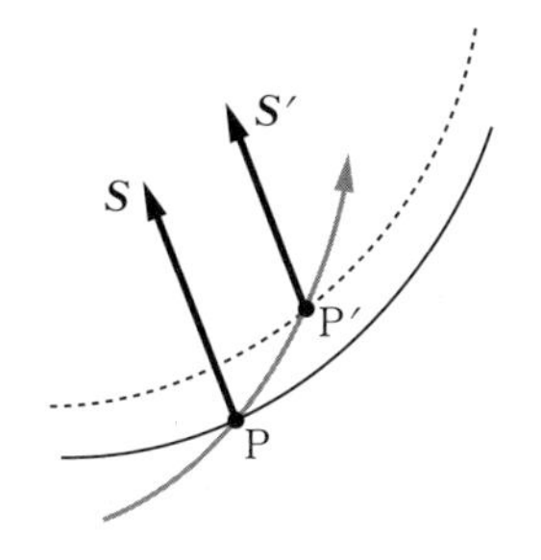

6.1-1図

2)　この場合，分子間の力によって物体をつくっている分子の不規則な運動，いわゆる熱運動，が激しくされるのである．この熱運動のエネルギーを力学的エネルギーの仲間には入れないのが通常の考え方であるが，そのようなときには力学的エネルギー保存の法則は成り立たない．

$$-mg = -\frac{dU}{dy}, \qquad \text{つまり} \qquad \frac{dU}{dy} = mg$$

から求められる．これから

$$U = mgy + c, \qquad c：\text{定数}.$$

通例は y の原点に選んである点（地上，床など）で $U = 0$ になるように c を選ぶ．上の式から $c = 0$ となる．それゆえ

$$U = mgy. \tag{6.1-13}$$

それで力学的エネルギー保存の法則を書けば

$$\frac{1}{2}mv^2 + mgy = E$$

となって前に出した式に一致する．

放物運動では，質点が運動する鉛直面内に，水平に x 軸，鉛直上方に y 軸をとれば

$$\frac{\partial U}{\partial x} = -X = 0, \qquad \frac{\partial U}{\partial y} = -Y = mg$$

であるから，第 1 の式から U が x を含まないことがわかる．第 2 の式から U の基準を $y = 0$ にとれば

$$U = mgy \tag{6.1-14}$$

となり，力学的エネルギー保存の法則は

$$\frac{1}{2}mV^2 + mgy = E \tag{6.1-15}$$

となる．

質点が滑らかな静止した曲線に束縛されて，重力を受けながら運動するものとしよう．そのときも（6.1-15）は成り立つ．この式をみると y が等しければ V も等しいから，6.1-2 図で P_1 から出発した質点が曲線にそって運動し，P_1

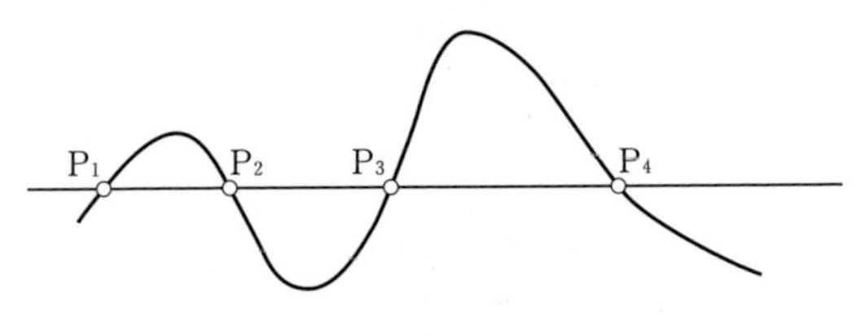

6.1-2 図

と高さの等しい P_2, P_3, P_4 を通るものとすれば，これらの点を通るときの速さはみな等しい.

第8章で学ぶ単振り子では，質点（おもり）が鉛直面内にある滑らかな円周上に束縛されているのと同じ問題で，糸の張力はこの滑らかな円周上から質点に働く束縛力に相当していて，いつもこの円周に直角に向いている.

6.1-3図は落体の運動に関連してGalileiの行なった実験を示すもので，Galileiは C から静かに放たれたおもりが，E, F の釘がないときには D まで達し，釘 E があるときには G まで，釘 F があるときには I まで達することを実験した．これは C で速度が 0 ならば，これと等しい高さの D, G, I で速度が 0 でなければならないことをいうものである．最下点 B と直線 DC の間のどの高さでも，高さの等しい P_1, P_2, P_3, P_4 を通過するときのおもりの速さはみな等しい.

単振動を行なう質点の場合には，力の定数を c とすれば

$$X = -cx$$

であるから，

$$\frac{dU}{dx} = cx.$$

したがって

$$U = \frac{1}{2}cx^2 + k, \qquad k：\text{定数}$$

である．通常 U の基準は $x = 0$ で $U = 0$ になるようにとる．そうすると $k = 0$ となる．したがって

$$U = \frac{1}{2}cx^2 \tag{6.1-16}$$

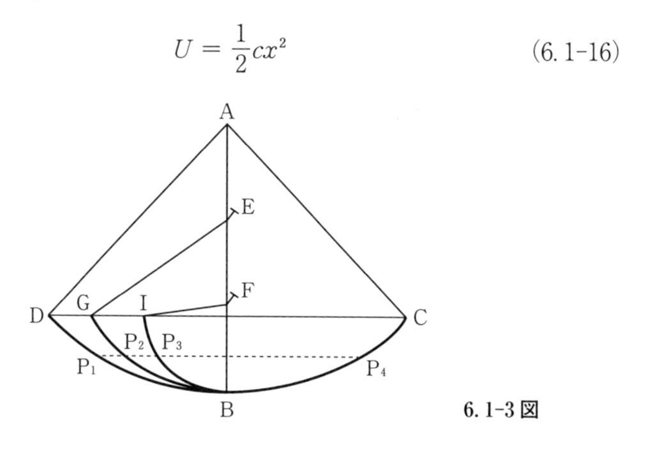

6.1-3図

であって，力学的エネルギー保存の法則は

$$\frac{1}{2}mu^2+\frac{1}{2}cx^2=E$$

となり（6.1-3）に一致する．

次に万有引力の場合に移ろう．万有引力の作用する力場内での運動（惑星や人工衛星の運動）については第8章でくわしく調べるが，ここでは位置エネルギーについて調べておこう．

Newton の発見した万有引力の法則は次のものである．

> すべて物体は引力を作用しあう．そして2つの質点の質量を m_1, m_2 とするとき，距離が r にあるときに作用しあう引力は
>
> $$f=G\frac{m_1m_2}{r^2} \tag{6.1-17}$$
>
> である．

G は万有引力の定数とよばれるもので，

$$G=6.672\times10^{-11}\ \mathrm{N\,m^2/kg^2}=6.672\times10^{-8}\ \mathrm{dyn\,cm^2/g^2} \tag{6.1-18}$$

という値を持つ．6.1-4 図で，O に固定されている質量 M の質点（たとえば，太陽）から万有引力を受ける質量 m の質点（たとえば，惑星）を考える．動径の方向余弦は $x/r, y/r, z/r$ であるから，m に働く万有引力の成分は

$$X=-G\frac{Mm}{r^2}\frac{x}{r},\quad Y=-G\frac{Mm}{r^2}\frac{y}{r},\quad Z=-G\frac{Mm}{r^2}\frac{z}{r}$$

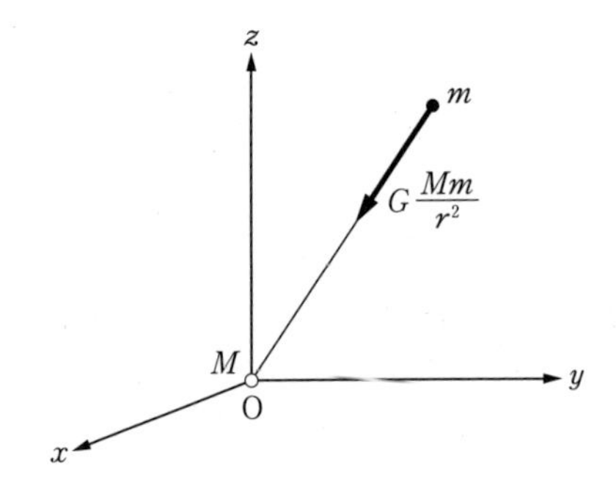

6.1-4 図

である．したがって，U をきめる方程式は，

$$\frac{\partial U}{\partial x} = G\frac{Mm}{r^2}\frac{x}{r}, \qquad \frac{\partial U}{\partial y} = G\frac{Mm}{r^2}\frac{y}{r}, \qquad \frac{\partial U}{\partial z} = G\frac{Mm}{r^2}\frac{z}{r}.$$

さて，

$$r^2 = x^2 + y^2 + z^2$$

の両辺を x で偏微分すれば

$$r\frac{\partial r}{\partial x} = x. \qquad \therefore\ \frac{\partial r}{\partial x} = \frac{x}{r}.$$

同様に

$$\frac{\partial r}{\partial y} = \frac{y}{r}, \qquad \frac{\partial r}{\partial z} = \frac{z}{r}.$$

それゆえに，

$$\frac{\partial U}{\partial x} = G\frac{Mm}{r^2}\frac{\partial r}{\partial x} = \frac{\partial}{\partial x}\left(-G\frac{Mm}{r}\right),$$

$$\frac{\partial U}{\partial y} = \frac{\partial}{\partial y}\left(-G\frac{Mm}{r}\right), \qquad \frac{\partial U}{\partial z} = \frac{\partial}{\partial z}\left(-G\frac{Mm}{r}\right)$$

と書くことができる．したがって

$$U = -G\frac{Mm}{r} + k, \qquad k：定数$$

となる．U の基準には $r = \infty$ のところで $U = 0$ とすることが多い．上の式で $r \to \infty$ とすれば $k = 0$．したがって

$$U = -G\frac{Mm}{r} \tag{6.1-19}$$

となり，力学的エネルギー保存の法則は

$$\frac{1}{2}mV^2 - G\frac{Mm}{r} = E \tag{6.1-20}$$

となる．この式は第8章で惑星の運動や人工衛星の運動を調べるときに使う．

§6.2　質点に働く力の行なう仕事

前の節の運動方程式を積分する手続きのところで，(6.1-6)，(6.1-7) で与えられる

$$W = \int_{\mathrm{P}_1}^{\mathrm{P}_2} (X\,dx + Y\,dy + Z\,dz) \tag{6.2-1}$$

という量を扱った．保存力の場合にはこの積分の値が質点の通る道筋とは無関係にただ P_1 と P_2 の位置を与えるだけできまってしまう．しかし，いろいろな場合，W の値が道筋によるとかよらないとかに無関係に，この W という量が使われる．この W を，質点が P_1 から P_2 に行く間にこれに働いている力が行なった**仕事**（work）とよぶ．

ここで2つのベクトルの**スカラー積**（scalar product）または**内積**とよばれるものを定義しておく．ベクトル $\boldsymbol{A}, \boldsymbol{B}$ があって，その間の角を θ とするとき，

$$AB\cos\theta$$

をこれらのベクトルのスカラー積または内積とよび，$\boldsymbol{A}\cdot\boldsymbol{B}$ [1] で表わす．$B\cos\theta$ はベクトル $\boldsymbol{B}$ の $\boldsymbol{A}$ 方向成分と考えることができるから

$$\left.\begin{array}{l} AB\cos\theta = A \times (\boldsymbol{B}\text{の}\boldsymbol{A}\text{方向成分}) \\ \text{同様にして} = B \times (\boldsymbol{A}\text{の}\boldsymbol{B}\text{方向成分}) \end{array}\right\} \tag{6.2-2}$$

となる．$\boldsymbol{A}, \boldsymbol{B}$ の方向余弦を $(l, m, n), (l', m', n')$ とすれば

$$\cos\theta = ll' + mm' + nn'$$

であるから，

$$\begin{aligned} \boldsymbol{A}\cdot\boldsymbol{B} = AB\cos\theta &= (Al)(Bl') + (Am)(Bm') + (An)(Bn') \\ &= A_x B_x + A_y B_y + A_z B_z \end{aligned} \tag{6.2-3}$$

となって覚えやすい形になる．これが座標の方向の成分を使ったときのスカラー積の式である．(6.2-3) の左辺はいまどのような直交座標を使っているかには無関係であるから，右辺もそうでなければならない．実際，座標系 (x, y, z)，(x', y', z') に対する (6.2-3) の右辺の式をつくるとき

$$A_x B_x + A_y B_y + A_z B_z = A_{x'} B_{x'} + A_{y'} B_{y'} + A_{z'} B_{z'} \tag{6.2-4}$$

であることが，ベクトルの成分間の関係を示す (1.2-4)，方向余弦についての関係式 (1.1-5) を使って証明できる．§1.2 で使った不変量ということばを使えば，$A_x B_x + A_y B_y + A_z B_z$ は座標系の直交変換に対して不変量であることになる．スカラー積という名は変換に対して不変であることを表わす．

1）“エイ・ドット・ビー”と読む．

例題　$(\boldsymbol{A}\cdot\boldsymbol{B})^2 = \boldsymbol{A}^2\boldsymbol{B}^2$ はどんなときに成り立つか.

解　$\boldsymbol{A}, \boldsymbol{B}$ の角が 0 または π のとき成り立つ.　◆

(6.2-1) で与えられる W は微小変位に対する仕事

$$d'W = X\,dx + Y\,dy + Z\,dz \qquad (6.2\text{-}5)$$

[2]

を加え合わせたものとみることができるが, (6.2-3) を考えるとこの式は力 $\boldsymbol{F}(X, Y, Z)$ と変位 $d\boldsymbol{s}(dx, dy, dz)$ とのスカラー積になっていることがわかる. したがって

$$d'W = \boldsymbol{F}\cdot d\boldsymbol{s} \qquad (6.2\text{-}6)$$

と書くことができ, また (6.2-1) は

$$W = \int_{\mathrm{P}_1}^{\mathrm{P}_2} \boldsymbol{F}\cdot d\boldsymbol{s} \qquad (6.2\text{-}7)$$

となる. (6.1-6) は

$$\frac{1}{2}mV_2{}^2 - \frac{1}{2}mV_1{}^2 = \int_{\mathrm{P}_1}^{\mathrm{P}_2} \boldsymbol{F}\cdot d\boldsymbol{s} \qquad (6.2\text{-}8)$$

となる. この節で定義した仕事という量を使って (6.2-8) をことばでいうと

質点の運動エネルギーの増し高は, これに働く力の行なった仕事に等しい

ことになる. これはもちろん, 力が保存力であってもそうでなくても成り立つ. このように仕事はエネルギーと関係の深いものであるが, これをもう少しくわしく調べよう.

(6.2-8) で $V_1 = V$ とし, 質点が他から力を受けながら速さが小さくなって止まってしまうときを考える. そのときは $V_2 = 0$ となる. また, 質点に力を作用するものが質点とともに動いているものとしよう. (6.2-8) で $V_1 = V$, $V_2 = 0$ とおいて,

$$\frac{1}{2}mV^2 = -\int_{\mathrm{P}_1}^{\mathrm{P}_2} \boldsymbol{F}\cdot d\boldsymbol{s}.$$

2)　微小仕事を $d'W$ と書いて dW と書かないのは, 一般に (6.2-5) の右辺がある量の増し高と解釈することができないからである. 数学のことばを使えば一般に全微分でないからである.

$\boldsymbol{F}$ は他の物体から質点に作用する力であるが，質点からこの物体に作用する力を $\boldsymbol{F}'$ とすれば，運動の第3法則によって

$$\boldsymbol{F}' = -\boldsymbol{F}$$

であるから

$$\frac{1}{2}mV^2 = \int_{\mathrm{P}_1}^{\mathrm{P}_2} \boldsymbol{F}' \cdot d\boldsymbol{s}$$

と書くことができる．$d\boldsymbol{s}$ は考えている質点の変位であるが，この質点とこれに接している他の物体の変位が等しいときには $d\boldsymbol{s} = d\boldsymbol{s}'$ と書くことができる．そのようなときには

質量 m の物体が速さ V で運動しているときには，それが止まるまでに他の物体に $(1/2)mV^2$ だけの仕事をすることができる．

次に位置エネルギーについて考えよう．質点に働く力 X, Y, Z が保存力のときには

$$X = -\frac{\partial U}{\partial x}, \quad Y = -\frac{\partial U}{\partial y}, \quad Z = -\frac{\partial U}{\partial z}$$

であるような $U(x, y, z)$ が存在するから，

$$W = U(\mathrm{P}_1) - U(\mathrm{P}_2)$$

となることは（6.1-10）で示した．右辺は質点が P_1 から P_2 に行く間の位置エネルギーの減少量であるから，

質点に働く保存力が仕事を行なっただけ位置エネルギーが減少する．

§6.3 保存力場

保存力場は物理学では特別に大切なものであるから，これを調べておこう．保存力の場合には（6.2-6）の $d'W$ は位置エネルギー U の減少量 $-dU$ に等しいから，（6.2-6）は

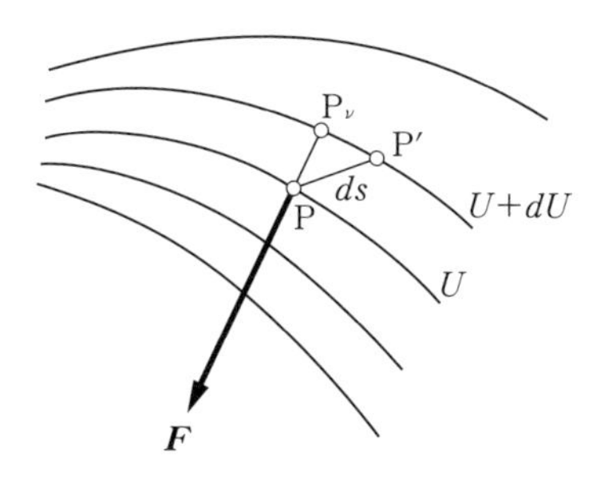

6.3-1図

$$-dU = \boldsymbol{F}\cdot d\boldsymbol{s} = F_s ds \qquad (6.3\text{-}1)$$

と書くことができる．F_s は $\boldsymbol{F}$ の $d\boldsymbol{s}$ 方向の成分である．したがって

$$F_s = -\frac{dU}{ds}. \qquad (6.3\text{-}2)$$

いま6.3-1図に示してあるように，$U(x, y, z) =$ 一定値の曲面をこの一定値をいろいろと変えて描いたとしよう．これらの面を**等ポテンシャル面**とよぶ．1つの面での位置エネルギーを U とし，これに近接している $U + dU$ の面を考える．これらの面にそれぞれ P, P′ を互いに近くとり，$\overline{\mathrm{PP'}} = ds$ とする．(6.3-2) の dU/ds は P から P′ の方向の位置エネルギーの勾配である．これが正ならば実際に増加し，負ならば減少する．(6.3-2) は

> 質点に働く保存力の任意の方向の成分は，その方向の位置エネルギーの勾配の符号を変えたものである

ということができる．

6.3-1図で $dU > 0$ としよう．P から線を引いて $U + dU$ 面に達するのにもっとも短い距離は P から等ポテンシャル面に法線を引いて得られる $\overline{\mathrm{PP_\nu}}$ である．したがってこの方向の勾配がもっとも大きい．他の任意の方向 PP′ を考えれば，勾配はいまの最大勾配よりも小さく，力は成分となるのであるが，最大勾配の方向を考えるときには力そのものとなる．したがって次のようにいうことができる．

> 質点に働く保存力の方向は位置エネルギーの（最大）勾配の方向と逆に向

いていて，大きさはこの（最大）勾配[1] の値に等しい．

いま出てきた勾配ということばをもう少し一般的に説明しよう．この考えは，一般に力場（重力場，万有引力場，電気磁気の場）でよく使われるものである．位置 x, y, z の関数であるところのスカラー量 $\varphi(x, y, z)$ があるとき，$\partial\varphi/\partial x$, $\partial\varphi/\partial y, \partial\varphi/\partial z$ を成分とするベクトル $\boldsymbol{V}$ を考え，これを φ の**勾配** (gradient) とよび，$\mathrm{grad}\,\varphi$ と書く．

$$\boldsymbol{V} = \mathrm{grad}\,\varphi = \left(\frac{\partial\varphi}{\partial x}, \frac{\partial\varphi}{\partial y}, \frac{\partial\varphi}{\partial z}\right) \tag{6.3-3}$$

または

$$\nabla = \boldsymbol{i}\frac{\partial}{\partial x} + \boldsymbol{j}\frac{\partial}{\partial y} + \boldsymbol{k}\frac{\partial}{\partial z} \tag{6.3-4}$$

という，演算を表わすベクトルを考えると，

$$\boldsymbol{V} = \nabla\varphi \tag{6.3-5}$$

と書くこともできる．

空間内の 1 つの点 $\mathrm{P}(x, y, z)$ とその近くの点 $\mathrm{P}'(x + dx, y + dy, z + dz)$ とを考え，$\overline{\mathrm{PP}'} = ds$ とする．P' での φ の値を $\varphi + d\varphi$ とする．

$$d\varphi = \frac{\partial\varphi}{\partial x}dx + \frac{\partial\varphi}{\partial y}dy + \frac{\partial\varphi}{\partial z}dz$$

であるが，これを $\overline{\mathrm{PP}'} = ds$ で割れば

$$\frac{d\varphi}{ds} = \frac{\partial\varphi}{\partial x}\cos(s, x) + \frac{\partial\varphi}{\partial y}\cos(s, y) + \frac{\partial\varphi}{\partial z}\cos(s, z)$$

となる．$\cos(s, x), \cos(s, y), \cos(s, z)$ は ds の方向の方向余弦であるから，

$$\frac{d\varphi}{ds} = (\mathrm{grad}\,\varphi)_s$$

となる．$d\varphi/ds$ の値がもっとも大きいのは $\mathrm{grad}\,\varphi$ と一致する方向に ds をとるときで，いいかえれば，

$\mathrm{grad}\,\varphi$ というベクトルは $d\varphi/ds$ の値がもっとも大きい方向を向いており，φ の増す向きにとったものである

1） 単に勾配といえば最大勾配を指す．

ということができる．(6.3-3) で与えられた勾配の定義は x, y, z 座標系をもとにしてなされたものであるが，このように考えれば，$\mathrm{grad}\,\varphi$ というベクトルは，空間内での φ の分布が与えられていれば座標系のとりかたには無関係にきまるベクトルであることが知られる．

例題 $\varphi = 1/r$，$r^2 = x^2 + y^2 + z^2$ であるとき $\mathrm{grad}\,\varphi$ を求めよ．

解 $r^2 = x^2 + y^2 + z^2$ を x で偏微分すれば

$$2r\frac{\partial r}{\partial x} = 2x. \qquad \therefore \ \frac{\partial r}{\partial x} = \frac{x}{r}.$$

同様に

$$\frac{\partial r}{\partial y} = \frac{y}{r}, \qquad \frac{\partial r}{\partial z} = \frac{z}{r}.$$

したがって

$$\frac{\partial \varphi}{\partial x} = -\frac{1}{r^2}\frac{\partial r}{\partial x}, \qquad \frac{\partial \varphi}{\partial y} = -\frac{1}{r^2}\frac{y}{r}, \qquad \frac{\partial \varphi}{\partial z} = -\frac{1}{r^2}\frac{z}{r}.$$

それゆえに，原点の方に向く大きさ $1/r^2$ のベクトルである．この場合 $\varphi =$ 一定の曲面は原点を中心とする球面であるから，φ の最大傾斜の方向が r の方向であることは明らかである．このことからもすぐに上と同じ結果が得られる．

◆

力の成分 X, Y, Z と位置エネルギー U との関係は (6.1-8) で与えられるが，これを grad を使って書けば

$$\boldsymbol{F} = -\mathrm{grad}\,U = -\nabla U \qquad (6.3\text{-}6)$$

となる．

一般に質点がある瞬間，ある位置にあって，これに働く力 $\boldsymbol{F}$ が 1 つの関数 $\varphi(x, y, z)$ によって，

$$\boldsymbol{F} = -\nabla\varphi \qquad (6.3\text{-}7)$$

で与えられるとき，この φ を力 $\boldsymbol{F}$ の**ポテンシャル**とよぶ．保存力場では位置エネルギーが力のポテンシャルである．ポテンシャルは必ずしも位置エネルギーであるとはいえないが，とにかく 1 個のスカラー関数からベクトルであるところの力が導き出されるので，これを使うと便利なことが多い．(6.1-13)，(6.1-14)，(6.1-16)，(6.1-19) のいろいろな場合の位置エネルギーは，つまり，こ

のポテンシャルを求める計算によって得られたものである．

力がポテンシャルをもっているときには，力の成分を X, Y, Z とすれば

$$X=-\frac{\partial\varphi}{\partial x},\qquad Y=-\frac{\partial\varphi}{\partial y},\qquad Z=-\frac{\partial\varphi}{\partial z}\tag{6.3-8}$$

であるから，

$$\frac{\partial Y}{\partial z}=\frac{\partial Z}{\partial y},\qquad \frac{\partial Z}{\partial x}=\frac{\partial X}{\partial z},\qquad \frac{\partial X}{\partial y}=\frac{\partial Y}{\partial x}\tag{6.3-9}$$

という条件を満足しなければならない．また逆に，(6.3-9) が満足されれば，(6.3-8) の成り立つような関数 φ が存在することが証明される．(6.3-9) は考えている力がポテンシャルを持つかどうかをみわけるのに便利な式である．

ポテンシャルはあるが，それが位置エネルギーではない例として，力の大きさが z 軸からの距離 r に反比例し，c/r で与えられ，方向は方位角の方向へ向いている場合を考える（6.3-2 図）．図からわかるように，

$$X=-\frac{c}{r}\frac{y}{r}=-c\frac{y}{r^2},\qquad Y=\frac{c}{r}\frac{x}{r}=c\frac{x}{r^2},\qquad Z=0.$$

この場合 $\partial r/\partial x=x/r$，$\partial r/\partial y=y/r$ を使えば (6.3-9) を満足していることはすぐに確かめられる．φ を求めるために $d\varphi$ をつくれば

$$d\varphi=c\frac{y}{r^2}dx-c\frac{x}{r^2}dy=-c\frac{\dfrac{d}{dx}\left(\dfrac{y}{x}\right)}{1+\left(\dfrac{y}{x}\right)^2}dx$$

となるから

$$d\varphi=-cd\left(\tan^{-1}\frac{y}{x}\right)$$

となり，

$$\varphi=-c\theta+k,\qquad k：\text{定数}\tag{6.3-10}$$

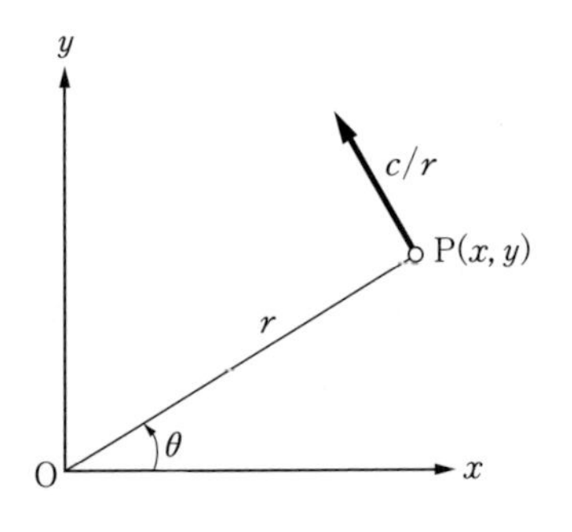

6.3-2 図

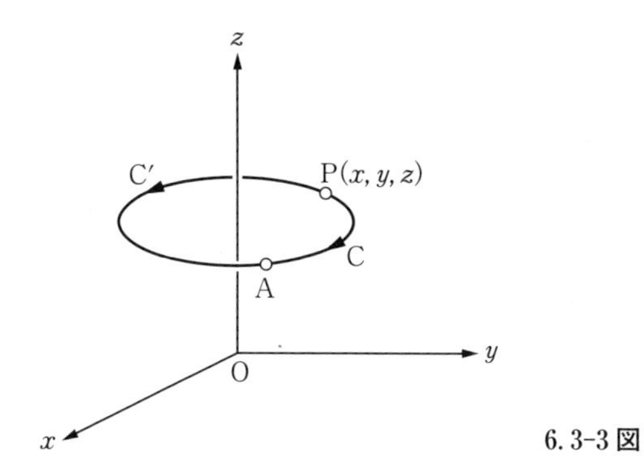

6.3-3図

となる．1つの点Pを与えてもθは一義的にはきまらないで，θに2πの整数倍を加えたり引いたりしても空間内の同じ点Pになる．したがって，φもP点の位置に対して一義的にきまらないで，このときポテンシャルは存在するが，それは位置エネルギーではないことになる．

実際6.3-3図に示すようにA点を基準の点とし，任意の点$P(x, y, z)$からAに質点がくるまで力場の行なう仕事を計算すると，1つの道PCAと，z軸のまわりを反対の向きに回ってAに達する道PC′Aとでは仕事がちがう．つまり，1回りするときの仕事は0とはならず

$$W_{\mathrm{PC'A}} + W_{\mathrm{ACP}} = W_{\mathrm{PC'ACP}} = 2\pi c$$

になることは容易に計算できる．そうすると

$$W_{\mathrm{PC'A}} = W_{\mathrm{PCA}} + 2\pi c$$

となって，道筋によって仕事がちがうことになる．このようなことを避けるためには，z軸を含む任意の平面をあらかじめきめておいて，道筋がこの平面をつきぬけることができないようにしておけばφも一義的となって，これを位置エネルギーとして使うことができる．

このような力場は，z軸の方向に流れる直線電流によりつくられる磁場を考えれば実現することができる．この磁場内に磁極を入れると，磁極の運動については一般に力学的エネルギー保存の法則は成り立たない．

第6章 問　題

1　一平面内を運動する質点に働く力の成分が，質点の座標をx, yとして

$$X = axy, \qquad Y = \frac{1}{2}ax^2$$

で与えられるとき，保存力かどうかを調べよ．保存力ならば位置エネルギーはどうなるか．

2　一平面内を運動する質点に働く力の成分が，質点の座標を x, y として

$$X = axy, \qquad Y = by^2$$

で与えられるとき，保存力かどうかを調べよ．また，x 軸上の $(r, 0)$ で与えられる点 A から，y 軸上の $(0, r)$ で与えられる点 C まで，円周 ABC にそっていく場合と，弦 AB′C にそっていく場合とで，この力の行なう仕事を比較せよ．

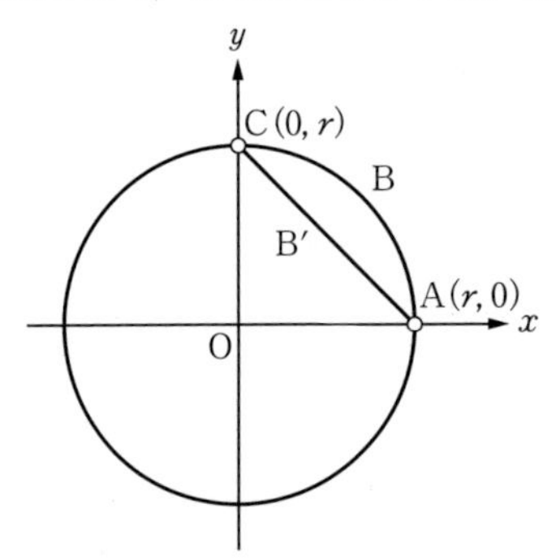

3　1つの平面内を運動する質点についての運動方程式の接線方向の式

$$m\frac{dV}{dt} = F_\tau$$

から直接に（x, y 座標を使わないで）式（6.2-8）を導き出せ．

4　∇r はどのようなベクトルか．

5　§3.4 で学んだ減衰振動で，力学的エネルギーが時間とともに減っていくありさまを調べよ．3.4-1 図参照．

7 角運動量　面積の原理

§7.1　ベクトル積

2つのベクトル $\boldsymbol{A}, \boldsymbol{B}$ があるとし，これを1つの点Oから引く（7.1-1図）．$\boldsymbol{A}, \boldsymbol{B}$ の間の角を θ とする．$\boldsymbol{A}$ から $\boldsymbol{B}$ の方に回転する右回しのねじの進む向きにベクトル $\boldsymbol{C}$ をとり，$\boldsymbol{C}$ の大きさを $AB\sin\theta$，すなわち $\boldsymbol{A}, \boldsymbol{B}$ のつくる平行四辺形の面積に等しくするとき，$\boldsymbol{C}$ を $\boldsymbol{A}$ と $\boldsymbol{B}$ との**ベクトル積**（vector product）または**外積**とよぶ．これを $\boldsymbol{A} \times \boldsymbol{B}$ [1] と書く．

$$\boldsymbol{C} = \boldsymbol{A} \times \boldsymbol{B}. \tag{7.1-1}$$

$\boldsymbol{B}$ から $\boldsymbol{A}$ の向きに回転する右回しのねじは $\boldsymbol{C}$ と逆向きに動くから

$$\boldsymbol{B} \times \boldsymbol{A} = -\boldsymbol{A} \times \boldsymbol{B} \tag{7.1-2}$$

である．

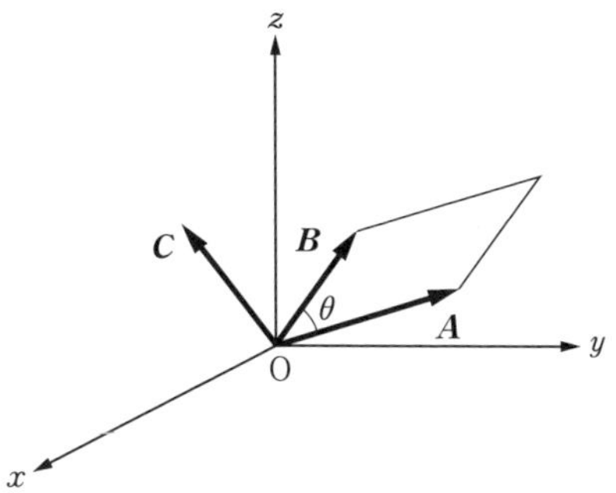

7.1-1図

いま $\boldsymbol{C} = \boldsymbol{A} \times \boldsymbol{B}$ の x, y, z 成分を求めよう．まず $\boldsymbol{A}$ と $\boldsymbol{C}$ とは直交しているから

$$A_x C_x + A_y C_y + A_z C_z = 0.$$

同様に

$$B_x C_x + B_y C_y + B_z C_z = 0.$$

したがって，

1）“エイ・クロス・ビー”と読む．

$$\frac{C_x}{A_yB_z - A_zB_y} = \frac{C_y}{A_zB_x - A_xB_z} = \frac{C_z}{A_xB_y - A_yB_x}$$

である．この各式をλとおけば

$$\left.\begin{aligned} C_x &= \lambda(A_yB_z - A_zB_y), \\ C_y &= \lambda(A_zB_x - A_xB_z), \\ C_z &= \lambda(A_xB_y - A_yB_x). \end{aligned}\right\} \tag{7.1-3}$$

また

$$C^2 = A^2B^2\sin^2\theta = A^2B^2(1-\cos^2\theta) = A^2B^2 - (AB\cos\theta)^2$$

であるから，

$$\begin{aligned} &\lambda^2\{(A_yB_z - A_zB_y)^2 + (A_zB_x - A_xB_z)^2 + (A_xB_y - A_yB_x)^2\} \\ &\quad = (A_x{}^2 + A_y{}^2 + A_z{}^2)(B_x{}^2 + B_y{}^2 + B_z{}^2) - (A_xB_x + A_yB_y + A_zB_z)^2. \end{aligned}$$

これを整理すると（左辺のλ^2の係数はちょうど右辺に等しくなる），$\lambda^2 = 1$，したがって

$$\lambda = \pm 1$$

が得られる．$\boldsymbol{A}$と$\boldsymbol{B}$とを連続的に変えていこう．7.1-1 図をみれば$\boldsymbol{C}$も連続的に変わるから，(7.1-3) によってλも連続的に変わらなければならない．ところがλは$+1$か-1かであるから，$\lambda = +1$を保つか$\lambda = -1$を保つか，どちらかでなければならない．$\boldsymbol{A}, \boldsymbol{B}$を連続的に変えて，$\boldsymbol{A}$が$x$軸の方向に，$\boldsymbol{B}$が$y$軸の方向に一致するようにすれば，$\boldsymbol{C}$は$z$軸の方に向き，$\boldsymbol{C}$の$x, y$成分は0となる．すなわち，$C_x = 0$，$C_y = 0$．また，$A_y = A_z = 0$，$B_x = B_z = 0$であり，$C_z = A_xB_y$となるから，(7.1-3) によって

$$\lambda = 1$$

でなければならないことがわかる．したがって，

$$\left.\begin{aligned} (\boldsymbol{A}\times\boldsymbol{B})_x &= A_yB_z - A_zB_y, \\ (\boldsymbol{A}\times\boldsymbol{B})_y &= A_zB_x - A_xB_z, \\ (\boldsymbol{A}\times\boldsymbol{B})_z &= A_xB_y - A_yB_x \end{aligned}\right\} \tag{7.1-4}$$

[1]

となる．これが2つのベクトルのベクトル積の成分である．

---

1) これらの成分の式は，

$$\frac{A_x}{B_x}\times\frac{A_y}{B_y}\times\frac{A_z}{B_z}\times\frac{A_x}{B_x}$$

のようにして書き下す習慣にするとよい．

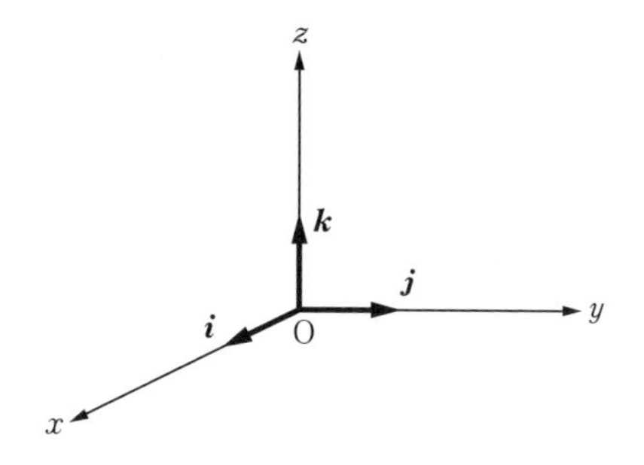

7.1-2 図

x, y, z 方向に単位ベクトル $\boldsymbol{i}, \boldsymbol{j}, \boldsymbol{k}$ をとれば（7.1-2 図），

$$\boldsymbol{j} \times \boldsymbol{k} = \boldsymbol{i}, \quad \boldsymbol{k} \times \boldsymbol{i} = \boldsymbol{j}, \quad \boldsymbol{i} \times \boldsymbol{j} = \boldsymbol{k} \qquad (7.1\text{-}5)$$

となるが，これはいろいろな場合に使われる関係式である．また（7.1-4）によれば

$$\left.\begin{aligned} \boldsymbol{A} \times (\boldsymbol{B} + \boldsymbol{C}) &= \boldsymbol{A} \times \boldsymbol{B} + \boldsymbol{A} \times \boldsymbol{C}, \\ (\boldsymbol{B} + \boldsymbol{C}) \times \boldsymbol{A} &= \boldsymbol{B} \times \boldsymbol{A} + \boldsymbol{C} \times \boldsymbol{A} \end{aligned}\right\} \qquad (7.1\text{-}6)$$

である（分配の法則）．したがって，ベクトル積を含むベクトルの演算では，ベクトル積の順序に気をつければふつうの計算法にしたがってよいことになる．

例題 1 次の各式を証明せよ．

(a) $(\boldsymbol{A} \times \boldsymbol{B})^2 + (\boldsymbol{A} \cdot \boldsymbol{B})^2 = A^2 B^2$.

(b) $(\boldsymbol{A} + \boldsymbol{B}) \times (\boldsymbol{A} - \boldsymbol{B}) = 2(\boldsymbol{B} \times \boldsymbol{A}) = -2(\boldsymbol{A} \times \boldsymbol{B})$.

(c) $(\boldsymbol{A} - \boldsymbol{B}) \times (\boldsymbol{B} - \boldsymbol{C}) = \boldsymbol{A} \times \boldsymbol{B} + \boldsymbol{B} \times \boldsymbol{C} + \boldsymbol{C} \times \boldsymbol{A}$.

例題 2 2 つのベクトルを，単位ベクトル $\boldsymbol{i}, \boldsymbol{j}, \boldsymbol{k}$ を使って

$$\boldsymbol{A} = A_x \boldsymbol{i} + A_y \boldsymbol{j} + A_z \boldsymbol{k}, \qquad \boldsymbol{B} = B_x \boldsymbol{i} + B_y \boldsymbol{j} + B_z \boldsymbol{k}$$

と表わし，$\boldsymbol{A} \times \boldsymbol{B}$ をつくるのに（7.1-6）を使い，また $\boldsymbol{i}, \boldsymbol{j}, \boldsymbol{k}$ について（7.1-5）を使って（7.1-4）を導け．

§7.2 角運動量

1 つのベクトルのモーメントというものを説明しておこう．もともとベクトルは，大きさと方向を持つ量として，それをどこから引くかということは問題にしていない．つまり，ベクトルは大きさと方向で与えられ，いいかえれば座

標軸の方向への成分で与えられ，これらが等しい2つのベクトルは等しいものとして，ベクトルの計算法を適用するのが便利である．力学や物理学で出てくるベクトルではその場所のちがいによって作用がちがってくることがある．たとえば，剛体とよばれる物体では，力の大きさ方向が等しくても，力の着力点がちがうときには一般に作用もちがってくる．一般にベクトルのモーメントを考えるときには，そのベクトルの位置によって物理的内容がちがう．

1つのベクトル $\boldsymbol{A}$ がP点から引かれるとき（7.2-1図の $\overrightarrow{\mathrm{PP'}}$），Oについての（またはOのまわりの）モーメントとはOからPに引いた位置ベクトルを $\boldsymbol{r}$ として，

$$\boldsymbol{N} = \boldsymbol{r} \times \boldsymbol{A} \tag{7.2-1}$$

で与えられるベクトルである．$\boldsymbol{N}$ の大きさは $\boldsymbol{r}$ と $\boldsymbol{A}$ とを2辺とする平行四辺形の面積，すなわち，

$$N = 2\,\triangle\mathrm{OPP'} \tag{7.2-2}$$

である．したがって，7.2-1図でOから $\boldsymbol{A} = \overrightarrow{\mathrm{PP'}}$ に下した垂線を $\overline{\mathrm{OQ}} = a$ とすれば，$\boldsymbol{N}$ の大きさは aA で与えられる．$\boldsymbol{r}$ の成分は (x, y, z) であるから，$\boldsymbol{N}$ の成分は

$$N_x = yA_z - zA_y, \quad N_y = zA_x - xA_z, \quad N_z = xA_y - yA_x \tag{7.2-3}$$

となる．

§2.5で導入された運動量というベクトルのモーメントを考えよう．質量 m の質点の持つ運動量

$$\boldsymbol{p} = m\boldsymbol{V} \tag{7.2-4}$$

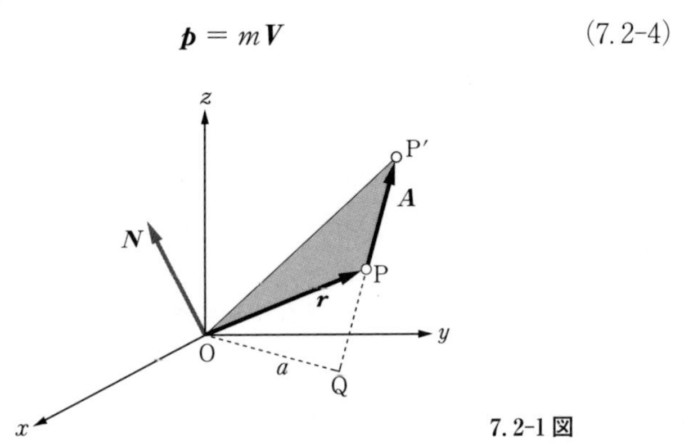

7.2-1図

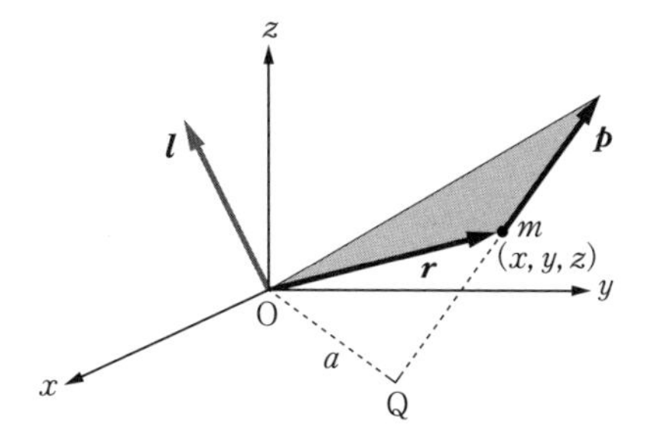

7.2-2 図

を質点の位置から引くとき，この $\boldsymbol{p}$ の O のまわりのモーメント $\boldsymbol{l}$ を，質点が O のまわりに持つ**角運動量**（angular momentum）とよぶ（7.2-2 図）．

$$\boldsymbol{l} = \boldsymbol{r} \times \boldsymbol{p} = m(\boldsymbol{r} \times \boldsymbol{V}) \qquad (7.2\text{-}5)$$

である．座標軸の方向の成分を考えれば，

$$\left.\begin{aligned} l_x &= yp_z - zp_y, \\ l_y &= zp_x - xp_z, \\ l_z &= xp_y - yp_x. \end{aligned}\right\} \qquad (7.2\text{-}6)^{1)}$$

あるいは

$$\left.\begin{aligned} l_x &= m\left(y\frac{dz}{dt} - z\frac{dy}{dt}\right), \\ l_y &= m\left(z\frac{dx}{dt} - x\frac{dz}{dt}\right), \\ l_z &= m\left(x\frac{dy}{dt} - y\frac{dx}{dt}\right). \end{aligned}\right\} \qquad (7.2\text{-}7)$$

$\boldsymbol{l}$ が時間とともに変わる割合を考えよう．(7.2-5) を t で微分する．

$$\frac{d\boldsymbol{l}}{dt} = \frac{d\boldsymbol{r}}{dt} \times \boldsymbol{p} + \boldsymbol{r} \times \frac{d\boldsymbol{p}}{dt}.$$

ところが $d\boldsymbol{r}/dt = \boldsymbol{V}$ で $\boldsymbol{p} = m\boldsymbol{V}$ であるから，$d\boldsymbol{r}/dt$ と $\boldsymbol{p}$ とのベクトル積は 0 である．$d\boldsymbol{p}/dt$ は運動方程式を運動量で書き表わした (2.5-2) によって力 $\boldsymbol{F}$ に等しいから，

$$\frac{d\boldsymbol{l}}{dt} = \boldsymbol{r} \times \boldsymbol{F} \qquad (7.2\text{-}8)$$

となる．右辺は力 $\boldsymbol{F}$ の原点 O のまわりのモーメントである．これを $\boldsymbol{N}$ と書

1) 量子力学などではこの形で導入される．

けば

$$\frac{d\boldsymbol{l}}{dt} = \boldsymbol{N} \tag{7.2-9}$$

となる．それゆえ１つの質点について，

慣性系の原点Ｏのまわりの角運動量が時間とともに変わる割合は，この質点に働いている力のＯのまわりのモーメントに等しい．

§7.3　中心力と角運動量保存の法則　面積の原理

質点Ｐに働く力が，慣性系に固定された定点Ｏをいつも通るとき，これを**中心力**（central force）とよぶ．斥力のときは $\overrightarrow{\mathrm{OP}}$ と一致する方向に，引力のときはこれと反対の向きに働く．万有引力など重要な場合に引力であることが多いが，式の扱い方からいうと斥力の場合を標準にした方が便利である．中心力は距離 r によることが多いから $f(r)$ と書くことにしよう．この場合（7.2-9）で $\boldsymbol{N}=0$ となるから $\boldsymbol{l}=$ 一定 となる．すなわち

質点が慣性系の原点Ｏから中心力の作用を受けて運動するときには，Ｏのまわりの角運動量は保存される

ということができる．これは（7.2-7）によって

$$\left.\begin{aligned} y\frac{dz}{dt} - z\frac{dy}{dt} &= \text{一定}, \\ z\frac{dx}{dt} - x\frac{dz}{dt} &= \text{一定}, \\ x\frac{dy}{dt} - y\frac{dx}{dt} &= \text{一定} \end{aligned}\right\} \tag{7.3-1}$$

と書けるが，これらの式は２階の微分方程式であるところの運動方程式から積分の手続きによって得られたものであるとみることができる．力学的エネルギー保存の法則も微分方程式であるところの運動方程式を解くという意味では１

個の中間の積分を与えるものであったが，(7.3-1) も 3 個の中間の積分を与えるものである．

さて，$\boldsymbol{l}=$ 一定 というのは，$\boldsymbol{l}$ の大きさも方向も一定ということで，7.3-1 図をみると，そのためには質点は，力の中心 O を含む一定の平面内で運動していることになる．それゆえ，直交座標軸として，(x,y) 平面がこの運動平面に一致するように，z 軸が $\boldsymbol{l}$ の方向に向くようにとると便利である． 7.3-2 図がこれを表わす．

(7.2-7) の l_z の式をみると

$$x\frac{dy}{dt}-y\frac{dx}{dt}=\text{一定}=h \tag{7.3-2}$$

となる．この平面の極座標 (r,φ) を使えば

$$x=r\cos\varphi,\qquad y=r\sin\varphi \tag{7.3-3}$$

であるから，(7.3-2) は

$$r^2\frac{d\varphi}{dt}=h \tag{7.3-4}$$

となる．

7.3-2 図で動径 $\overrightarrow{\mathrm{OP}}$ は dt だけ時間がたつと $\overrightarrow{\mathrm{OP'}}$ になるが，この間に動径は OPP′ の面積をおおうことになる．

$$\lim_{\Delta t\to 0}\frac{\text{面積 OPP}'}{\Delta t}$$

を**面積速度** (areal velocity) とよぶ．7.3-2 図で，$\widehat{\mathrm{PQ}}=r\,d\varphi$，$\overline{\mathrm{QP'}}=\overline{\mathrm{OP'}}-$

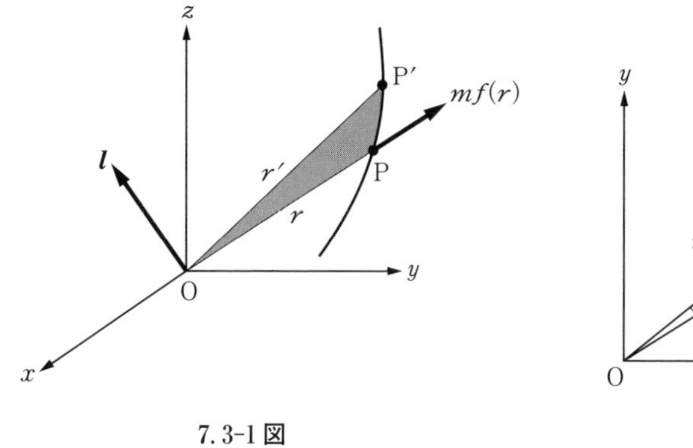

7.3-1 図

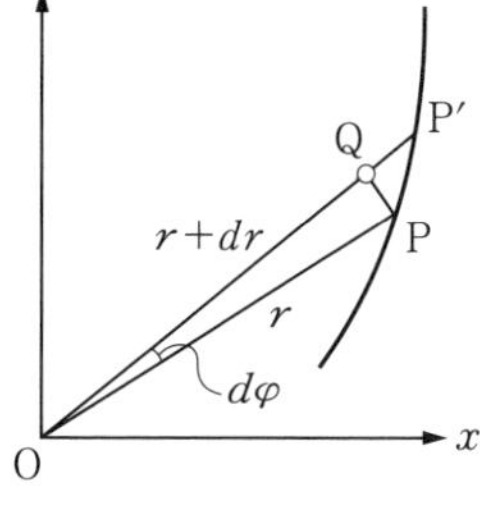

7.3-2 図

$\overline{\mathrm{OP}} = dr$ であるから PQP′ の部分は 2 次の微小量である．したがってこれを省略すれば

$$\text{面積 OPP}' = \text{面積 OPQ} = \frac{1}{2}r^2 d\varphi$$

となり，

$$\text{面積速度} = \frac{1}{2}r^2\frac{d\varphi}{dt} \qquad (7.3\text{-}5)$$

となる．それゆえ（7.3-4）は次のようにいうことができる．

> 質点が慣性系の定点 O から中心力を受けて運動するときには，質点は O を含む定まった平面内で運動し，その面積速度は一定である．

地球その他の惑星は太陽から万有引力という中心力を受けているので，おのおの太陽を含むきまった平面内で運動し，その面積速度は一定である（Kepler の第 2 法則，第 8 章参照）.[1)]

第 7 章　問 題

1　次の式を証明せよ．

(a)　$\boldsymbol{A} \times (\boldsymbol{B} \times \boldsymbol{C}) = \boldsymbol{B}(\boldsymbol{A}\cdot\boldsymbol{C}) - \boldsymbol{C}(\boldsymbol{A}\cdot\boldsymbol{B})$.

(b)　$(\boldsymbol{A} \times \boldsymbol{B})\cdot(\boldsymbol{C} \times \boldsymbol{D}) = (\boldsymbol{A}\cdot\boldsymbol{C})(\boldsymbol{B}\cdot\boldsymbol{D}) - (\boldsymbol{B}\cdot\boldsymbol{C})(\boldsymbol{A}\cdot\boldsymbol{D})$.

(c)　$(\boldsymbol{B} \times \boldsymbol{C})\cdot(\boldsymbol{A} \times \boldsymbol{D}) + (\boldsymbol{C} \times \boldsymbol{A})\cdot(\boldsymbol{B} \times \boldsymbol{D}) + (\boldsymbol{A} \times \boldsymbol{B})\cdot(\boldsymbol{C} \times \boldsymbol{D}) = 0$.

2　ベクトル $\boldsymbol{A}, \boldsymbol{B}, \boldsymbol{C}$ がこの順に右手系（一般に互いに直角でなくてよい）をつくっているとすれば

$$\boldsymbol{A}\cdot(\boldsymbol{B} \times \boldsymbol{C}) = \boldsymbol{B}\cdot(\boldsymbol{C} \times \boldsymbol{A}) = \boldsymbol{C}\cdot(\boldsymbol{A} \times \boldsymbol{B})$$

は $\boldsymbol{A}, \boldsymbol{B}, \boldsymbol{C}$ を稜とする 6 面体の体積であることを証明せよ．

3　1 つの単位ベクトルを $\boldsymbol{n}$ とすれば，任意のベクトルは

$$\boldsymbol{A} = (\boldsymbol{A}\cdot\boldsymbol{n})\boldsymbol{n} + \boldsymbol{n} \times (\boldsymbol{A} \times \boldsymbol{n})$$

---

1)　これは Newton により証明されたもので，その証明方法は直観的である．Encyclopædia Britannica: *Great Books of the Western World*, 34 巻，*Mathematical Principles of Natural Philosophy by Sir Isaac Newton*, 32 ページ．原島鮮：「質点の力学（改訂版）」（基礎物理学選書 1，裳華房，1984）．168 ページ参照．

と書くことができることを示せ.

4　滑らかな水平面の上においてある質点に糸を結びつけ，その糸を板にあけた穴Oに通しておく．質点を，はじめOのまわりにある角速度で運動させ，糸を引張ってOと質点との距離を変えるとき，質点の角速度はどう変わっていくか.

5　一平面内で

$$r = a(1 + c\cos\varphi), \qquad 0 < c < 1$$

で与えられる軌道を描く質点に働く中心力はどんな力か.

8 単振り子の運動と惑星の運動

§8.1 単振り子の運動

単振り子の運動は，Galilei の振り子の周期に関する発見（物体は自分自身で現在よりも高いところに行けないという実験と振り子の等時性），Newton の慣性質量と重さが比例することを示す実験などで古くから物理学の研究題目になっていたものであるが，現在でも力学の基礎の問題として理論的にも実験的にも重要なものになっている．

長さ l の質量のない棒の一端を O に固定，他の端に質量 m のおもり P をつるし，これを O を含む鉛直面内で運動させるとき（8.1-1 図），この装置を**単振り子**（simple pendulum）とよぶ．このおもりには重力 mg が鉛直下方に働くほか，棒から力 S（P から O に向けて正にとる）が働く．この棒からの力はおもりを半径 l の円周上に束縛する働きをするもので，仮にある瞬間棒がなくなるとするとき，おもりが O から離れようとしているならば S は正で張力であり，O に近よろうとしているならば S は負で圧力となる．この S によって，おもりは O から l の距離を保つのである．この事情は，P が O を中心とし，半径 l をもつ滑らかな円周の針金に束縛されている場合とまったく同様である．このときには S は針金からおも

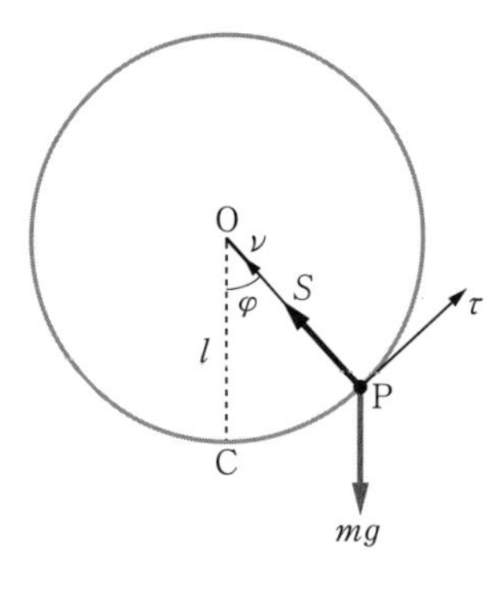

8.1-1 図

りに働く力となる．単振り子が力学で基礎的な意味を持つ１つの理由は，摩擦の非常に小さい束縛運動のきわめてよい例になっていることにある．

おもりの運動方程式の立て方にはいろいろとある．§5.1で説明した接線方向と法線方向の運動方程式を立てよう．(5.1-5) の２つの式を立てればよい．8.1-1図をみながら，τ 方向の運動方程式を立てれば，

$$m\frac{dV}{dt} = -mg\sin\varphi. \tag{8.1-1}$$

ν 方向の運動方程式は，曲率半径が l であるから，

$$m\frac{V^2}{l} = S - mg\cos\varphi. \tag{8.1-2}$$

また

$$V = l\frac{d\varphi}{dt} \tag{8.1-3}$$

で，これが (8.1-1)，(8.1-2) に現われている V と φ との関係を示す．

(8.1-2) は S を含んでいるから，この式は S を求めるときに使う方程式であると考える．運動は (8.1-1)，(8.1-3) から求められる．(8.1-3) を (8.1-1) に代入して

$$\frac{d^2\varphi}{dt^2} = -\frac{g}{l}\sin\varphi. \tag{8.1-4}$$

この微分方程式から運動が求められるのであるが，一般的にこれを行なう前によく出てくる場合として，運動中 φ が微小であると考えよう．そのときには

$$\sin\varphi = \varphi\left(1 - \frac{\varphi^2}{3!} + \cdots\right)$$

で φ^2 の項を１に対して省略できるとして，$\sin\varphi = \varphi$ とおく．(8.1-4) は

$$\frac{d^2\varphi}{dt^2} = -\frac{g}{l}\varphi \tag{8.1-5}$$

となる．これは単振動の方程式と同じ形であるから，その解はすぐ書けて

$$\varphi = \varphi_0\cos\left(\sqrt{\frac{g}{l}}\,t + \alpha\right), \tag{8.1-6}$$

$$\text{周期}\quad T = 2\pi\sqrt{\frac{l}{g}} \tag{8.1-7}$$

となる．

φ が小さいという制限をとり去って，(8.1-4) を解くことを考えよう．いままでいくどか同様なことをしてきたが，(8.1-4) の両辺に $d\varphi/dt$ を掛ける．

$$\frac{d\varphi}{dt}\frac{d^2\varphi}{dt^2} = -\frac{g}{l}\sin\varphi\,\frac{d\varphi}{dt}.$$

両辺を t で積分すれば

$$\left(\frac{d\varphi}{dt}\right)^2 = 2\frac{g}{l}\cos\varphi + c, \qquad c：\text{定数}.$$

c をきめるため，$\varphi = 0$ で $d\varphi/dt = \omega_0$ とすれば，

$$\omega_0{}^2 = 2\frac{g}{l} + c. \qquad \therefore\ c = \omega_0{}^2 - 2\frac{g}{l}.$$

したがって

$$\left(\frac{d\varphi}{dt}\right)^2 = \omega_0{}^2 - 2\frac{g}{l}(1-\cos\varphi). \tag{8.1-8}$$

この式に l^2 を掛け，速さ $V = l(d\varphi/dt)$ ((8.1-3)) を使えば

$$V^2 = V_0{}^2 - 2gl(1-\cos\varphi). \tag{8.1-9}$$

最下点 C からの高さを y とすれば $y = l(1-\cos\varphi)$ であるから，(8.1-9) は

$$\frac{1}{2}mV^2 + mgy = \frac{1}{2}mV_0{}^2 \tag{8.1-9$'$}$$

となって力学的エネルギー保存の法則にほかならない．このことは§6.1で学んだことで，(8.1-4) を求めるのにはまず (8.1-9)′ を立ててそれから (8.1-8) を導き，それを t で微分してもよい．もちろんそれでは (8.1-2) の方は出てこない．

(8.1-8) をもう一度積分するために $1-\cos\varphi = 2\sin^2(\varphi/2)$ を入れて

$$k = \sqrt{\frac{l}{g}}\,\frac{\omega_0}{2} \tag{8.1-10}$$

とおけば

$$dt = \pm\frac{1}{2}\sqrt{\frac{l}{g}}\,\frac{d\varphi}{\sqrt{k^2 - \sin^2\dfrac{\varphi}{2}}} \tag{8.1-11}$$

となる．この式の右辺の分母をみると，k が1よりも小さいか大きいか等しい

かによって分けて考えなければならないことがわかる．(8.1-10) によると，k は ω_0 に比例しているから，k が小さいときには往復運動となり，k が大きいと一方向きの回転になることが想像できよう．

（i）$k<1$，すなわち，$\omega_0<2\sqrt{g/l}$ の場合

最下点を通るときの $\dot{\varphi}$ を ω_0 とし，$\omega_0>0$ とする．少くともはじめのうちは $\dot{\varphi}>0$ であるから，(8.1-11) の正号の方をとればよい．積分すれば

$$t=\frac{1}{2}\sqrt{\frac{l}{g}}\int_0^{\varphi}\frac{d\varphi}{\sqrt{k^2-\sin^2\dfrac{\varphi}{2}}}$$

となる．

$$\sin\frac{\varphi}{2}=kz \tag{8.1-12}$$

ととろう．$\dfrac{1}{2}\cos\dfrac{\varphi}{2}\,d\varphi=k\,dz$ であるから $d\varphi=\dfrac{2k\,dz}{\sqrt{1-k^2z^2}}$．上の式は

$$t=\sqrt{\frac{l}{g}}\int_0^{(1/k)\sin(\varphi/2)}\frac{dz}{\sqrt{(1-z^2)(1-k^2z^2)}} \tag{8.1-13}$$

となる．右辺は φ の関数であるから，この積分を処理できれば t と φ との関係が求められることになる．そのため，しばらく (8.1-13) から離れて，数学的の準備をしておこう．

楕円関数

$$x=\int_0^{y}\frac{dy}{\sqrt{(1-y^2)(1-k^2y^2)}} \tag{8.1-14}$$

という積分を考える．x は y の関数で，$0\leqq y\leqq 1$ で x は y の1価連続関数であり，また単調増加関数である．dx/dy は $y=1$ で ∞ になるが，x, y の関数の大体のありさまは 8.1-2 図で与えられる．図で K とあるのは $y=1$ のときの x の値であり，図では $k=0.5$ の場合を示してあるが $K=1.686$ である．

(8.1-14) で $k=0$ とおけば

$$x=\sin^{-1}y,\qquad y=\sin x$$

となる．k が0でないときにはもちろん $y=\sin x$ ではないが，これに似た関数であろうということは想像できよう．それで k が0でないときには記号を同様に選んで，

$$y=\mathrm{sn}\,x\ ^{1)}\qquad \text{または}\qquad y=\mathrm{sn}(x,k) \tag{8.1-15}$$

と書く．(8.1-14) で積分の上限を1としたときの定積分を $K(k)$ と書く．

---

1) sn は“エス・エヌ”と読む．

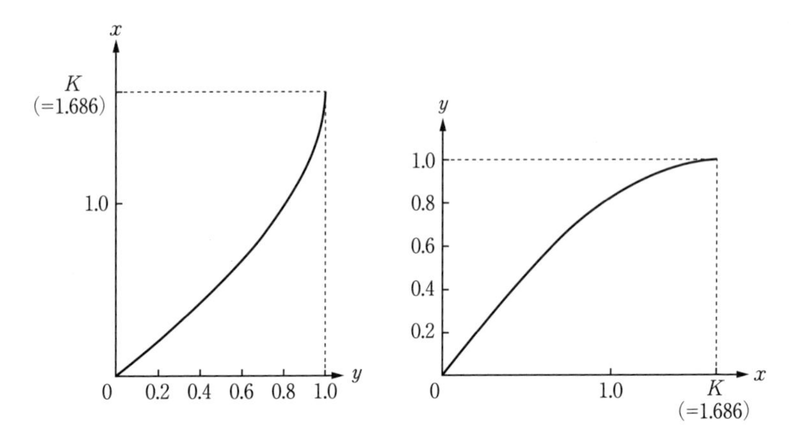

8. 1-2 図

$$K(k)=\int_0^1 \frac{dy}{\sqrt{(1-y^2)(1-k^2y^2)}}. \qquad (8.1\text{-}16)$$

つまり，$x=K(k)$ に対して $y=1$ となる．$K(k)$ は簡単に K と書かれることもあるが，これを**第一種の完全楕円積分**とよぶ．$k=0$ のときには $K=\pi/2$ となる．

$\mathrm{sn}\,x$ は上に定義されたものであるが，三角関数の cos 関数に対応して，

$$\sqrt{1-\mathrm{sn}^2 x}=\mathrm{cn}\,x \qquad (8.1\text{-}17)$$

とし，また三角関数に対応するものはないが，

$$\sqrt{1-k^2\,\mathrm{sn}^2 x}=\mathrm{dn}\,x \qquad (8.1\text{-}18)$$

として得られる $\mathrm{cn}\,x, \mathrm{dn}\,x$ という関数もよく現われる．sn, cn, dn を **Jacobi の楕円関数**とよび，k を**母数**（modulus）とよぶ．特別な場合として，

$$\mathrm{sn}(x,0)=\sin x, \quad \mathrm{cn}(x,0)=\cos x, \quad \mathrm{dn}(x,0)=1,$$
$$\mathrm{sn}(x,1)=\tanh x, \quad \mathrm{cn}(x,1)=\mathrm{sech}\,x, \quad \mathrm{dn}(x,1)=\mathrm{sech}\,x$$

となることはすぐわかるであろう．8.1-3 図は $k=0.5$ の場合について $0\leqq x\leqq K$ の間の x に対する sn, cn, dn 関数のグラフである．いままでのところ，$0\leqq x\leqq K$ の範囲で x と y の関数が定義されているのであるが，これを 8.1-4 図にみられるように，sn, cn は sin, cos 関数と同様に周期 $4K$（$k=0$ のときには $K=\pi/2$ であるから，この周期は sin, cos 関数の周期 2π に相当する）の関数に，また dn は周期 $2K$ の関数になるように拡張する．sn, cn が sin, cos に形が似ていることに注意．

（8.1-14）で $y=\sin\theta$ とおけば

$$x=\int_0^\theta \frac{d\theta}{\sqrt{1-k^2\sin^2\theta}} \qquad (8.1\text{-}19)$$

となるが，θ と x の関係は

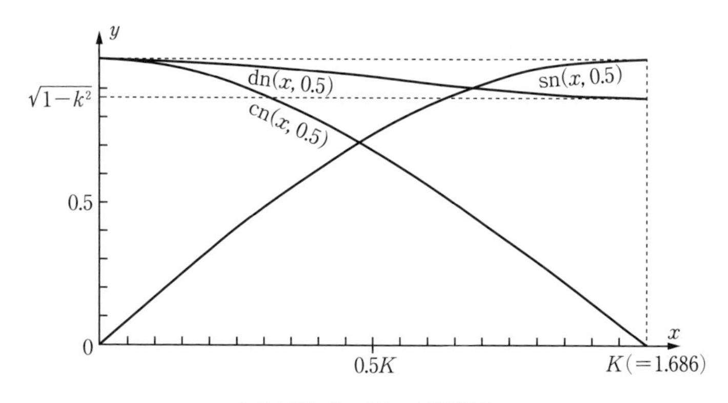

8. 1-3 図　Jacobi の楕円関数

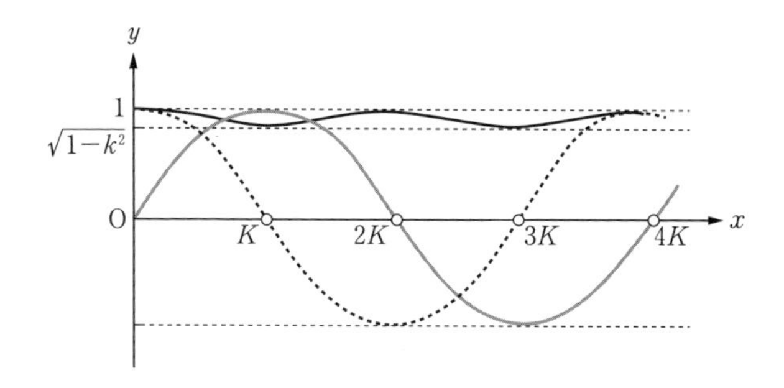

8. 1-4 図

$$\sin\theta = \mathrm{sn}(x, k) \tag{8.1-20}$$

と書くことができる.[1]　また（8.1-16）で $y = \sin\theta$ とおけば $K(k)$ は

$$K(k) = \int_0^{\pi/2} \frac{d\theta}{\sqrt{1 - k^2 \sin^2\theta}} \tag{8.1-21}$$

によって与えられることになる.

$K(k)$ はよく出てくる量であるからその数値を表にしておこう.

$$k = \sin\beta \tag{8.1-22}$$

として，β と K の表を出しておく.

β	0	15°	30°	45°	60°	75°	90°
K	1.571[a]	1.598	1.686	1.854	2.157	2.768	∞

a)　$\theta = 1.571 = \pi/2$.

数学的準備はここまでにしておこう.

以上の数学的準備をしておけば，（8.1-13）から，φ を t の関数として書くこ

1)　これを $\theta = \mathrm{am}\,x$ と書くこともある. $\sin(\mathrm{am}\,x) = \mathrm{sn}\,x$ である.

とは容易である．(8.1-14) と比べて，

$$\sin\frac{\varphi}{2} = k\,\mathrm{sn}\left(\sqrt{\frac{g}{l}}\,t, k\right) \qquad (8.1\text{-}23)$$

が得られる．(8.1-11) によると，$d\varphi/dt = 0$，すなわち振り子の振動のはじにきたときには

$$\sin\frac{\varphi}{2} = k \qquad (8.1\text{-}24)$$

で，(8.1-12) により $z = 1$ である．$t = 0$ で $\varphi = 0$ であるが，$d\varphi/dt$ が 0 になるまでの時間を $T/4$ と書く．t と φ との関係は 8.1-2 図と同様で，$d\varphi/dt = 0$ になるところは 8.1-2 図で x(tに対応) $= K$ に相当するところであるから，[1] $T/4$ の 4 倍，すなわち，T がこの振り子の周期となる．それゆえ，

$$\frac{T}{4} = \sqrt{\frac{l}{g}}\int_0^1 \frac{dz}{\sqrt{(1-z^2)(1-k^2z^2)}} = \sqrt{\frac{l}{g}}\,K(k).$$

$$\therefore\ T = 4\sqrt{\frac{l}{g}}\,K(k) = 4\sqrt{\frac{l}{g}}\int_0^{\pi/2}\frac{d\theta}{\sqrt{1-k^2\sin^2\theta}} \qquad (8.1\text{-}25)$$

である．微小振動では (8.1-25) で $k = 0$ とおいてよいが，このときには $T = 4\sqrt{l/g}\,(\pi/2) = 2\pi\sqrt{l/g}$ となって，(8.1-7) に一致する．8.1-5 図は長さ 1

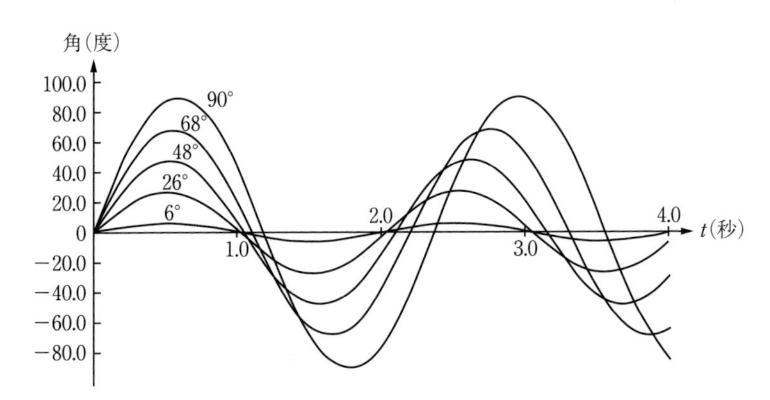

8.1-5 図　$l - 1$ m の単振り子の運動．曲線につけた数字は振幅を度で表わしたもの．

1) t が $T/4$ を過ぎると，$d\varphi/dt < 0$ となる．そのとき (8.1-11) の負号の方をとらなければならないが，そのときは 8.1-4 図の拡張した部分の sn を使えば，sn は変数とともに減少するから，やはり，(8.1-23) はそのまま使われる．

m の単振り子の糸（質量のない棒）の傾きと時間との関係を示すもので，これから周期も大体知ることができる．

k は小さいが，まったく無視することもできないという場合がよく起こるが，そのときには T を k で展開した式を使えばよい．実際上は振り子の場合には k を使うよりも，振幅 α を使う．$\varphi = \alpha$ で $d\varphi/dt = 0$ であるから，(8.1-24) によって，

$$\sin\frac{\alpha}{2} = k$$

である．それで

$$K(k) = \int_0^{\pi/2} \frac{d\theta}{\sqrt{1 - k^2\sin^2\theta}}$$
$$= \int_0^{\pi/2}\left(1 + \frac{1}{2}k^2\sin^2\theta + \frac{1\cdot 3}{2\cdot 4}k^4\sin^4\theta + \cdots\right)d\theta$$

とし，

$$\int_0^{\pi/2}\sin^{2n}\theta\, d\theta = \frac{\pi}{2}\frac{1\cdot 3\cdot 5\cdot\cdots\cdot(2n-1)}{2\cdot 4\cdot 6\cdot\cdots\cdot 2n}$$

を使えば

$$T = 2\pi\sqrt{\frac{l}{g}}\left\{1 + \left(\frac{1}{2}\right)^2\sin^2\frac{\alpha}{2} + \left(\frac{1\cdot 3}{2\cdot 4}\right)^2\sin^4\frac{\alpha}{2} + \cdots\right\}$$

となる．ここで α^2 の項までとるのには $\sin(\alpha/2) = \alpha/2$ とおけばよいから，

$$T = 2\pi\sqrt{\frac{l}{g}}\left(1 + \frac{\alpha^2}{16} + \cdots\right) \tag{8.1-26}$$

となる．単振り子の実験で振幅 α（ラジアン）から $\alpha^2/16$ の補正項を計算して，これが無視できるかどうかを考え，無視できないときには (8.1-26) によって補正しておけばよい．

（ii） $k > 1$，すなわち，$\omega_0 > 2\sqrt{g/l}$ の場合

この場合には，$d\varphi/dt = 0$ となることはないので，一定方向に回転する．k が 1 より大きいことを考えて，(8.1-11) を

$$dt = \frac{1}{2}\sqrt{\frac{l}{g}}\,\frac{d\varphi}{k\sqrt{1 - \dfrac{1}{k^2}\sin^2\dfrac{\varphi}{2}}}$$

と書く．積分して，

$$t = \frac{1}{2k}\sqrt{\frac{l}{g}}\int_0^{\varphi}\frac{d\varphi}{\sqrt{1-\dfrac{1}{k^2}\sin^2\dfrac{\varphi}{2}}}.$$

したがって φ と t の関係として次の式が得られる．

$$\sin\frac{\varphi}{2} = \mathrm{sn}\left(\sqrt{\frac{g}{l}}\,kt, \frac{1}{k}\right). \tag{8.1-27}$$

質点が円周を 1 回転する時間が**周期**である．これを T とすれば，φ が 0 から 2π まで変わる間に $\sin(\varphi/2)$ は $0\to1\to0$ と変わるから，8.1-4 図により，x に相当する $\sqrt{g/l}\,kt$ は $2K$ だけ変わる．

$$\sqrt{\frac{g}{l}}\,kT = 2K\left(\frac{1}{k}\right).$$

$$\therefore\ T = \frac{2}{k}\sqrt{\frac{l}{g}}\,K\left(\frac{1}{k}\right) = \frac{2}{k}\sqrt{\frac{l}{g}}\int_0^{\pi/2}\frac{d\theta}{\sqrt{1-\dfrac{1}{k^2}\sin^2\theta}}. \tag{8.1-28}$$

（iii）$k=1$，すなわち，$\omega_0 = 2\sqrt{g/l}$ の場合

（8.1-11）から（この場合もはじめ $d\varphi/dt$ が正ならばいつまでも正である），

$$\frac{d\varphi}{dt} = 2\sqrt{\frac{g}{l}}\cos\frac{\varphi}{2}. \qquad \therefore\ t = \frac{1}{2}\sqrt{\frac{l}{g}}\int_0^{\varphi}\frac{d\varphi}{\cos\dfrac{\varphi}{2}}.$$

$\varphi/2=\theta$ とおいて積分すると，

$$t = \sqrt{\frac{l}{g}}\log\tan\left(\frac{\pi}{4}+\frac{\varphi}{4}\right). \tag{8.1-29}$$

これは

$$\sin\frac{\varphi}{2} = \tanh\left(\sqrt{\frac{g}{l}}\,t\right) \tag{8.1-30}$$

と変形できる．[1)]　この場合には，φ は時間とともに増していき，$\varphi=\pi$ つまり円周の最高点にいくらでも近づくが，これに達することはできない．

束縛力 S を求めよう．（8.1-2）に（8.1-9）を入れれば

$$S = ml\omega_0{}^2 + mg(3\cos\varphi - 2) \tag{8.1-31}$$

となる．このように，位置と束縛力との関係は比較的に簡単である．

振り子が質量のない棒の先におもりをつけたものであれば，$S>0$ のときは張力，$S<0$ ならば棒から質点を押す力となり，どちらの場合も可能であるが，糸の先におもりをつけてつくったものでは $S<0$ になることはできない．$S<0$ というのは，糸でおもりを押すということであるから，$S=0$ のところで糸はたるんでしまい，糸がたるめばおもりの運動は放物運動に移ってしまう．

$S=0$ になるところを求めれば（8.1-31）から

$$(\cos\varphi)_{S=0}=\frac{2}{3}-\frac{l}{3g}{\omega_0}^2. \tag{8.1-32}$$

振り子の運動範囲をみるために $V=0$ になるところを求めれば，(8.1-9) から

$$(\cos\varphi)_{V=0}=1-\frac{l}{2g}{\omega_0}^2 \tag{8.1-33}$$

となる．これら2個の式から，糸がたるむかたるまないかの ω_0 に対する判定条件が得られる．結果をいえば，糸がたるまないためには，

$$\omega_0<\sqrt{\frac{2g}{l}}\qquad\text{か，または}\qquad\omega_0>\sqrt{\frac{5g}{l}}$$

でなければならない．

§8.2　惑星の運動

万有引力という中心力については（6.1-17）で距離の逆2乗の法則を述べ，

---

1)
$$\tan\left(\frac{\pi}{4}+\frac{\varphi}{4}\right)=\frac{1+\tan\frac{\varphi}{4}}{1-\tan\frac{\varphi}{4}}=\frac{\left(1+\tan\frac{\varphi}{4}\right)^2}{1-\tan^2\frac{\varphi}{4}}=\frac{1+\sin\frac{\varphi}{2}}{\cos\frac{\varphi}{2}}.$$

（8.1-29）は

$$\frac{1+\sin\frac{\varphi}{2}}{\cos\frac{\varphi}{2}}=\exp\left(\sqrt{\frac{g}{l}}t\right). \tag{a}$$

逆数をとり

$$\frac{\cos\frac{\varphi}{2}}{1+\sin\frac{\varphi}{2}}=\exp\left(-\sqrt{\frac{g}{l}}t\right). \tag{b}$$

$\dfrac{(a)-(b)}{(a)+(b)}$ をつくれば（8.1-30）が得られる．

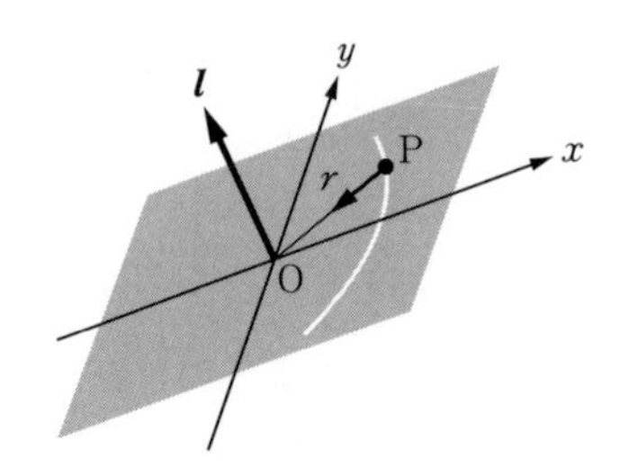

8.2-1 図

その位置エネルギーは（6.1-19）のように求めておいた．ここでは太陽の質量を M，惑星の質量を m とし，太陽は原点に固定しているとしてそのまわりの惑星の運動を調べよう．そのためには運動方程式から出発しなくても，[1] 第6章で得られている力学的エネルギー保存の式（6.1-20）と，第7章の角運動量保存の法則の式（7.3-1）またはこれと同等な面積の原理（7.3-4）から出発してもよい．

第7章の復習になるが，中心力の場合に角運動量保存の法則が成り立つことから再出発しよう．万有引力は中心力であるから，角運動量 $\boldsymbol{l}$ は一定で，7.3-1図の $\boldsymbol{l}$ の方向（大きさも）が一定であるから，惑星は万有引力の中心，すなわち，太陽を含む定平面内で運動することになる（8.2-1図）．この平面内に x, y 座標系をとることにしよう．これが7.3-2図で極座標 r, φ で書くと

$$r^2 \frac{d\varphi}{dt} = h, \qquad \text{角運動量の保存} \tag{8.2-1}$$

となる．もう1つの積分，力学的エネルギー保存の法則を書こう．（6.1-20）を書けばよいが，（5.2-4）を使えば

$$V^2 = \dot{r}^2 + r^2\dot{\varphi}^2$$ [2]

であるから，

$$\frac{m}{2}\left\{\left(\frac{dr}{dt}\right)^2 + r^2\left(\frac{d\varphi}{dt}\right)^2\right\} - G\frac{Mm}{r} = E \tag{8.2-2}$$

力学的エネルギーの保存

となる．(8.2-1)，(8.2-2) から1つの惑星の太陽のまわりの運動についてのすべてのことが導かれる．

1）運動方程式から出発する扱い方については章末問題12，13を参照．

2）読者にはこの式をそらで出せるかどうか試みることをおすすめする．

これら2つの式から導かれることがらとして，第1に頭に浮かぶはずのことは，惑星の位置（速度も）を時間の関数として求めることである．万有引力の場合には，答を解析的に求めるという立場からいうとこの問題は困難であるので，もっとやさしいが，同様に大切な軌道の方程式を求めるという問題を考えよう．それには（8.2-1）と（8.2-2）から dt を消去しよう．

（8.2-1）から

$$\frac{d\varphi}{dt} = \frac{h}{r^2}. \tag{8.2-3}$$

また，

$$\frac{dr}{dt} = \frac{dr}{d\varphi}\frac{d\varphi}{dt} = \frac{h}{r^2}\frac{dr}{d\varphi} \tag{8.2-4}$$

であるから，(8.2-2) は

$$\frac{\pm h\,dr}{r^2\sqrt{\dfrac{2}{m}\left(E + \dfrac{GMm}{r} - \dfrac{mh^2}{2r^2}\right)}} = d\varphi.$$

左辺をみると

$$\frac{1}{r} = z$$

とおけば簡単になることがわかる．上の式は

$$\frac{\mp dz}{\sqrt{\dfrac{2E}{mh^2} + 2\dfrac{GM}{h^2}z - z^2}} = d\varphi.$$

これを

$$\frac{\mp dz}{\sqrt{\dfrac{2E}{mh^2} + \dfrac{G^2M^2}{h^4} - \left(z - \dfrac{GM}{h^2}\right)^2}} = d\varphi$$

と書けば，すぐに積分できて，

$$\pm\cos^{-1}\frac{z - \dfrac{GM}{h^2}}{\sqrt{\dfrac{2E}{mh^2} + \dfrac{G^2M^2}{h^4}}} = \varphi - \alpha, \qquad \alpha\ \text{：積分定数}$$

となる．したがって，この式の cos をとり，z を r にもどしておけば

$$r = \frac{\dfrac{h^2}{GM}}{1+\sqrt{1+\dfrac{2Eh^2}{G^2mM^2}}\cos(\varphi-\alpha)} \tag{8.2-5}$$

となる．いま

$$\frac{h^2}{GM} = l, \tag{8.2-6}$$

$$\sqrt{1+\frac{2Eh^2}{G^2mM^2}} = \varepsilon \tag{8.2-7}$$

とおけば，(8.2-5) は

$$r = \frac{l}{1+\varepsilon\cos(\varphi-\alpha)} \tag{8.2-8}$$

となる．この式は原点，すなわち，太陽を焦点の1つとする円錐曲線であって，ε は**離心率**（eccentricity），l は**半直弦**（semi latus rectum）とよばれるものである．

(8.2-8) の式になれていない読者のため，これから述べる惑星の運動で必要となるいくつかの事柄を説明しておこう．

円錐曲線の性質

円錐曲線は，定点Fと定直線LMへの距離の比が一定値 ε に等しいような点Pの軌跡である．8.2-2図でFを定点，LMを定直線，PからLMに下した垂線をPQとすれば，

$$\frac{\overline{\mathrm{PF}}}{\overline{\mathrm{PQ}}} = \varepsilon.$$

P点の極座標を r, θ とする．θ はFからLMに下した垂線（円錐曲線の軸）と $\overrightarrow{\mathrm{FP}}$ との間の角である．Fで軸に垂線FDを立て，曲線との交点をDとし，$\overline{\mathrm{FD}} = l$ とする．(a)，(b)，(c) のどの図からも

$$r\cos\theta + \frac{r}{\varepsilon} = \frac{l}{\varepsilon}.$$

したがって

$$r = \frac{l}{1+\varepsilon\cos\theta}. \tag{8.2-9}$$

(8.2-8) は (8.2-9) と同じ形で，ただ φ の基準のとり方が θ とちがっているだけである．θ は軸からとっているのに対して，φ は軸と $-\alpha$ の角をつくる方向から測っている．天文学のほうでは θ を真近点離角（true anomaly）とよぶ．近日点Aから測った

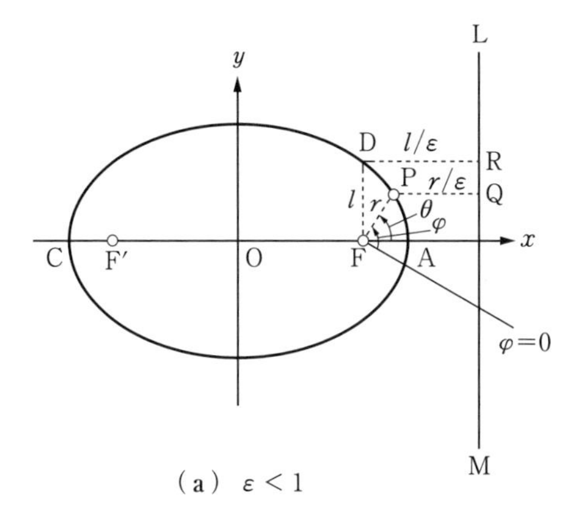

（a）$\varepsilon < 1$

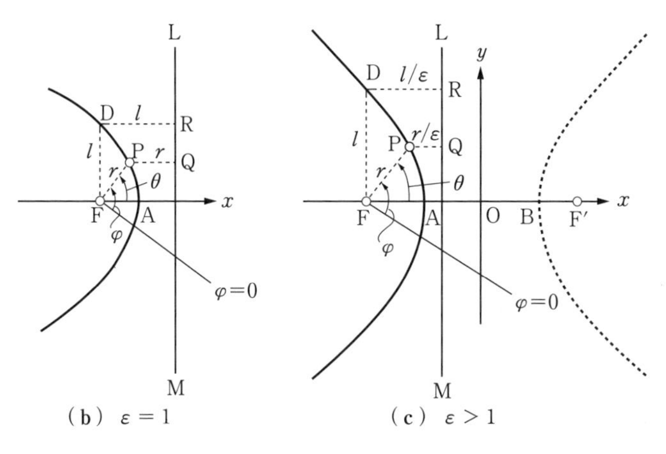

（b）$\varepsilon = 1$　　（c）$\varepsilon > 1$

8.2-2 図

角（離角）という意味である．円錐曲線の性質をみるのにはθを使った（8.2-9）の方がつごうがよい．

（i）$\varepsilon < 1$のとき：(8.2-9) で，θがどんな値でもrは無限大になることはなく有限である．このときの曲線が**楕円**（長円，ellipse）で，F をその**焦点**（focus）とよぶ．8.2-2 図，8.2-3 図の A 点では$\theta = 0$である．したがって

$$r_{\mathrm{A}} = \frac{l}{1+\varepsilon}.$$

C 点では

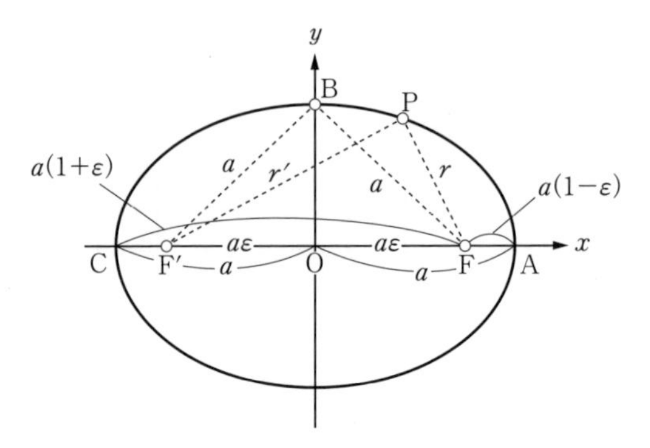

8.2-3 図

$$\theta = \pi. \qquad \therefore \ r_{\mathrm{C}} = \frac{l}{1-\varepsilon}.$$

$$r_{\mathrm{A}} + r_{\mathrm{C}} = 2a$$

と書けば

$$a = \frac{l}{1-\varepsilon^2}. \tag{8.2-10}$$

F から $a\varepsilon$ のところに O，それから先さらに $a\varepsilon$ のところに F′ をとる．

$$\overline{\mathrm{FA}} = r_{\mathrm{A}} = \frac{l}{1+\varepsilon} = \frac{a(1-\varepsilon^2)}{1+\varepsilon} = a(1-\varepsilon).$$

$$\therefore \ \overline{\mathrm{OA}} = \overline{\mathrm{OF}} + \overline{\mathrm{FA}} = a, \qquad \overline{\mathrm{OC}} = a.$$

a を楕円の**長半径**（semi-major axis）という．曲線上の任意の点を P とし $\overline{\mathrm{F'P}} = r'$ とすれば

$$r'^2 = r^2 + 4a^2\varepsilon^2 + 4a\varepsilon r\cos\theta.$$

これから

$$r' = \frac{a(1+\varepsilon^2) + 2a\varepsilon\cos\theta}{1+\varepsilon\cos\theta}$$

となるが，これからすぐ

$$r + r' = 2a \tag{8.2-11}$$

となる．これはよく知られた関係で，この式が楕円の定義となることが多い．

O で AC に垂線 OB を立て，曲線との交点を B とすれば，

$$\overline{\mathrm{FB}} = \overline{\mathrm{F'B}} = a$$

である．また $\overline{\mathrm{OB}} = b$ とすれば（b を**短半径**（semi-minor axis）とよぶ），

(8.2-10) を使って

$$\left.\begin{aligned} b^2 &= a^2 - a^2\varepsilon^2 = a^2(1-\varepsilon^2). \\ b^2 &= al. \end{aligned}\right\} \tag{8.2-12}$$

（ii）$\varepsilon > 1$ のとき：**双曲線**（hyperbola）である．このときには $\cos\theta = -1/\varepsilon$ で $r \to \infty$ となり，漸近線がある．公式は楕円の場合と似ているのでならべれば

$$\overline{\mathrm{OA}} = \overline{\mathrm{OB}} = a, \qquad \overline{\mathrm{FO}} = \overline{\mathrm{F'O}} = a\varepsilon.$$

$$\overline{\mathrm{PF'}} - \overline{\mathrm{PF}} = r' - r = 2a.$$

$$\frac{l}{\varepsilon^2 - 1} = a. \tag{8.2-13}$$

$$b^2 = a^2(\varepsilon^2 - 1), \qquad b^2 = al. \tag{8.2-14}$$

漸近線の方向 ψ は $\tan\psi = b/a$ で与えられる（8.2-4 図）．

（iii）$\varepsilon = 1$ のとき：**放物線**（parabola）である．$\theta = \pi$ で $r = \infty$ となり，漸近線はない．

2 次曲線の種類とエネルギーの関係をみるために (8.2-7) をみよう．離心率によって名前がちがうのであるが，(8.2-7) によると

$E < 0$　ならば　$\varepsilon < 1$　で楕円，

$E = 0$　ならば　$\varepsilon = 1$　で放物線，

$E > 0$　ならば　$\varepsilon > 1$　で双曲線

であることがわかる．また別々に考えよう．

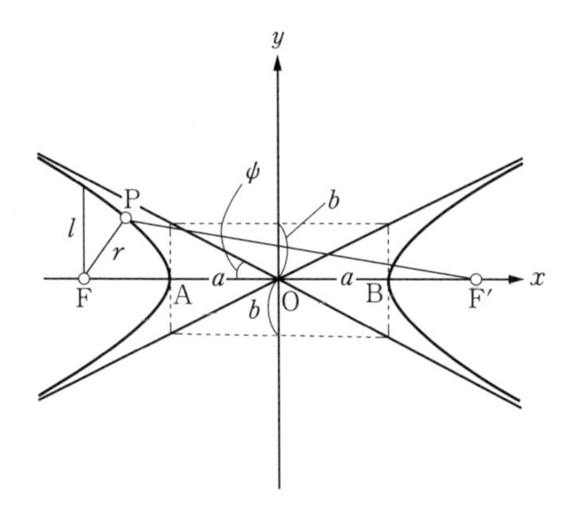

8.2-4 図

(A)　$\varepsilon < 1$，すなわち，$E < 0$ で楕円軌道の場合

(8.2-10) の a の式に (8.2-6) の l の値，(8.2-7) の ε の値を入れれば，

$$a = -\frac{GmM}{2E}. \qquad (8.2\text{-}15)$$

したがって，長半径 a はエネルギー E によってきまる．また，(8.2-12) により，

$$b^2 = -\frac{mh^2}{2E}. \qquad (8.2\text{-}16)$$

面積速度は $h/2$ であるが，惑星が太陽のまわりを1周する間に動径 FP は楕円の全面積 πab をおおうのであるから，公転周期 T は

$$T = \frac{\pi ab}{h/2}$$

で与えられる．(8.2-12) から $b = \sqrt{la}$ であるからこれを入れ，また (8.2-6) を使えば，

$$T = \frac{2\pi a^{3/2}}{\sqrt{GM}}, \quad \text{または} \quad T^2 = \frac{4\pi^2 a^3}{GM} \qquad (8.2\text{-}17)$$

となる．これが Kepler [1] の第3法則である．Kepler の法則は，Newton が万有引力の法則を発見する以前に Kepler によって，その先生の Tycho Brahe (チヒョ・ブラーエ) の観測結果をもとにして発見されていたもので，まとめれば

第1法則：惑星は太陽を焦点の1つとする楕円軌道を描く．[2]

第2法則：惑星の太陽のまわりの面積速度は時間にかかわらず一定である．

第3法則：惑星の周期の2乗は長半径の3乗に比例する．

これらは運動の法則と万有引力の法則とから全部導き出されたことになる．

8.2-5，8.2-6 図は今日知られている惑星の運動状態を示す．以上惑星について考えたが，人工衛星についても同様である．太陽の代りに地球の中心，惑星の代りに人工衛星があると考えればよい．[3]　8.2-7 図は地球の表面上の点 P_0

---

1)　Johannes Kepler (1571 ～ 1630)．ドイツの天文学者．

2)　Kepler が楕円軌道を見出し，これによって惑星の運動を記述したのは，2000 年にわたって伝統的に円運動の組合せで天体の運動を記述する考えに対しての大革命といわれている．

3)　地球の各部から人工衛星に万有引力を作用するが，その合力は地球の中心に地球の全質量が集まっているとしてよい（地球の質量分布が球対称であるかぎり）ことについては，たとえば，原島鮮：「質点の力学」(基礎物理学選書 1，裳華房，1970) 167 ページ参照．

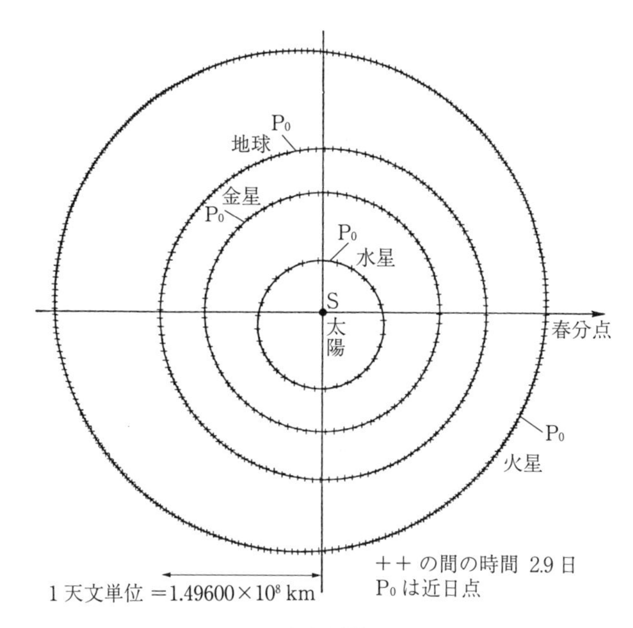
P0
地球
金星
P0
P0
水星
S
太陽
春分点
P0
火星
1 天文単位 =1.49600×10⁸ km
++ の間の時間 2.9 日
P0 は近日点

8.2-5 図

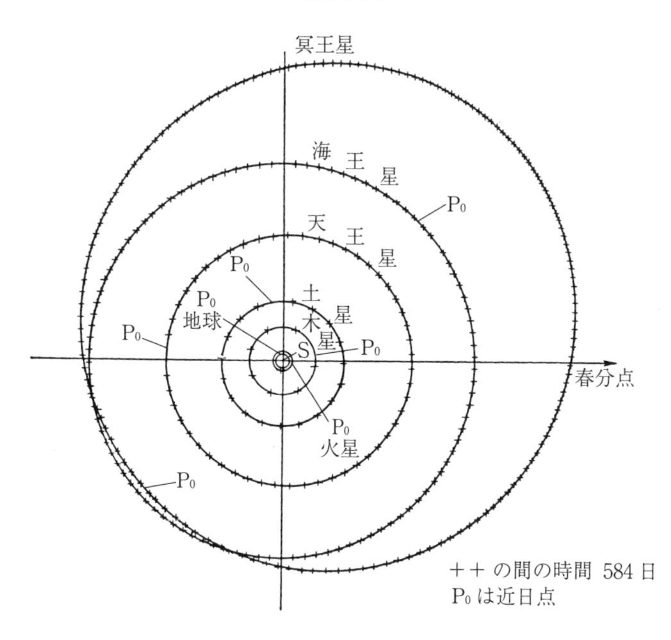
冥王星
海王星
P0
天王星
P0
P0
土星
地球
木星
P0
S
P0
春分点
P0
火星
P0
++ の間の時間 584 日
P0 は近日点

8.2-6 図

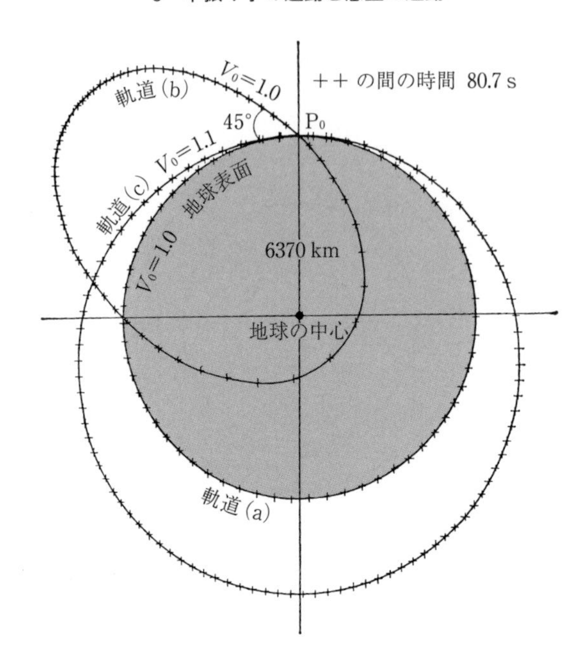

8. 2–7 図　地球表面から打ち出した人工衛星

から人工衛星を投げだすときの運動をコンピューターで計算したものである (空気の抵抗は省略できるとする).

軌道 (a) は地球表面にすれすれに運動する場合 (速度は単位速度 (7.91 km/s)).

軌道 (b) は (a) と等しい速度で水平と 45° の角をつくる方向に投げ出した場合 (地球の全質量が地球中心に集まったとし, 地球の内部も真空であるとしたときの軌道も描かれている).

(a) でも (b) でも速度は 7.91 km/s で, + 印の間の時間間隔は 80.7 s である. 両方の場合, エネルギー E は等しいから (8. 2–15), (8. 2–17) によって長径と周期が等しい. これらのことは図から知ることができよう.

軌道 (c) は 1. 1 単位速度 = 8.70 km/s の初速度で水平に投げた場合である. ++ の間隔の数から周期が求められるが, これと軌道の長径との関係を調べると Kepler の第 3 法則に合っていることがわかる.

8. 2–7 図では人工衛星 (惑星の場合も同様) の運動を各時刻で位置を追うの

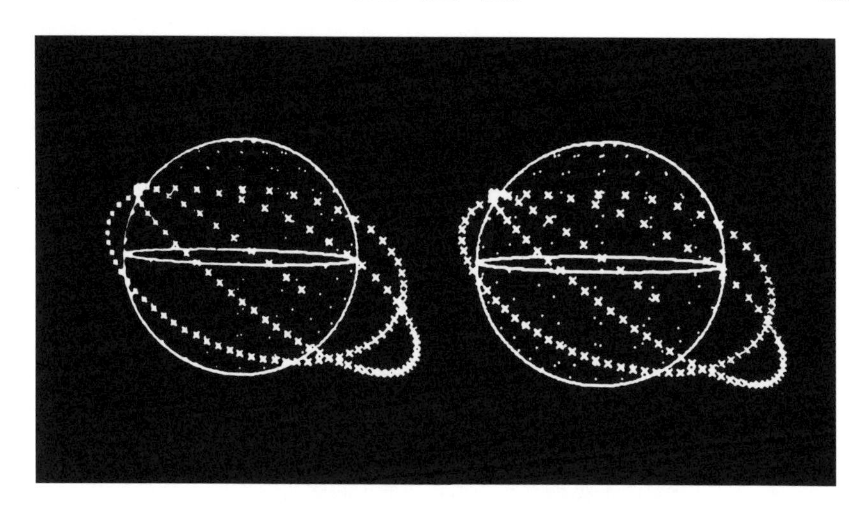

地球を回る人工衛星の立体図．北緯 35°，高度 319 km（地球の半径の 1/20）の点から真東に 7.91 km/s × 1.1 の速度で投げ出した場合．地球が自転しているため 1 まわりしてももとにもどらない．

に，コンピューターにさせることによって求めた．次に式の上で求めることを考えよう．それには角運動量保存の法則（面積の原理）と力学的エネルギー保存の法則にかえって，(8.2-1)，(8.2-2) から $d\varphi/dt$ を消去しよう．

$$\frac{dr}{dt} = \pm\sqrt{\frac{2}{m}\left(E + \frac{GMm}{r} - \frac{mh^2}{2r^2}\right)} \qquad (8.2\text{-}18)$$

が得られる．根号の中が 0 になるのは $dr/dt = 0$ になるところで，それは r が極小，極大のところであるから近日点（近地点）と遠日点（遠地点）である．これらの点では 8.2-3 図から，$r = a(1-\varepsilon)$，$r = a(1+\varepsilon)$ であるから，

$$\frac{dr}{dt} = \pm\frac{\sqrt{-\dfrac{2E}{m}}}{r}\sqrt{\{r - a(1-\varepsilon)\}\{a(1+\varepsilon) - r\}}$$

$$= \pm\frac{\sqrt{-\dfrac{2E}{m}}}{r}\sqrt{a^2\varepsilon^2 - (a-r)^2}$$

となる．ここで通常の積分の方法にしたがって，

$$a - r = a\varepsilon\cos u \quad \text{または} \quad r = a(1 - \varepsilon\cos u) \qquad (8.2\text{-}19)$$

とおけば，

$$dt = \pm\sqrt{-\frac{m}{2E}}\,a(1-\varepsilon\cos u)du$$

となる．近日点では $r = a(1-\varepsilon)$ であるから，(8.2-19) によって $u = 0$ ととってよい．このときから t を測ることにすれば，遠日点に着くまでの任意の時刻では $dr/dt > 0$ であるから，

$$t = \sqrt{-\frac{m}{2E}}\,a\int_0^u (1-\varepsilon\cos u)du = \sqrt{-\frac{m}{2E}}\,a(u-\varepsilon\sin u)$$

となる．(8.2-15) を使えば右辺の $(u-\varepsilon\sin u)$ の係数は $a^{3/2}/\sqrt{GM}$ となり，これは (8.2-17) によって $T/2\pi$ である．

$$\frac{2\pi}{T} = n \tag{8.2-20}$$

とおこう．n は惑星の太陽のまわりの角速度の時間的平均で，天文学では**平均運動** (mean motion) とよばれる．そうすると，惑星（人工衛星）の位置と時刻との関係は，(8.2-19) も使って

$$\left.\begin{aligned} nt &= u - \varepsilon\sin u, \\ r &= a(1-\varepsilon\cos u) \end{aligned}\right\} \tag{8.2-21}$$

となる．

r を t の関数として陽（あらわ）に簡単な形に出すことはできなかったが，(8.2-21) は r と t との関係を u を通して知る方程式と考えられる．(8.2-21) の第1の式を **Kepler の方程式**とよぶ．u は**離心近点離角** (eccentric anomaly) とよばれるものである．実際の惑星の場合のように ε が小さいときには近似計算によって求めることもできる．nt は近日点から平均の角速度 n で動いたらどこまで角が進むかを示すもので**平均近点離角** (mean anomaly) とよぶ．

(B)　$\varepsilon = 1$，すなわち，$E = 0$ で放物線軌道の場合

軌道の方程式は

$$r = \frac{l}{1+\cos\theta}, \qquad l = \frac{h^2}{GM} \tag{8.2-22}$$

で，近日点を通るときから t を測れば

$$t = \sqrt{\frac{2}{GM}}\left\{\frac{l}{2}\sqrt{r-\frac{l}{2}} + \frac{1}{3}\left(r-\frac{l}{2}\right)^{3/2}\right\}. \tag{8.2-23}$$

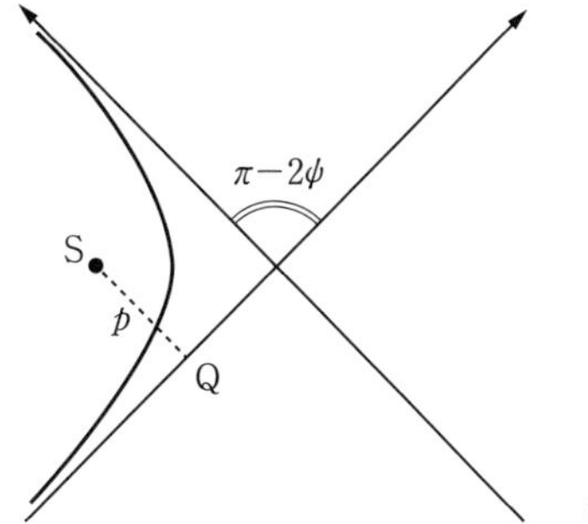

8.2-8 図

(C)　$\varepsilon > 1$，すなわち，$E > 0$ で双曲線軌道の場合

(8.2-13)，(8.2-14) によって a, b を求めれば

$$a = \frac{GmM}{2E}, \qquad b^2 = \frac{mh^2}{2E} \tag{8.2-24}$$

となる．太陽系では双曲線軌道の場合もちろん彗星で，無限に遠いところから飛んできて，太陽に近寄り，近日点を過ぎてまた無限の遠方に飛んでいくのであるが，彗星がその角をどれだけ変えるかが問題である．8.2-8 図からこの角は $\pi - 2\phi$ であることがわかる．ϕ は

$$\tan\phi = \frac{b}{a} = \sqrt{\frac{2E}{m}}\frac{h}{GM}. \tag{8.2-25}$$

この式で，h は面積速度の 2 倍で，速度のモーメントである．$r = \infty$ での速度を v_∞ とし，太陽から漸近線に下した垂線の長さを p とすれば，$h = pv_\infty$ である．p を**衝突パラメーター** (impact parameter) とよぶ．$r = \infty$ では位置エネルギーは 0 であるから，$E = (1/2)mv_\infty{}^2$．h と E を v_∞ で表わしたこれらの式を (8.2-25) に代入すれば

$$\tan\phi = \frac{pv_\infty{}^2}{GM} \tag{8.2-26}$$

が得られる．

§8.3　万有引力の法則の精度

万有引力の法則は，引力が質量（慣性質量）に比例することと距離の 2 乗に

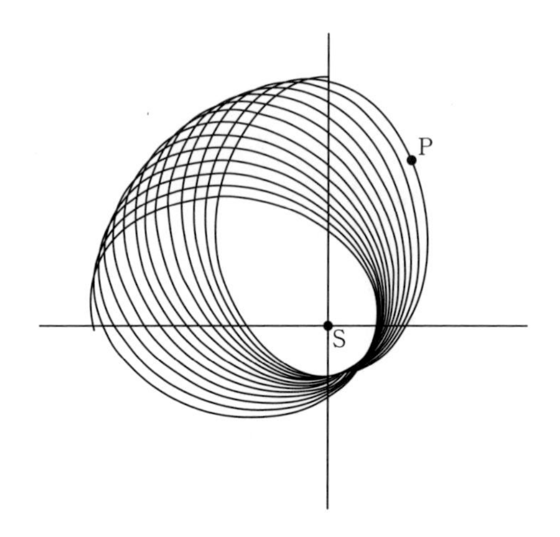

8. 3-1 図

反比例することをその内容としている．はじめの万有引力が慣性質量に正確に比例しているかどうかの問題は，慣性質量と地上での重力が比例するかどうかの問題と同じ問題で，§3.1 で学んだように，一般相対性理論と関係が深く，実験的にも 10^{-12} の精度の範囲で正しいことがわかっている．距離の 2 乗に反比例するという法則について，過去には天体の運動の観測値と万有引力の法則による予言との間にあったずれを説明するため逆 2 乗の法則を修正しようという試みもあったが，結局，相対性理論，他の天体からの影響などを考え合せると，逆 2 乗の法則による予言と実際の観測とが観測誤差の範囲内で一致することが確かめられている．

8. 3-1 図は，仮に万有引力が $1/r^2$ の代りに $1/r^{2.0313}$ [1)] に比例するとした場合の軌道をコンピューターで計算したものである．もちろんこの 0.0313 という数字は誇張であるが，グラフに出すためこのような値を使った．図でみられるように惑星運動の場合には近日点が移動することになる．惑星の場合には近日点の移動が存在し，太陽にもっとも近い水星の場合，100 年の間に 42″ 近日点が移動するが，これは万有引力の法則からのずれのためではなく，相対性理論で説明しつくされた．現在では，人工衛星や宇宙船の運動に対する計算と実測結果がよく一致することが万有引力の法則のもっともよい裏付けになっている．

1)　$0.0313 = 1/2^5$．これは 2 との違いが小さいとずれの影響をはっきり出さないことを考えて大きくした．また，計算機のプログラムの関係の便宜上 1/2 の整数乗を使った．

§8.4　古典的 Rutherford 散乱

原子核は正の電気を帯びた粒子であるが，これに α 粒子などの正電気を帯びた粒子が飛んでくるときには，原子核と α 粒子との間には Coulomb（クーロン）の法則による斥力が働く．このような現象は量子力学で論じなければならないものであるが，古典力学で論じておくことは，量子力学で扱うときの基礎になるので，ここでこの運動を調べておこう．

原子核の持つ正電気量を $+Ze$ とする．e は電子の持っている電気量の絶対値で，Z はその原子核の原子番号とよばれる．飛んで来る帯電粒子の電気量を $Z'e$ とする．α 粒子の場合は $Z'=2$ である．原子核の方は質量が大きくて，原点に固定されていると考えてよいものとしよう．原子核から，飛んで来る粒子の進む直線に下した衝突パラメーターを p とする．位置エネルギーは

$$\frac{ZZ'e^2}{4\pi\varepsilon_0 r}$$

で，万有引力の GM の代りに，$-(ZZ'e^2/4\pi\varepsilon_0 m)$ がきていると考えればよい．あとは双曲線軌道の彗星の軌道の場合と同様で，軌道の方程式は，α 粒子が原子核にもっとも近づいたときの位置から角 φ を測ることにすれば（8.4-1 図），

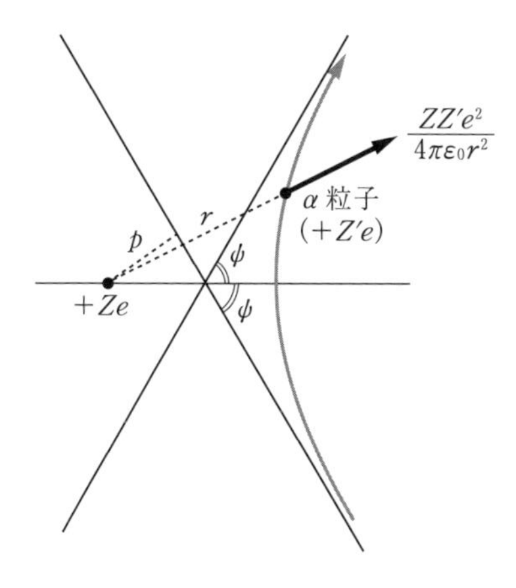

8.4-1 図　α 粒子と原子核の衝突

$$r = \frac{\dfrac{4\pi\varepsilon_0 m h^2}{ZZ'e^2}}{-1 + \sqrt{1 + \dfrac{32\pi^2{\varepsilon_0}^2 mEh^2}{Z^2Z'^2e^4}}\cos\varphi}. \tag{8.4-1}$$

$E > 0$ で双曲線軌道である．α 粒子の運動の方向の変化 $\pi - 2\psi$ は，(8.2-26) と同様に

$$\tan\psi = \frac{4\pi\varepsilon_0 m p {v_\infty}^2}{ZZ'e^2} \tag{8.4-2}$$

で与えられる．

いま原子核をめがけて，α 粒子が左の方から飛んで来るものとする．α 粒子が左の方から単位面積あたり，単位時間に I 個飛んで来るとして，その速度はみな v_∞ であるとしよう．これらの α 粒子の線が，原子核によって θ だけその方向を変えられたとする．θ を**散乱角**（scattering angle）という．

8.4-2 図は 8.4-1 図と同様のものであるが原子物理学の通常の描き方にならった．衝突パラメーターを p とすれば，力の中心のまわりにとった角運動量は $mv_\infty p$ である．散乱角 θ は p によってちがう．原子核を通って α 線に直角な面を考える．この面をめがけて衝突パラメーター p と $p + dp$ の間，すなわち，$2\pi p\, dp$ の面積には単位時間に $I \cdot 2\pi p\, dp$ 個の α 粒子が飛んで来る．これらの粒子は θ と $\theta + d\theta$ の方向に散乱させられる．(8.4-2) を θ で書けば

$$\cot\frac{\theta}{2} = \frac{4\pi\varepsilon_0 m p {v_\infty}^2}{ZZ'e^2}$$

で，これから

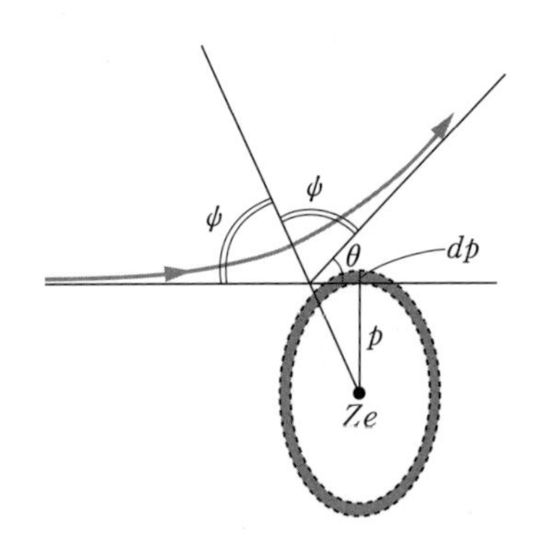

8.4-2 図　α 粒子と原子核の衝突

$$p^2 = \left(\frac{ZZ'e^2}{4\pi\varepsilon_0 m v_\infty{}^2}\right)^2 \cot^2\frac{\theta}{2}.$$

微分をとれば

$$p\,dp = -\left(\frac{ZZ'e^2}{4\pi\varepsilon_0 m v_\infty{}^2}\right)^2 \cot\frac{\theta}{2}\cdot\frac{1}{2}\operatorname{cosec}^2\frac{\theta}{2}\,d\theta.$$

α 粒子はその進行方向と原子核を含む平面内で散乱されるが，原子核を中心として，$\theta, \theta + d\theta$ の間の散乱角の方向の小立体角を $d\omega$ とすれば

$$d\omega = 2\pi\sin\theta\,|d\theta|.$$

これらの式から，散乱角 θ の小立体角 $d\omega$ 内に単位時間に散乱される粒子数は

$$2\pi p\,dp \times I = I\frac{(ZZ'e^2)^2}{4(4\pi\varepsilon_0 m v_\infty{}^2)^2}\operatorname{cosec}^4\frac{\theta}{2}\,d\omega.$$

これを I で割ったものを $\sigma(\theta)d\omega$ とすれば

$$\sigma(\theta) = \frac{1}{4}\left(\frac{ZZ'e^2}{4\pi\varepsilon_0 m v_\infty{}^2}\right)^2\frac{1}{\sin^4\dfrac{\theta}{2}} \qquad (8.4\text{-}3)$$

が得られる．$\sigma(\theta)$ のディメンションは $\sigma = 2\pi p\,dp$ からわかるように面積のディメンションである．この $\sigma(\theta)$ を散乱の**微分断面積**（differential cross-section）という．(8.4-3) は **Rutherford**[1] **の散乱公式**とよばれるもので，量子力学（非相対論の量子力学）でも同じ結果を与える．はじめ Rutherford が α 粒子の散乱について古典力学によって導き出したものである．

第8章 問題

1 単振り子（長さ $= l$，おもりの質量 $= m$）の糸の上端が，質量のないばねによって水平に左右に動くことができる．ばねの復元力の定数を c として，その小振動の周期が

$$2\pi\sqrt{\frac{l}{g}\left(1 + \frac{mg}{cl}\right)}$$

で与えられることを示せ．

2 単振り子（長さ $= l$，おもりの質量 $= m$）の糸の上端を手に持って，水平に左右に角振動数 ω で単振動的に動かすときの振り子の運動を調べよ．

---

1) Ernest Rutherford (1871 ~ 1937)．イギリスの物理学者．

3　滑らかな球面の頂点に物体をのせ，初速 V_0 で物体を滑らすとき，この物体はどこで球面を離れるか．

4　質量 m の質点が滑らかな放物線 $x^2 = 2ay$（x は水平，y は鉛直下方にとる）で与えられる細い滑らかな管の中に束縛されていて，最高点（頂点）から V_0 の速さで運動をはじめる．任意の位置での束縛力を求めよ．

5　鉛直面内にある滑らかなサイクロイド

$$x = a(\theta + \sin\theta), \quad y = a(1 - \cos\theta), \quad x：水平, \quad y：鉛直上方$$

の上に束縛されて重力の作用を受けながら運動する質点がある．この質点の往復運動の周期は振幅によらないこと（完全な等時性）を証明せよ．

6　問題5の逆，すなわち，質点を鉛直面内にある滑らかな曲線に束縛して，重力の作用の下に運動させるとき，どのような曲線ならば完全な等時性を実現できるか．

7　地球表面で水平に初速 V_0 で質点を投げるとき，その後の質点の軌道は V_0 のいろいろな値に対してどう変わるか．問題15を参照せよ．

8　力の中心Oから万有引力を受ける質点を，O以外の定まった点から一定の速さでいろいろな方向に投げるとき，短半径の長さはOからこの投げる方向に下した垂線の長さに比例することを示せ．

9　万有引力で起こる楕円運動で，動径の時間平均は

$$a\left(1 + \frac{1}{2}\varepsilon^2\right)$$

であることを示せ．

10　惑星の近日点（perihelion）距離，遠日点（aphelion）距離，人工衛星の近地点（perigee）距離，遠地点（apogee）距離（人工衛星の場合には地表から測る）を知れば，惑星や人工衛星の運動がきまることを示せ．

11　1969年7月のアポロ計画で，月面近くを回っていた宇宙船の周期はおよそ2時間であったと報道された．このことから月についてどのようなことが推定されるであろうか．

12　§8.2の惑星の運動では，力学的エネルギー保存の法則と，角運動量保存の法則（面積の原理）を表わす式を立てたが，§5.2で導いた運動方程式の動径方向，方位角方向の成分から出発したらどうであろうか．中心力で力が $f(r)$ で表わされる場合の軌道を求める微分方程式を導け．

13　前題で万有引力の場合はどうなるか．

14　問題12で引力が距離の3乗に反比例するときはどうなるか．

15　問題7を12の方法で論じよ．

9 相対運動

§9.1 Galilei 変換と運動の法則

いままで運動方程式を立てるのには，必ず慣性系からみた加速度を使って記述した運動の第2法則の式を基礎の式としてきた．第5章で学んだ運動方程式の接線成分，法線成分も，まず慣性系からみた加速度ベクトルを考え，それの接線方向，法線方向の成分を使っており，動径方向，方位角方向の運動方程式も，慣性系からみた加速度ベクトルを動径方向，方位角方向に分解したものを使っている．

しかし，質点の運動を調べるのに，いつも慣性系からみた運動によるというのは必ずしも便利ではない．たとえば，ある加速度で上昇しているエレベーターの内部で物体を投げたときの運動や，エレベーターの天井(てんじょう)からつるした振り子の運動を調べる問題を考えよう．このとき，地上に固定された座標系は慣性系とみなす．それで，この地上の座標系からみた運動一点張りで議論できないこともないが，扱いは混み入ってくる．地上でみられる運動を力学的に扱うとき，通常は地上に固定された座標系は慣性系とみなすのであるが，厳密にいうと，地球は自転しているので，地上に固定された座標系は，慣性系に対して回転しているのである．事実，地上の運動のある種類のもの（砲弾のように速く運動するもの，Foucault（フーコー）振り子，傾度風[1]）では地球の影響は無視

1）大気の圧力の勾配によって起こる風（台風など）であるが，地球が自転するため低気圧の中心のまわりに回る（北半球では時計と逆回り）風．

できない．このような場合でも，もちろん厳密な慣性系からみた物体の運動一点張りでも通せないこともないが，私たちが観測するのは地上で行なうのであるから，地上の運動を慣性系からみたらどうなるかを調べ，次にこの運動から地上に取り付けた座標の運動を差し引いて，地上に相対的な運動を求めなければならない．

それで，あらかじめ一般的に，慣性系に対して運動している任意の座標系で，それに相対的な座標，速度，加速度を使うとき，座標系の運動をどのように考察に入れておいたらよいかがわかっていれば便利であろう．この章では，このような問題を扱うことにする．

まず厳密な意味での慣性系を (O, x, y, z) とし，これに対して等速直線運動をしていて回転はしていない他の座標系 $(\mathrm{O}', x', y', z')$ を考えよう．この $(\mathrm{O}', x', y', z')$ 系も慣性系であることは§1.5でくわしく述べた．しかし，後に続く節の理解を助けるために，もう一度はっきりと確かめておこう．

慣性系 (O, x, y, z) に対する質量 m の質点Pの運動方程式は

$$m\frac{d^2x}{dt^2} = X, \qquad m\frac{d^2y}{dt^2} = Y, \qquad m\frac{d^2z}{dt^2} = Z. \tag{9.1-1}$$

X, Y, Z はもちろん，質点Pにばね，糸，万有引力などから働く力である．

座標系 $(\mathrm{O}', x', y', z')$ の原点 O' は (O, x, y, z) に対しては等速直線運動（速度成分 u_0, v_0, w_0）をしているものとし，座標軸 x', y', z' は x, y, z 軸に平行になっているものとする．

両方の座標系で表わしたPの座標を $(x, y, z), (x', y', z')$ とすれば，9.1-1図か

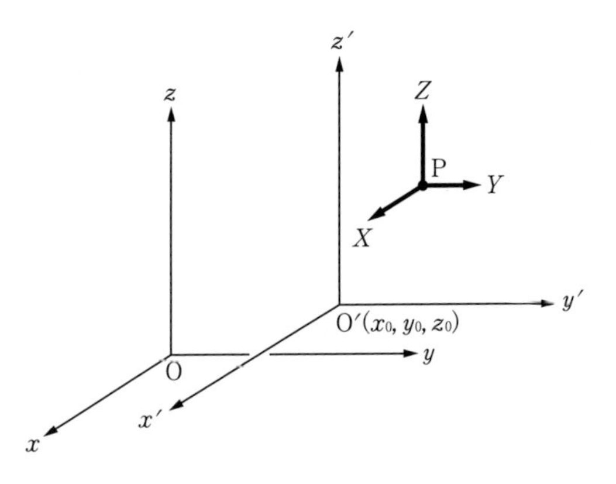

9.1-1図

らわかるように，

$$x = x_0 + x', \quad y = y_0 + y', \quad z = z_0 + z' \tag{9.1-2}$$

の関係がある．

$$x_0 = u_0 t, \quad y_0 = v_0 t, \quad z_0 = w_0 t$$

と書くことができるから，

$$x = u_0 t + x', \quad y = v_0 t + y', \quad z = w_0 t + z' \tag{9.1-3}$$

となる．この式による (x, y, z) から (x', y', z') への変換が **Galilei 変換**（(1.4-7)′ を参照）である．(9.1-3) を (9.1-1) に代入すれば

$$m\frac{d^2x'}{dt^2} = X, \quad m\frac{d^2y'}{dt^2} = Y, \quad m\frac{d^2z'}{dt^2} = Z \tag{9.1-4}$$

となり，(9.1-1) とまったく同じ方程式となる．x', y', z' 軸がそれぞれ x, y, z 軸に平行ならば，力の成分はまったく同じものが使われるので，(9.1-4) の右辺をそれぞれ X', Y', Z' としても $X' = X$，$Y' = Y$，$Z' = Z$ である．

(9.1-4) でみると，力学に関するかぎり，(O, x, y, z) 系と $(\mathrm{O}', x', y', z')$ 系とはまったく同等で，同じ基礎方程式を与えているということができる．

§9.2　慣性系に対して加速度を持つが回転はしていない座標系

(O, x, y, z) 系は慣性系であるとし，$(\mathrm{O}', x', y', z')$ 系は，その各座標軸は慣性系の座標軸に対して平行であるが，慣性系に対して一定の加速度を持つものとする（9.2-1 図）．

運動方程式は

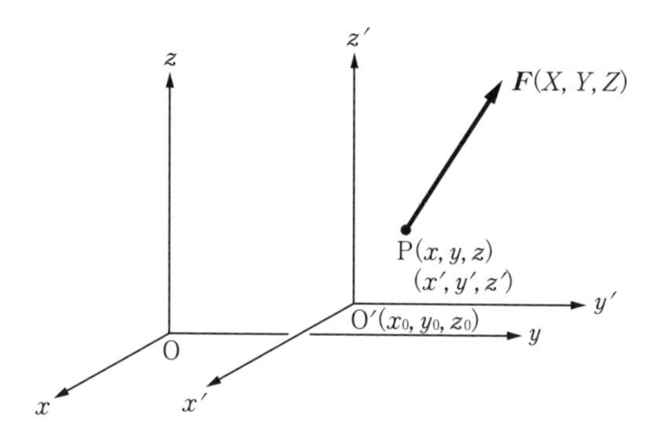

9.2-1 図

$$m\frac{d^2x}{dt^2} = X, \quad m\frac{d^2y}{dt^2} = Y, \quad m\frac{d^2z}{dt^2} = Z \tag{9.2-1}$$

である．(x, y, z) と (x', y', z') との関係は，

$$x = x_0 + x', \quad y = y_0 + y', \quad z = z_0 + z' \tag{9.2-2}$$

であるが，これを（9.2-1）に入れると，

$$\left.\begin{aligned} m\left(\frac{d^2x_0}{dt^2} + \frac{d^2x'}{dt^2}\right) &= X, \\ m\left(\frac{d^2y_0}{dt^2} + \frac{d^2y'}{dt^2}\right) &= Y, \\ m\left(\frac{d^2z_0}{dt^2} + \frac{d^2z'}{dt^2}\right) &= Z \end{aligned}\right\} \tag{9.2-3}$$

となる．

$(\mathrm{O}', x', y', z')$ 系は慣性系ではないのであるから，これに対する加速度 d^2x'/dt^2, d^2y'/dt^2, d^2z'/dt^2 を使ったのでは運動の第 2 法則の 質量 × 加速度 ＝ 力 という式にはならないのであるが，無理にそのような形にしたい場合には（9.2-3）を（x', y', z' は不便であるから改めて x, y, z と書いて），

$$\left.\begin{aligned} m\frac{d^2x}{dt^2} &= X + \left(-m\frac{d^2x_0}{dt^2}\right), \\ m\frac{d^2y}{dt^2} &= Y + \left(-m\frac{d^2y_0}{dt^2}\right), \\ m\frac{d^2z}{dt^2} &= Z + \left(-m\frac{d^2z_0}{dt^2}\right) \end{aligned}\right\} \tag{9.2-4}$$

とすればよい．X, Y, Z はばねからの力，糸の張力，重力などで，座標系として (O, x, y, z) を使っても $(\mathrm{O}', x', y', z')$ を使っても同じもの（ばねの伸びぐあいなど，どの座標系から観測しているかにはよらない）であるが，これらの力のほかに（9.2-4）の各式の右辺の第 2 項

$$-m\frac{d^2x_0}{dt^2}, \quad -m\frac{d^2y_0}{dt^2}, \quad -m\frac{d^2z_0}{dt^2}$$

も仮に力の仲間に入れると，（9.2-4）は慣性系の運動方程式とちょうど同じ形式になる．これを“見かけの力”[1] とよぶ．これらの見かけの力がいままで使

1）fictitious force, apparent force.

ってきた力とちがうことは観測する系に依存すること，また実際の力のように他のどの物体から着目している質点にその力を作用しているかということのいえないことからわかる.[2)]

(9.2-4) をまとめてベクトルの式で書くのに，力を $\boldsymbol{F}$，(O', x', y', z') 系の加速度を $\boldsymbol{A}_0$ とし，この系からみた質点の加速度を $\boldsymbol{A}$ とすれば

$$m\boldsymbol{A} = \boldsymbol{F} + (-m\boldsymbol{A}_0) \tag{9.2-5}$$

となる．ことばでいえば次のようになる．

> “実際に働く力” $\boldsymbol{F}(X, Y, Z)$ の他に，“見かけの力” $-m\boldsymbol{A}_0\left(-m\dfrac{d^2x_0}{dt^2},\ -m\dfrac{d^2y_0}{dt^2}, -m\dfrac{d^2z_0}{dt^2}\right)$ も質点に働くと考えれば，慣性系に対して加速度 $\boldsymbol{A}_0$ を持つ運動座標系はちょうど慣性系であるかのように扱うことができる．

この法則は，運動方程式でいうと簡単な移項の問題でしかないであろう．私たちは日常，慣性系に近い地上の座標系を基準としてこれによって力学的現象を考えることに慣れているので，たとえ加速度を持つ列車やエレベーターの中で物体の運動を観察する場合にも，これらの列車などに取りつけた慣性系でない座標系を，条件付きでもよいから慣性系のように考えることができればつごうがよいのである．上に述べた規則は実際にそのようなことができることを示すもので，条件というのが，**実際の力**の他に**見かけの力**を考えるということである．

例題　一定の加速度 α で上昇するエレベーターの内部で石を水平に投げるときの運動を考えよ (9.2-2 図)．

---

2)　一般相対性理論では，この “見かけの力” は重力の一種とみなされ，運動座標系に対して加速度を持つ恒星全体がこの力場をつくると考える．そして，恒星に対して加速度のない系もある系も同等に扱う．この本では，このような力と糸の引張る力とを区別して，“見かけの力” といういい方をすることにしよう．たとえば，C. Mϕller : *The Theory of Relativity* (Oxford Univ. Press, 1952) 219 ページ参照.

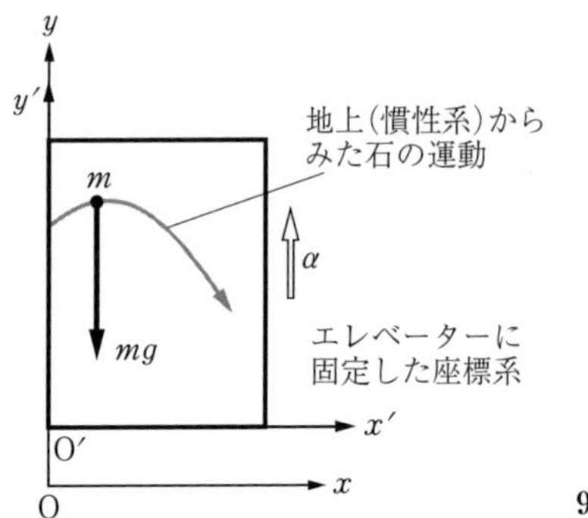

9.2-2 図

解 本文で述べた規則を使わないで，慣性系（地上に取りつけた座標系）一点張りで考えよう．運動している任意の瞬間，石に作用している力は重力 mg だけであるから，運動方程式は

$$m\frac{d^2x}{dt^2}=0, \quad m\frac{d^2y}{dt^2}=-mg \tag{1}$$

である．石を投げた瞬間のエレベーターの床の高さを h_0，床から投げるところまでの高さを h とすれば，$t=0$ で石の高さ（慣性系の y 軸による高さ）は h_0+h である．またエレベーターに対して水平に u_0 の速度で投げたとし，そのときのエレベーターの速度を v_0 とすれば，初期条件は

$$t=0 \quad \text{で} \quad x=0, \quad y=h_0+h, \quad \frac{dx}{dt}=u_0, \quad \frac{dy}{dt}=v_0$$

となる．この条件に対して，運動方程式を解けば，

$$x=u_0t, \quad y=h+h_0+v_0t-\frac{1}{2}gt^2 \tag{2}$$

となる．

一方，エレベーターに取りつけた座標系の原点 O′ の位置は，$x_0=0$，$y_0=h_0+v_0t+(1/2)\alpha t^2$ であるから，これを (2) から差し引けばエレベーターからみた運動が得られる．

$$x'=x-x_0=u_0t, \quad y'=y-y_0=h-\frac{1}{2}(g+\alpha)t^2 \tag{3}$$

となる．

次に，本文で説明した規則にしたがって，慣性系でないところのエレベーターに固定した座標系 (O′, x', y') だけを使う方法によって同じ問題を考えよう．

質点に働く実際の力は重力 mg だけであるが，その他にエレベーターの加速度とは逆に，すなわち，下向きに，$m\alpha$ という見かけの力を考える．そうすれば (O', x', y') 系は慣性系であるかのように考えることができる．9.2-3 図ではこの“見かけの力”は破線で表わしてある．石の運動方程式は

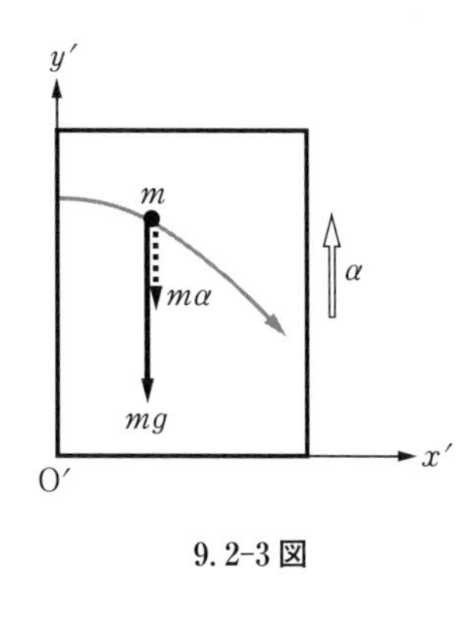

9.2-3 図

$$m\frac{d^2x'}{dt^2} = 0, \qquad m\frac{d^2y'}{dt^2} = -mg - m\alpha \tag{4}$$

となる．初期条件は

$$t = 0 \quad で \qquad x' = 0, \quad y' = h, \quad \frac{dx'}{dt} = u_0, \quad \frac{dy'}{dt} = 0 \tag{5}$$

であるから，これにあうように (4) を解けば，

$$x' = u_0 t, \qquad y' = h - \frac{1}{2}(g + \alpha)t^2$$

となり，(3) に一致する．◆

以上2つの方法を比較するために (O, x, y) 座標系と (O', x', y') 座標系を使ったが，第2の方法をはじめから使うときには (O', x', y') 系を (O, x, y) 系と書いても混乱は起こらない．(4) でみると，加速度 α で上昇しつつあるエレベーターの内部で物体の運動を調べるときには，ちょうど重力加速度 g が $g + \alpha$ になったとし，一方エレベーターは止まっているように考えればよいことがわかる．

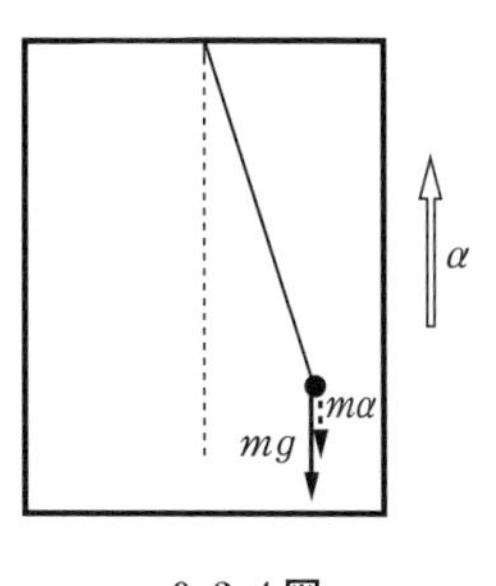

9.2-4 図

エレベーターの内部で振り子の運動を調べるときも同様で（9.2-4 図），単振り子の周期は

$$T = 2\pi\sqrt{\frac{l}{g + \alpha}} \tag{6}$$

となる．

§9.3 慣性系に対し一定の角速度を持つ座標系

(O, x, y, z) 系を慣性系とし，$(\mathrm{O}', x', y', z')$ 系はこれと原点，z 軸を共通にし，z 軸のまわりに一定の角速度 ω で回るものとする．質量 m の質点 P に力 $\boldsymbol{F}$ が働くものとする．x', y' 軸は x, y 軸に平行ではないから，$\boldsymbol{F}$ の成分 (X, Y), (X', Y') はちがうが，$\boldsymbol{F}$ そのものはどちらの座標系で運動を調べていても同じものである．たとえば，空を飛ぶ鳥に働く力（重力，空気の揚力や抵抗力）は私たちが地上で静止してこれを観察しても，地上でぐるぐる回りながら観察してもちがうわけはない．

さて，9.3-1 図のように $\mathrm{O}x, \mathrm{O}x'$ のつくる角を $\varphi = \omega t$ とすれば，右に示してある方向余弦の表をみながら

	x	y
x'	$\cos\varphi$	$\sin\varphi$
y'	$-\sin\varphi$	$\cos\varphi$

$$\left.\begin{aligned} X' &= X\cos\varphi + Y\sin\varphi, \\ Y' &= -X\sin\varphi + Y\cos\varphi \end{aligned}\right\} \qquad (9.3\text{-}1)$$

と書くことができる．

P の運動方程式は慣性系 (O, x, y, z) について書くと

$$m\frac{d^2x}{dt^2} = X, \qquad m\frac{d^2y}{dt^2} = Y, \qquad m\frac{d^2z}{dt^2} = Z \qquad (9.3\text{-}2)$$

である．もう一度方向余弦の表をみながら

$$\left.\begin{aligned} x &= x'\cos\varphi - y'\sin\varphi, \\ y &= x'\sin\varphi + y'\cos\varphi, \\ \varphi &= \omega t. \end{aligned}\right\} \qquad (9.3\text{-}3)$$

これらを (9.3-2) に入れれば

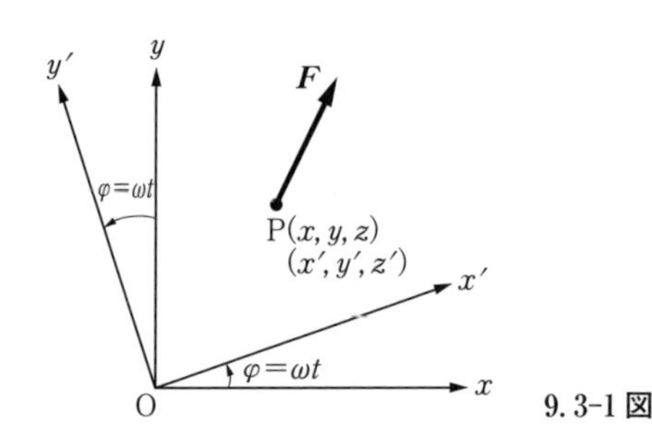

9.3-1 図

$$\left.\begin{aligned}
&m\left\{\frac{d^2x'}{dt^2}\cos\varphi-\frac{d^2y'}{dt^2}\sin\varphi-2\left(\frac{dx'}{dt}\sin\varphi+\frac{dy'}{dt}\cos\varphi\right)\omega\right.\\
&\qquad\qquad\left.-(x'\cos\varphi-y'\sin\varphi)\omega^2\right\}=X,\\
&m\left\{\frac{d^2x'}{dt^2}\sin\varphi+\frac{d^2y'}{dt^2}\cos\varphi+2\left(\frac{dx'}{dt}\cos\varphi-\frac{dy'}{dt}\sin\varphi\right)\omega\right.\\
&\qquad\qquad\left.-(x'\sin\varphi+y'\cos\varphi)\omega^2\right\}=Y,\\
&m\frac{d^2z'}{dt^2}=Z.
\end{aligned}\right\}\tag{9.3-4}$$

第1の式に $\cos\varphi$（または $-\sin\varphi$），第2のものに $\sin\varphi$（または $\cos\varphi$）を掛けて(9.3-1) を参照すれば，肩付の $'$ のついた量だけによる式

$$m\frac{d^2x'}{dt^2}=X'+2m\omega\frac{dy'}{dt}+mx'\omega^2,$$

$$m\frac{d^2y'}{dt^2}=Y'+\left(-2m\omega\frac{dx'}{dt}\right)+my'\omega^2$$

が得られるが，ここで改めて肩付の $'$ を取り去って，また z 方向の運動方程式も合わせて書けば，回る座標系 (O,x,y,z) に対して

$$\left.\begin{aligned}
&m\frac{d^2x}{dt^2}=X+2m\omega\frac{dy}{dt}+mx\omega^2,\\
&m\frac{d^2y}{dt^2}=Y+\left(-2m\omega\frac{dx}{dt}\right)+my\omega^2,\\
&m\frac{d^2z}{dt^2}=Z
\end{aligned}\right\}\tag{9.3-5}$$

が得られる．それで次のようにいうことができる．

座標系 (O,x,y,z) が，慣性系に対して z 軸のまわりに一定の角速度 ω で回転するとき，“実際に働いている力” X,Y,Z の他に，成分が $\left(2m\omega\dfrac{dy}{dt},\ -2m\omega\dfrac{dx}{dt},0\right)$ の “見かけの力” と，成分が $(mx\omega^2,my\omega^2,0)$ の “見かけの力” とが質点に働くと考えれば，回転している座標系も慣性系であるかの

ように扱うことができる.

第1の"見かけの力"を **Coriolis**（コリオリ）**の力**とよぶ. その大きさは $2m\omega V$（V は運動座標に相対的な質点の速さ）で, 相対速度 $\boldsymbol{V}$ に直角で右手の方に向いている. 第2の"見かけの力"は遠心力とよばれるもので, 大きさは $mr\omega^2$, 方向は原点と質点を結ぶ直線を延長した方向に向いている.

上に述べたことを理解するため, 例題を解いてみよう. 慣性系による記述一点張りで見かけの力は考えない方法と見かけの力であるところの Coriolis の力と遠心力を考える方法とを比べる.

例題1　水平面内で一端Oのまわりに, 一定の角速度 ω で回転する滑らかな直線に束縛された質点の運動を調べよ.

解　滑らかな棒に指環でも通して, この棒をくるくる回すときの指環の運動を調べる問題である. まず慣性系一点張りで考えよう（9.3-2図）.

棒から質点（環）Pに作用する力は棒に直角に向いている. その大きさを S とする. 水平方向に働く実際の力はこれだけである. したがって慣性系に対する運動方程式は

$$m\frac{d^2x}{dt^2} = -S\sin\omega t, \tag{1}$$

$$m\frac{d^2y}{dt^2} = S\cos\omega t. \tag{2}$$

$\overline{\mathrm{OP}} = r$ とすれば

$$x = r\cos\omega t, \qquad y = r\sin\omega t. \tag{3}$$

したがって

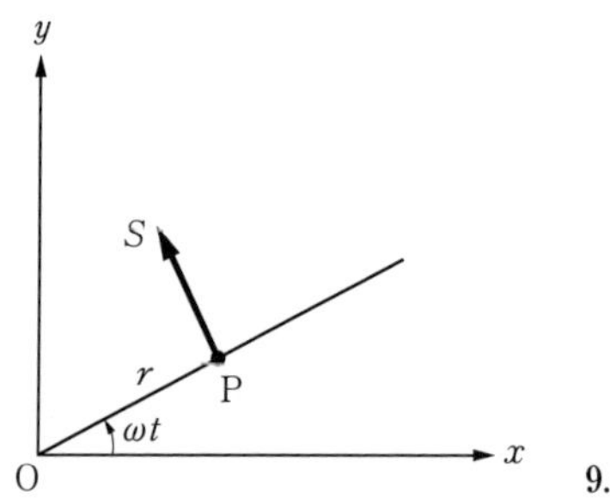

9.3-2図

$$\frac{dx}{dt} = \frac{dr}{dt}\cos\omega t - r\omega\sin\omega t,$$

$$\frac{dy}{dt} = \frac{dr}{dt}\sin\omega t + r\omega\cos\omega t.$$

$$\frac{d^2x}{dt^2} = \frac{d^2r}{dt^2}\cos\omega t - 2\omega\frac{dr}{dt}\sin\omega t - r\omega^2\cos\omega t,$$

$$\frac{d^2y}{dt^2} = \frac{d^2r}{dt^2}\sin\omega t + 2\omega\frac{dr}{dt}\cos\omega t - r\omega^2\sin\omega t.$$

これらを (1)，(2) に代入して

$$m\left(\frac{d^2r}{dt^2}\cos\omega t - 2\omega\frac{dr}{dt}\sin\omega t - r\omega^2\cos\omega t\right) = -S\sin\omega t, \qquad (4)$$

$$m\left(\frac{d^2r}{dt^2}\sin\omega t + 2\omega\frac{dr}{dt}\cos\omega t - r\omega^2\sin\omega t\right) = S\cos\omega t. \qquad (5)$$

(4) × $\cos\omega t$ + (5) × $\sin\omega t$ をつくれば

$$m\left(\frac{d^2r}{dt^2} - r\omega^2\right) = 0.$$

したがって

$$\frac{d^2r}{dt^2} = \omega^2 r \qquad (6)$$

となる．(6) の一般解は

$$r = Ae^{\omega t} + Be^{-\omega t} \qquad (7)$$

であるが，初期条件として，はじめ $r = a$ のところから静かに放したとすれば

$$t = 0 \quad \text{で} \qquad r = a, \qquad \frac{dr}{dt} = 0$$

であるから

$$a = A + B, \qquad 0 = \omega(A - B).$$

したがって $A = B = a/2$．それゆえ

$$r = \frac{a}{2}(e^{\omega t} + e^{-\omega t}) = a\cosh\omega t \qquad (8)$$

となる．質点が水平面内で描く曲線は，$\omega t = \varphi$ と書いて，

$$r = a\cosh\varphi \qquad (9)$$

となり，らせんを表わす．

束縛力 S は (4) × $(-\sin\omega t)$ + (5) × $\cos\omega t$ をつくって，

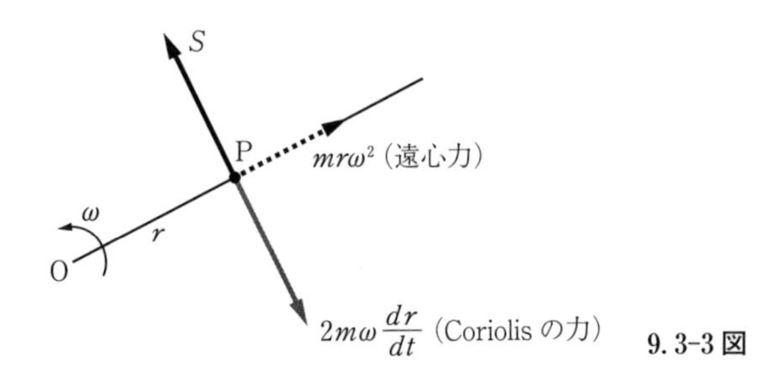

9.3-3 図

$$S = 2m\omega\frac{dr}{dt}. \tag{10}$$

(8) を入れて

$$S = 2ma\omega^2\sinh\omega t = 2ma\omega^2\sinh\varphi \tag{11}$$

となる．

次にこの節で説明した方法を使って問題を扱おう．O から P までの距離を r とすれば，P の相対速度は dr/dt である．P に働く実際の力は S であるが，そのほかに遠心力 $mr\omega^2$，Coriolis の力 $2m\omega(dr/dt)$ を 9.3-3 図のように考える．そうすると棒とともに回る座標系は慣性系であるかのように考えてよいことになるから，運動方程式は

$$m\frac{d^2r}{dt^2} = mr\omega^2, \qquad 0 = S - 2m\omega\frac{dr}{dt}$$

となる．これらの式は (6)，(10) と一致しているので，その先は上に述べたのとまったく同様である． ◆

例題 2　円錐振り子の問題を直接，慣性系に対する運動方程式を立てる方法と，見かけの力を考える方法とで扱ってみよ．

解　長さ l の糸の一端を O に固定し，他端 P に質量 m のおもりをつけ，糸が鉛直下方と一定の角 θ を保つように，P を水平面内で一定の角速度 ω で回転させる．P に働く力は重力 mg と糸の張力 S である（9.3-4 図）．慣性系に対する加速度は，P の円運動の半径を r として，円の中心に向かって $r\omega^2$ であるから，運動方程式は

$$mr\omega^2 = S\sin\theta, \tag{1}$$

$$0 = S\cos\theta - mg. \tag{2}$$

$r = l\sin\theta$ を入れ，この両式から S を消去すれば

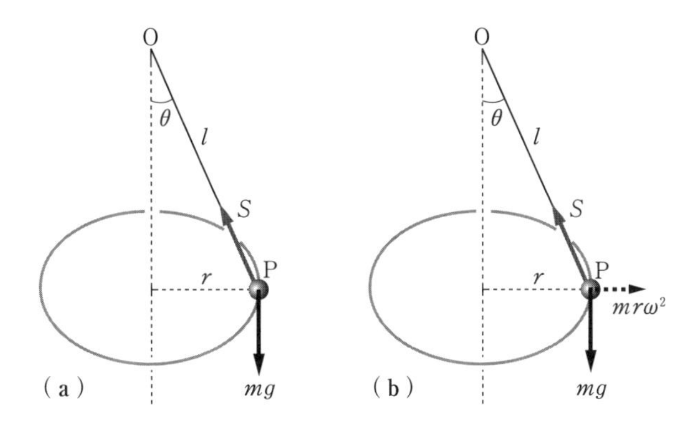

9.3-4 図

$$\omega = \sqrt{\frac{g}{l\cos\theta}}$$

となる．したがって 1 回転する時間，すなわち，周期は

$$T = \frac{2\pi}{\omega} = 2\pi\sqrt{\frac{l\cos\theta}{g}}.$$

または，図 (b) のように実際に働く力 mg, S のほかに，遠心力 $mr\omega^2$ を考えれば，おもり P とともに回転する座標系は慣性系のように考えることができ，これに対しておもりは静止しているのであるから，つり合いの条件として

$$\text{水平方向のつり合い}：mr\omega^2 - S\sin\theta = 0,$$

$$\text{鉛直方向のつり合い}：S\cos\theta - mg = 0$$

となり，(1)，(2) と一致する．◆

§9.4　地球表面に固定した座標系で観測する運動

私たちが地上で観測する運動は，地上に固定した座標で記述するのがふつうである．この座標系は通常，慣性系として扱われるが，この章の最初に述べたいくつかの現象では地球の自転による慣性系からのずれを考えに入れなければならない．[1)]

地上で原点 O‴ に対し水平面内に南向きに x''' 軸，東向きに y''' 軸，鉛直上方

1)　太陽のまわりの地球の公転運動による慣性系からのずれは省略できる．

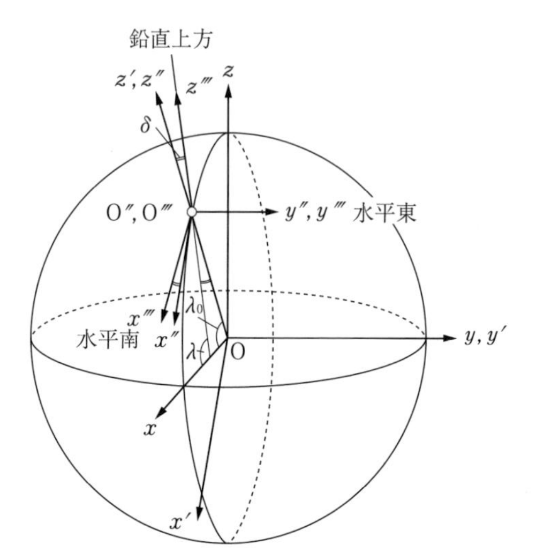

9.4-1 図

に z''' 軸をとろう．9.4-1 図に示す．z''' 軸は地球の中心 O を通る直線に対して少し傾いているが，O を通る座標軸を z'' とし，これに直角な平面（水平面と少しちがう）内に南向きに x'' 軸，東向きに y'' 軸をとろう．原点 O″ は O‴ に一致する．地球の両極，Oz を含む平面（子午面）内に O″x'' に平行に Ox' をとる．z'' 軸に一致する z' をとれば，これら x', z' 軸に対する y' 軸は赤道面にある．いま考えた子午面と赤道面の交点を通り Ox 軸をとる．y' 軸に一致して y 軸を，O から北極に向けて z 軸をとる．(x, y, z) 系は慣性系に対して一定の角速度 ω で回転しているが，$(x, y, z) \to (x', y', z') \to (x'', y'', z'') \to (x''', y''', z''')$ の変換は互いに動かず，ただ方向や原点のちがう座標系間の変換である．

(x, y, z) 系による運動方程式は，遠心力と Coriolis の力を使えば（9.3-5）によって

$$\left.\begin{aligned} m\frac{d^2x}{dt^2} &= X + 2m\omega\frac{dy}{dt} + mx\omega^2, \\ m\frac{d^2y}{dt^2} &= Y + (-2m\omega)\frac{dx}{dt} + my\omega^2, \\ m\frac{d^2z}{dt^2} &= Z \end{aligned}\right\} \tag{9.4-1}$$

で与えられる．

$(x, y, z) \to (x', y', z')$ の変換は地心緯度を λ_0 として，

	x'	y'	z'
x	$\sin\lambda_0$	0	$\cos\lambda_0$
y	0	1	0
z	$-\cos\lambda_0$	0	$\sin\lambda_0$

で，$(x', y', z') \to (x'', y'', z'')$ の変換は

$$x' = x'', \qquad y' = y'', \qquad z' = R + z''$$

で与えられる．力の成分の変換 $(X, Y, Z) \to (X', Y', Z') \to (X'', Y'', Z'')$ についても同様で（ただし，$X'' = X'$，$Y'' = Y'$，$Z'' = Z'$），(9.4-1) は

$$\left.\begin{aligned}
m\frac{d^2x''}{dt^2} &= X'' + 2m\omega\sin\lambda_0\frac{dy''}{dt} \\
&\qquad + m\{x''\sin\lambda_0 + (R+z'')\cos\lambda_0\}\omega^2\sin\lambda_0, \\
m\frac{d^2y''}{dt^2} &= Y'' - 2m\omega\left(\frac{dx''}{dt}\sin\lambda_0 + \frac{dz''}{dt}\cos\lambda_0\right) + my''\omega^2, \\
m\frac{d^2z''}{dt^2} &= Z'' + 2m\omega\cos\lambda_0\frac{dy''}{dt} \\
&\qquad + m\{x''\sin\lambda_0 + (R+z'')\cos\lambda_0\}\omega^2\cos\lambda_0.
\end{aligned}\right\}$$

(9.4-2)

この (x'', y'', z'') 座標系を使って地上付近での自由落下を考え，物体を落としたはじめの瞬間について考えよう．このとき $dx''/dt = 0$，$dy''/dt = 0$ で，万有引力は地球中心に向かって働くから $X'' = 0$，$Y'' = 0$ である．万有引力の大きさを mg_0 とする．$Z'' = -mg_0$ である．(x'', y'', z'') に対する重力加速度を g とし，z'', z''' の間の角を δ とする（9.4-2 図）．(9.4-2) の中央の式から

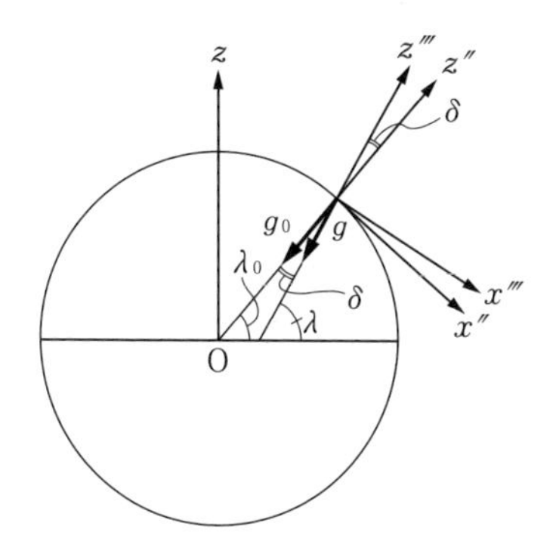

9.4-2 図

$d^2y''/dt^2=0$となるから，重力加速度は(x'',z'')面内にあることがわかる．重力加速度は$-z'''$の方向に向いているから，

$$\frac{d^2x''}{dt^2}=g\sin\delta,\qquad \frac{d^2z''}{dt^2}=-g\cos\delta.$$

(9.4-2) は

$$\left.\begin{aligned} g\sin\delta&=R\sin\lambda_0\cos\lambda_0\,\omega^2,\\ -g\cos\delta&=-g_0+R\cos^2\lambda_0\,\omega^2. \end{aligned}\right\} \tag{9.4-3}$$

(9.4-3) から

$$\begin{aligned} g&=\sqrt{(g_0-R\cos^2\lambda_0\,\omega^2)^2+R^2\omega^4\sin^2\lambda_0\cos^2\lambda_0}\\ &=\sqrt{g_0{}^2-2Rg_0\cos^2\lambda_0\,\omega^2+R^2\cos^2\lambda_0\,\omega^4}. \end{aligned}$$

$\dfrac{R\cos^2\lambda_0}{g_0}\omega^2=3.4\times10^{-3}\cos^2\lambda_0$の2次の項を省略して

$$g=g_0-R\omega^2\cos^2\lambda_0=9.83-3.4\times10^{-2}\cos\lambda_0 \tag{9.4-4}$$

となる．赤道面上では$g=9.80\,\mathrm{m/s^2}$となる．(9.4-3) でみるとgとg_0との差は遠心力によるものであることがわかる．重力加速度の方向はω^4の項を省略して次の式で与えられる．

$$\tan\delta=\frac{R\sin\lambda_0\cos\lambda_0\,\omega^2}{g_0}. \tag{9.4-5}$$

$(x'',y'',z'')\to(x''',y''',z''')$の変換は次の表で与えられる．

	x'''	y'''	z'''
x''	$\cos\delta$	0	$-\sin\delta$
y''	0	1	0
z''	$\sin\delta$	0	$\cos\delta$

まず，(9.4-3) を (9.4-2) に入れ，ω^2の項ではRに比例するものだけを残して，

$$m\frac{d^2x''}{dt^2}=X''+2m\omega\sin\lambda_0\frac{dy''}{dt}+mg\sin\delta,$$

$$m\frac{d^2y''}{dt^2}=Y''-2m\omega\left(\frac{dx''}{dt}\sin\lambda_0+\frac{dz''}{dt}\cos\lambda_0\right),$$

$$m\frac{d^2z''}{dt^2}=Z''+2m\omega\cos\lambda_0\frac{dy''}{dt}+m(g_0-g\cos\delta).$$

上に示した方向余弦の表によって $(x'', y'', z'') \to (x''', y''', z''')$ の変換を行なえば

$$m\frac{d^2x'''}{dt^2} = (X''' + mg_0 \sin\delta) + 2m\omega\sin\lambda\frac{dy'''}{dt},$$

$$m\frac{d^2y'''}{dt^2} = Y''' - 2m\omega\left(\frac{dx'''}{dt}\sin\lambda + \frac{dz'''}{dt}\cos\lambda\right),$$

$$m\frac{d^2z'''}{dt^2} = (Z''' + mg_0\cos\delta) - mg + 2m\omega\cos\lambda\frac{dy'''}{dt}.$$

$-mg_0\sin\delta, -mg_0\cos\delta$ は万有引力の x''', z''' 成分である．したがって $X''' + mg_0\sin\delta, Y''', Z''' + mg_0\cos\delta$ を改めて X''', Y''', Z''' と書けば，これらは質点に働く力（実際の力）から万有引力（これも実際の力である）を差し引いたものとなる．この X''', Y''', Z''' が実際問題で直接与えられるものである．

さて，上の式はすべて肩付 $'''$ のついた量による式であるが，いま改めて x''', y''', z''' を x, y, z と書けば

$$\left.\begin{aligned} m\frac{d^2x}{dt^2} &= X + 2m\omega\sin\lambda\frac{dy}{dt}, \\ m\frac{d^2y}{dt^2} &= Y - 2m\omega\left(\frac{dx}{dt}\sin\lambda + \frac{dz}{dt}\cos\lambda\right), \\ m\frac{d^2z}{dt^2} &= Z - mg + 2m\omega\cos\lambda\frac{dy}{dt} \end{aligned}\right\} \tag{9.4-6}$$

X, Y, Z は万有引力を除く実際の力，λ は地理学的緯度

が得られる．

> **例題**　高い塔の頂上（地上の高さ h）から，初速度 0 で物体を落とした場合の運動を，地球の自転を考えに入れて論じよ．

解　(9.4-6) で $X = 0$，$Y = 0$，$Z = 0$ とおいて，

$$m\frac{d^2x}{dt^2} = 2m\omega\sin\lambda\frac{dy}{dt},$$

$$m\frac{d^2y}{dt^2} = -2m\omega\left(\frac{dx}{dt}\sin\lambda + \frac{dz}{dt}\cos\lambda\right),$$

$$m\frac{d^2z}{dt^2} = -mg + 2m\omega\cos\lambda\frac{dy}{dt}.$$

初期条件は $t = 0$ で $x = 0$，$y = 0$，$z = h$，$dx/dt = 0$，$dy/dt = 0$，$dz/dt =$

0. 第3の式から dz/dt の変化は小さくはないが（大体，地球の自転を考えないときの落下運動に等しい），$dx/dt, dy/dt$ は塔の頂上から地面に達するまで小さいと考えられる．$dx/dt, dy/dt$ の項を省略すれば，

$$\frac{d^2x}{dt^2} = 0, \qquad \frac{d^2y}{dt^2} = -2\omega\frac{dz}{dt}\cos\lambda, \qquad \frac{d^2z}{dt^2} = -g.$$

上の初期条件にしたがって解けば

$$x = 0, \qquad y = \frac{1}{3}\omega g t^3 \cos\lambda, \qquad z = h - \frac{1}{2}gt^2.$$

y と z との関係は

$$y = \frac{1}{3}\omega g \cos\lambda \left\{\frac{2(h-z)}{g}\right\}^{3/2}$$

となる．これは Neil（ナイル）の曲線とよばれるもので，$z = 0$ とおけば

$$y = \frac{2^{3/2}}{3}\frac{1}{\sqrt{g}}\cos\lambda\, h^{3/2}\omega.$$

$\lambda = 45°$，$h = 100\,\mathrm{m}$ のときこの値は 1.6 cm である．物体が地面に達する地点は塔の頂上よりも東寄りになっている．9.4-3 図（a）は慣性系からみた物体の運動と地表の移動との関係を示す．

A で静かに放たれたとき，物体は地球の自転による A での速度で投げ出されたことになる．A の速度は B の速度より大きく，地表に着くまでの地表の移動 B → B′ よりも物体の水平方向の移動 B → A′ の方が大きい．そのため A′ は B′ よりも東寄りになっている．9.4-3 図（b）は地表からみた物体の運動である．◆

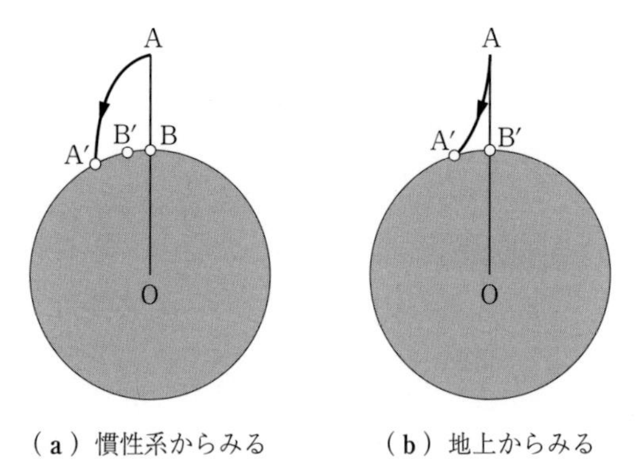

（a）慣性系からみる　（b）地上からみる

9.4-3 図

§9.5　Foucault 振り子

単振り子の運動に地球の自転の影響を考えに入れてみよう．この影響は1日の程度の時間にわたって現われるので，空気の抵抗にもかかわらず長時間にわたって減衰しないようなものでなければならない．そのためおもりの質量を大きくして，糸の長さを長くしておく．また振動面が回転するので，糸を支える点でどのような方向に振動しても力学的条件が同じになるようにしておかなければならない．

原点から長さ l の糸でおもりをつるす．糸の張力を S とすれば，(9.4-6) によって，

$$\left.\begin{aligned} m\ddot{x} &= -S\frac{x}{l} + 2m\omega\dot{y}\sin\lambda, \\ m\ddot{y} &= -S\frac{y}{l} - 2m\omega(\dot{x}\sin\lambda + \dot{z}\cos\lambda). \end{aligned}\right\} \qquad (9.5\text{-}1)$$

小さい振動では，$\dot{z} = 0$ としてよいから，第2の式の $\dot{z}$ の入っている項は消える．第1の式に $-y$ を，第2の式に x を掛けて加えれば

$$x\ddot{y} - y\ddot{x} = -2\omega(x\dot{x} + y\dot{y})\sin\lambda.$$

これは t について積分できるから，

$$x\dot{y} - y\dot{x} = -\omega(x^2 + y^2)\sin\lambda + c, \qquad c：定数.$$

はじめ，つり合いの点 $(x = 0,\ y = 0)$ を通るようにしておく．$x = 0,\ y = 0$ の場合を考えれば $c = 0$ である．おもりを (x, y) 平面に投影して，極座標を使えば

$$x = r\cos\varphi, \qquad y = r\sin\varphi$$

を入れて，

$$r^2\dot{\varphi} = -\omega r^2\sin\lambda.$$

これから

$$\dot{\varphi} = -\omega\sin\lambda.$$

おもりは，大体は鉛直面内で振動するが，その面は $\omega\sin\lambda$ の角速度で少しずつ方向を変えていく．回る向きは上からみて時計の針の進む向きに一致する（北半球で）．この運動は，地球が慣性系に対して ω の角速度で回転していること

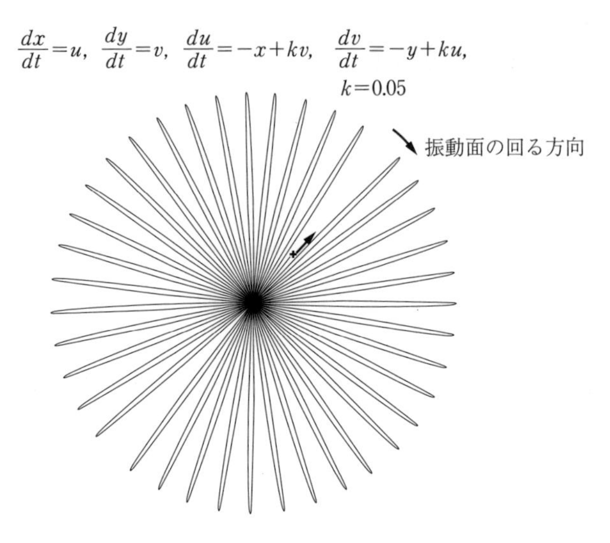

9.5-1 図　Foucault 振り子の運動

を直接に示すもので，Foucault（フーコー）が 1851 年に行なったものである．

Foucault（フーコー）振り子の運動を電子計算機で計算するため，(9.5-1) で $S=mg$ とおき

$$\ddot{x} = -\frac{x}{l}g + 2\omega\dot{y}\sin\lambda,$$

$$\ddot{y} = -\frac{y}{l}g - 2\omega\dot{x}\sin\lambda$$

とし，$g=9.8\,\mathrm{m/s^2}$，$l=9.8\,\mathrm{m}$，$2\omega\sin\lambda=k=0.05$ とおく（ω について誇張してある）．9.5-1 図がこれを示す．原点から矢の方向に動き出して，その振動面がしだいに回っていくところが示されている．

§9.6　Larmor 歳差運動

電場と磁場とがある空間で，帯電粒子が運動しているとしよう．粒子の持つ電気量 q はクーロン (C) で，電場の強さ E はボルト/m (V/m) で，磁場の磁束密度の単位としてウェーバー/m² (Wb/m²) で表わす．粒子の速度 (m/s) をベクトルで $\boldsymbol{v}$，電場，磁場（磁束密度）を $\boldsymbol{E}, \boldsymbol{B}$ で表わせば，粒子に働く力は

$$\boldsymbol{F} = q(\boldsymbol{E} + \boldsymbol{v} \times \boldsymbol{B})$$

で与えられる．これが **Lorentz 力**とよばれるものである．

いま，磁場は一定で，z 軸の方に向いているものとする．粒子の運動方程式は

$$\left.\begin{aligned} m\frac{d^2x}{dt^2} &= qE_x + q(\boldsymbol{v}\times\boldsymbol{B})_x = qE_x + q\frac{dy}{dt}B, \\ m\frac{d^2y}{dt^2} &= qE_y + q(\boldsymbol{v}\times\boldsymbol{B})_y = qE_y - q\frac{dx}{dt}B, \\ m\frac{d^2z}{dt^2} &= qE_z \end{aligned}\right\} \qquad (9.6\text{-}1)$$

である．z 軸のまわりに ω の角速度で回る座標系 (x', y', z') を考え，(9.3-3) の変換式を使う．B, ω は小さいとし，$\omega^2, B\omega$ の項を省略して，

$$\left.\begin{aligned} m\frac{d^2x'}{dt^2} &= qE_{x'} + (qB + 2m\omega)\frac{dy'}{dt}, \\ m\frac{d^2y'}{dt^2} &= qE_{y'} - (qB + 2m\omega)\frac{dx'}{dt}, \\ m\frac{d^2z'}{dt^2} &= qE_{z'} \end{aligned}\right\} \qquad (9.6\text{-}2)$$

が得られる．(9.6-1) の磁場からの力と Coriolis の力が 1 つの項にまとめられたのである．

いま，

$$\omega = \omega_{\mathrm{L}} = -\frac{qB}{2m} \qquad (9.6\text{-}3)$$

としよう．(9.6-2) の右辺の第 2 項は消える．(9.6-2) は

$$m\frac{d^2x'}{dt^2} = qE_{x'}, \quad m\frac{d^2y'}{dt^2} = qE_{y'}, \quad m\frac{d^2z'}{dt^2} = qE_{z'} \qquad (9.6\text{-}4)$$

となる．これは電場だけがあるとしたときの運動方程式である．それゆえ，

> 帯電粒子が電場の下で運動するとき，z 軸の方向に磁場 B が加わると，粒子の運動は磁場のないときの運動を，z 軸のまわりに $\omega_{\mathrm{L}} = -qB/2m$ の角速度で回したものになる．

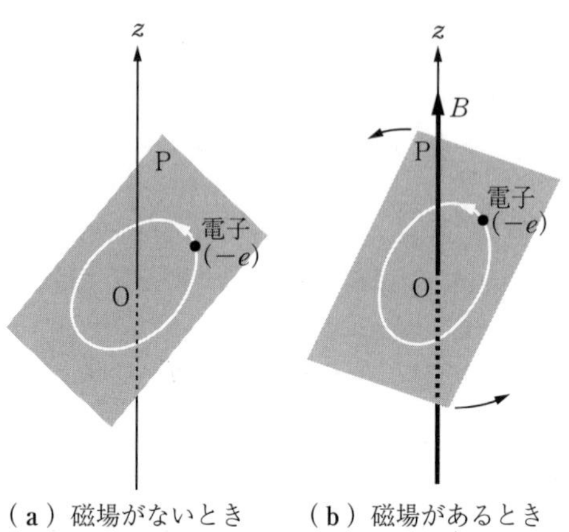

（a）磁場がないとき　（b）磁場があるとき

9.6-1 図　Larmor 歳差運動

これを **Larmor 歳差運動**（Larmor precession）とよび，(9.6-3) の ω_{L} を **Larmor 周波数**（Larmor frequency）とよぶ．この定理は原子に磁場が加わるときなどに使われる．9.6-1 図 (a) は磁場のないときに定平面 P 内で O のまわりを運動する電子に，P に対して傾いている z 軸の方に向く磁場が働くときには，P に相対的な電子の運動は変更を受けず，P が z 軸のまわりに ω_{L} の角速度で回る運動になることを示している．これは原子物理学で原子に磁場が働くときに重要な定理で，実際は量子力学的に扱われる．[1]

第9章　問題

1　一定の加速度 a で水平な軌道上を直線運動している列車の中で，天井（てんじょう）から質量 m の物体を糸でつるすとき，糸の張力と糸が鉛直とつくる角とを求めよ．

2　一定の加速度 a で水平な軌道上を直線運動している列車の中で，物体を静かに放すとどんな運動を行なうか．

3　加速度 a で水平に運動する滑らかな斜面（水平とつくる角 $= \theta$）の上にある質点（質量 $= m$）の，斜面に相対的な加速度と斜面からの抗力はどれだけか．

4　頂点を下に向け，軸のまわりに一定の角速度 ω で回転する滑らかな放物線に束縛された質点の運動を調べよ．

1）　小出昭一郎：「量子力学 I」（基礎物理学選書 5A，裳華房，1969）205 ページ．

5 1つの滑らかな平面が，これとその上の点Oで交わる鉛直線（鉛直線と平面との間の角は任意）のまわりに一定の角速度 ω で回転している．この平面に束縛された質点がOから初速度0で動きだすとき，回転軸から r，Oから鉛直下方に測って h だけ低い高さにあるときの平面に相対的な速さは $V^2 = r^2\omega^2 + 2gh$ で与えられることを示せ．

6 地球表面上で鉛直な滑らかな直線に沿って V の速さで運動する質点が直線に作用する力を求めよ．

7 北緯 λ のところで，1つの質点が真南から東に測って θ の角をつくる滑らかな水平直線に束縛されて一定の速さ V で運動している．質点から直線に作用する水平方向の力を求めよ．（注意：これは，列車がレールを走っているとき，車輪からレールに水平方向に作用する力を求める問題である．）

8 北緯 45° のところで，南方に向かって水平と θ の角をつくる方向に初速度 V_0 で物体を投げるとき，地面上，正南方からどれだけ離れたところに落ちるか．ただし，地球の角速度を ω とし，ω^2 の項は省略してよい．$\theta = 45°$，$V_0 = 500$ m/s のときはどうか．

10 質点系の運動

§10.1　運動量保存の法則

いくつかの質点から成り立っている体系を考え，その質量を $m_1, m_2, \cdots, m_i, \cdots$ とする．i 番目の質点の速度ベクトルを $\boldsymbol{V}_i$ とすれば，その運動量は $\boldsymbol{p}_i = m_i\boldsymbol{V}_i$ である．

$$\boldsymbol{P} = \sum_i \boldsymbol{p}_i = \sum_i m_i \boldsymbol{V}_i \tag{10.1-1}$$

をこの**質点系の運動量**という．成分に分けて書けば

$$\left.\begin{aligned} P_x &= \sum_i p_{ix} = \sum_i m_i \dot{x}_i, \\ P_y &= \sum_i p_{iy} = \sum_i m_i \dot{y}_i, \\ P_z &= \sum_i p_{iz} = \sum m_i \dot{z}_i. \end{aligned}\right\} \tag{10.1-2}$$

i 番目の質点に働く力のうちで，体系の外から働く力を $\boldsymbol{F}_i$，体系内の他の質点，たとえば k 番目の質点からの力を $\boldsymbol{F}_{ki}$ [1] とする．$\boldsymbol{F}_i$ を**外力**（external force），$\boldsymbol{F}_{ki}$ を**内力**（internal force）という．i 番目の質点に働く内力は $\boldsymbol{F}_{1i}, \boldsymbol{F}_{2i}, \cdots, \boldsymbol{F}_{i-1,i}, \boldsymbol{F}_{i+1,i}, \cdots$ で，もちろん $\boldsymbol{F}_{ii}$ という力はない．i 番目の質点の運動方程式は

$$\frac{d\boldsymbol{p}_i}{dt} = \boldsymbol{F}_i + \sum_{k \neq i} \boldsymbol{F}_{ki} \tag{10.1-3}$$

であるが，これを $i = 1, 2, 3, \cdots$ について書き，すべてを加え合わせると

1）k 番目から i 番目に働く力を $\boldsymbol{F}_{ki}$ と書く．$\boldsymbol{F}_{ik}$ と書く書き方もある．

$$\frac{d}{dt}\left(\sum_i \boldsymbol{p}_i\right) = \sum_i \boldsymbol{F}_i + \sum_i \sum_{k \neq i} \boldsymbol{F}_{ki} \tag{10.1-4}$$

となる．この式の右辺の最後の項をくわしく書けば，

$$\begin{aligned}\sum_i \sum_{k \neq i} \boldsymbol{F}_{ki} = \quad & \qquad\quad\ \boldsymbol{F}_{21} + \boldsymbol{F}_{31} + \boldsymbol{F}_{41} + \cdots \\ & + \boldsymbol{F}_{12} \qquad\ \ + \boldsymbol{F}_{32} + \boldsymbol{F}_{42} + \cdots \\ & + \boldsymbol{F}_{13} + \boldsymbol{F}_{23} \qquad\ \ + \boldsymbol{F}_{43} + \cdots \\ & + \cdots \end{aligned}$$

となるが，$\boldsymbol{F}_{ik}$ という力があれば $\boldsymbol{F}_{ki}$ という力もあることに気がつく．運動の第3法則によって，

$$\boldsymbol{F}_{ik} + \boldsymbol{F}_{ki} = 0 \tag{10.1-5}$$

であるから，

$$\sum_i \sum_{k \neq i} \boldsymbol{F}_{ki} = 0 \tag{10.1-6}$$

となる．したがって（10.1-4）は

$$\frac{d}{dt}\boldsymbol{P} = \sum_i \boldsymbol{F}_i \tag{10.1-7}$$

となる．この式をみると，

> 質点系の運動量が時間に対して変わる割合は，これに働く外力の総和に等しく，内力とはまったく無関係である

ことがわかる．質点系が孤立しているときには $\boldsymbol{F}_i = 0\ (i = 1, 2, \cdots)$ であるから，（10.1-7）の右辺は0となる．したがって，$\boldsymbol{P}$ は一定となる．すなわち，

> 質点系が孤立していて，外から力を受けないときには，その運動量は一定に保たれる．[2)]
>
> $$\boldsymbol{P} = \sum_i m_i \boldsymbol{V}_i = 一定. \tag{10.1-8}$$

成分で書いて，

$$\sum_i m_i u_i = 一定, \quad \sum_i m_i v_i = 一定, \quad \sum_i m_i w_i = 一定. \tag{10.1-9}$$

---

2)　実は孤立していなくても，とにかく $\sum \boldsymbol{F}_i = 0$ であればよい．

これを**運動量保存の法則**（law of conservation of momentum）とよぶ.

運動量は，それが孤立系で保存されることからわかるように，エネルギーなど保存される量と並んで，力学またはもっと一般に，物理の根本的な量の1つであると考えられる．一般に物理学では保存される量に基礎的な意味が与えられる．その点では，運動量は力よりももっと根本的な量であるとさえいえる．この節では運動の第3法則から運動量保存の法則を導いたが，電磁場のように質点力学以外の要素が入っている，運動の第3法則の適用範囲よりも広い領域でも，運動量保存の法則は成り立つ.

例題1　一直線上を運動する2つの球A, Bがある．質量はそれぞれ m, M である．はじめBが静止していて，これにAが速度 u で衝突するものとする．衝突が完全に弾性的であるとして，球Aから球Bに移るエネルギーを求めよ.

解　衝突後のAの速度を U，Bの速度を V とする．運動量保存の法則によって，

$$mU + MV = mu. \tag{1}$$

完全に弾性的[1]であるから

$$V - U = u. \tag{2}$$

(1)，(2) から U, V を解けば

$$U = \frac{m - M}{m + M} u, \tag{3}$$

1）完全に弾性的であることは運動エネルギーの損失がないことで表わしてもよい．そのとき，条件は

$$\frac{1}{2}mU^2 + \frac{1}{2}MV^2 = \frac{1}{2}mu^2.$$

すなわち

$$mU^2 + MV^2 = mu^2$$

となる．本文 (1) とこの式を

$$m(u - U) = MV, \qquad m(u^2 - U^2) = MV^2$$

とならべておいて割算をすると

$$u + U = V$$

となり，本文 (2) に一致する．この場合，反発係数は

$$e = \frac{\text{衝突後の相対速度の絶対値}}{\text{衝突前の相対速度の絶対値}} = \frac{V - U}{u}$$

であるから，この式で $e = 1$ とおいたものが本文 (2) である.

$$V = \frac{2m}{m+M}u.$$

したがって，AからBに移ったエネルギーは

$$\frac{1}{2}MV^2 = \frac{2Mm^2}{(M+m)^2}u^2 = 2M\frac{1}{\left(\frac{M}{m}+1\right)^2}u^2.$$

Bの質量Mに対して，Aの質量mをいろいろに変えると，mが大きいほど，エネルギーの移る量が大きくなる．しかし，$2Mu^2$を超えることはない．◆

例題2　雨滴が空から落ちるとき，途中で空気中に浮かんでいる小さな水滴をともなってしだいに大きくなりながら落ちていく．このときの運動について，雨滴に働く力が重力だけであるとすれば

$$\frac{d}{dt}(mv) = mg, \quad m：雨滴の質量, \quad v：下向きの速度$$

であることを示せ．

解　時刻tで質量mになっている雨滴がdt時間にdmの質量を増加するものとする．mの部分とdmの部分を全体で質点系とみなす．tで速度v，$t+dt$で$v+dv$とする．外力は$(m+dm)g$である．したがって

$$(m+dm)(v+dv) - mv = (m+dm)g\cdot dt.$$

高次の微小量を省略して

$$m\,dv + v\,dm = mg\,dt.$$

それゆえ

$$\frac{d}{dt}(mv) = mg$$

となり，雨滴が質量を変化する質点と考えて，(10.1-7) をそのまま使うことができることを示している．◆

例題3　ロケット運動　$t=0$でm_0の質量を持つ物体が，静止の位置から，後方にいつでも自分に相対的にUという速度で連続的に物体を投げながら前進するとき，その後任意の時刻での速度と進んだ距離を求めよ．

解　時刻tでの質量がmであるとし，dt時間に$-dm$だけの部分が速度$v-U$で投げられるとする．

時刻tで：質量m，速度v，

時刻 $t + dt$ で：質量 $m + dm$ の部分が速度 $v + dv$，質量 $-dm$ の部分が速度 $v - U$.

運動量保存の法則は

$$mv = (m + dm)(v + dv) - dm(v - U).$$

これから

$$m\frac{dv}{dt} = -U\frac{dm}{dt}.$$

$$m\,dv = -U\,dm. \qquad \therefore\ dv = -U\frac{dm}{m}.$$

$$v = -U\log m + C.$$

$t = 0$ で $v = 0$ とし，$m = m_0$ とすれば $C = U\log m_0$.

$$\therefore\ v = U\log\frac{m_0}{m}.$$

単位時間に一定量 a の質量を放出するものとすれば，

$$v = U\log\frac{m_0}{m_0 - at}.$$

$t = 0$ で $x = 0$ の条件で積分すれば

$$x = U\left\{t + \left(\frac{m_0}{a} - t\right)\log\frac{m_0 - at}{m_0}\right\}.$$ ◆

§10.2　重心の運動保存の法則

質点系の i 番目の質点の位置ベクトルを $\boldsymbol{r}_i(x_i, y_i, z_i)$，質量を m_i とする.

$$\boldsymbol{r}_G = \frac{\sum m_i \boldsymbol{r}_i}{M}, \qquad M = \sum m_i, \tag{10.2-1}$$

座標で書いて

$$x_G = \frac{\sum m_i x_i}{M}, \quad y_G = \frac{\sum m_i y_i}{M}, \quad z_G = \frac{\sum m_i z_i}{M} \qquad (10.2\text{-}1)'$$

で与えられる点を質点系の**重心**（center of gravity），または**質量の中心**（center of mass）とよぶ.

(10.2-1) は選ばれた原点について与えられる位置であるが，原点のとりかたによらず同じ点であることを示すために，位置ベクトルを引く原点を O から

O′ に移してみる．$\overrightarrow{OO'} = \boldsymbol{r}_0$ とし，O′ から m_i に引いた位置ベクトルを $\boldsymbol{r}_i'$ とする．(10.2-1) と同じ形式の式で与えられる点を G′ とすれば

$$\boldsymbol{r}_{G'} = \frac{\sum m_i \boldsymbol{r}_i'}{M}.$$

(10.2-1) に

$$\boldsymbol{r}_i = \boldsymbol{r}_0 + \boldsymbol{r}_i'$$

を入れて

$$\boldsymbol{r}_G = \frac{\sum m_i(\boldsymbol{r}_0 + \boldsymbol{r}_i')}{M} = \boldsymbol{r}_0 + \frac{\sum m_i \boldsymbol{r}_i'}{M} = \boldsymbol{r}_0 + \boldsymbol{r}_{G'}.$$

したがって，$\boldsymbol{r}_G$ と $\boldsymbol{r}_{G'}$ との関係は $\boldsymbol{r}_i$ と $\boldsymbol{r}_i'$ の関係と同じになるから G と G′ とは同一の点でなければならない．

重心に原点をおけば，(10.2-1) による重心の位置は当然 0 となるはずであるから，このときの m_i の位置ベクトルを $\boldsymbol{r}_i'$ とすれば

$$\sum m_i \boldsymbol{r}_i' = 0, \qquad \text{または} \qquad \sum m_i x_i' = 0, \quad \sum m_i y_i' = 0, \quad \sum m_i z_i' = 0 \tag{10.2-2}$$

である．この式は後にいくども使われる．

(10.2-1) から

$$M\ddot{\boldsymbol{r}}_G = \sum m_i \ddot{\boldsymbol{r}}_i = \frac{d}{dt}\sum(m_i \boldsymbol{V}_i) = \frac{d}{dt}\boldsymbol{P}.$$

(10.1-7) によって

$$M\ddot{\boldsymbol{r}}_G = \sum_i \boldsymbol{F}_i \tag{10.2-3}$$

となる．これは，1 個の質点の運動方程式とまったく同じであるから，

> 質点系の重心の運動は，この点に全質量が集まり，また全外力がこれに集中して作用すると考えるときの運動に等しい．内力は無関係である．

また，孤立系を考えると，

> 孤立系の重心は，はじめ慣性系に対して運動していれば，いつまでもその速度で等速直線運動を行ない，はじめ静止していれば，いつまでも静止す

る

ことがわかる．これを**重心の運動保存の法則**という．それゆえに

孤立系の重心に固定され，恒星に対して回転しないような座標系は慣性系である．

§10.3 角運動量保存の法則

質点系の運動量保存の法則に続いて角運動量保存の法則について調べよう．1個の質点についての角運動量の時間的変化とその保存法則については§7.2，§7.3で学んだ．

まとめていえば，慣性系の原点のまわりの角運動量 $\boldsymbol{l}$ の時間的変化は，(7.2-9) の式

$$\frac{d\boldsymbol{l}}{dt} = \boldsymbol{N}, \quad \boldsymbol{N}：質点に働く力のモーメント \tag{10.3-1}$$

で，$\boldsymbol{N} = 0$ の場合

$$\boldsymbol{l} = 一定 \qquad 角運動量保存の法則 \tag{10.3-2}$$

である．力のモーメント $\boldsymbol{N}$ は

$$\left.\begin{array}{c} \boldsymbol{N} = \boldsymbol{r} \times \boldsymbol{F}, \\ N_x = yZ - zY, \quad N_y = zX - xZ, \quad N_z = xY - yX \end{array}\right\} \tag{10.3-3}$$

で与えられる．

慣性系の原点Oのまわりの各質点の角運動量ベクトルの和を，この質点系のOのまわりの角運動量という．これを $\boldsymbol{L}$ で表わせば

$$\boldsymbol{L} = \sum m_i(\boldsymbol{r}_i \times \boldsymbol{V}_i). \tag{10.3-4}$$

おのおのの質点の角運動量の時間的に変わる割合が，この質点に働いている力のモーメントに等しいのであるから，

$$\frac{d\boldsymbol{L}}{dt} = \sum_i \boldsymbol{r}_i \times \left(\boldsymbol{F}_i + \sum_{k \neq i} \boldsymbol{F}_{ki}\right).$$

ここで

$$\sum_i \boldsymbol{r}_i \times \left(\sum_{k \neq i} \boldsymbol{F}_{ki}\right) = \sum_i \sum_{k \neq i} (\boldsymbol{r}_i \times \boldsymbol{F}_{ki})$$

であるが，この和には

$$\boldsymbol{r}_i \times \boldsymbol{F}_{ki} + \boldsymbol{r}_k \times \boldsymbol{F}_{ik}$$

の形の項が1対ずつある．第3法則によって $\boldsymbol{F}_{ik} = -\boldsymbol{F}_{ki}$ であるから，

$$\boldsymbol{r}_i \times \boldsymbol{F}_{ki} + \boldsymbol{r}_k \times \boldsymbol{F}_{ik} = (\boldsymbol{r}_k - \boldsymbol{r}_i) \times \boldsymbol{F}_{ik}.$$

$\boldsymbol{r}_k - \boldsymbol{r}_i$ は m_i から m_k へ引いた位置ベクトルであるが，第3法則によって $\boldsymbol{r}_k - \boldsymbol{r}_i$ は $\boldsymbol{F}_{ik}$ に平行である．それゆえこのベクトル積は0である．それゆえ，

$$\boldsymbol{r}_i \times \boldsymbol{F}_{ki} + \boldsymbol{r}_k \times \boldsymbol{F}_{ik} = 0$$

で，したがって

$$\frac{d\boldsymbol{L}}{dt} = \sum(\boldsymbol{r}_i \times \boldsymbol{F}_i) = \boldsymbol{N} \qquad (10.3\text{-}5)$$

となり，内力の項は全部消えてしまう．つまり，

> 慣性系の定点のまわりにとった質点系の角運動量が時間とともに変わる割合は，この質点系に働いている外力のモーメントの和に等しく，内力は無関係である．

孤立系では外力のモーメントは0であるから

$$\frac{d\boldsymbol{L}}{dt} = 0, \qquad \text{したがって} \qquad \boldsymbol{L} = \text{一定} \qquad (10.3\text{-}6)$$

である．孤立系でなくても $\boldsymbol{N} = 0$ でさえあれば $\boldsymbol{L}$ は一定である．それで次のようにいうことができる．

> 慣性系の定点のまわりにとった孤立系の角運動量は保存される．孤立系でなくても外力のモーメントの和が0であれば角運動量は保存される．

これを**角運動量保存の法則**（law of conservation of angular momentum）という．

たとえば，太陽系全体は他の天体からの作用に対して孤立系と考えることができるからその角運動量は保存される．すなわちその方向も大きさも保存され

るのである．この不変の方向を**不変線**，それに直角な平面を**不変面**とよぶ．

原子は原子核とそのまわりを回っている電子とから成り立っている．原子核，電子はそれぞれ角運動量（スピン）を持ち，また電子が核のまわりを回る運動によっても角運動量を持っているが，これらの角運動量の総和は原子が孤立しているかぎり保存される．原子などに関係する粒子の持つ角運動量は原子物理学では大切な役目を持つ．

角運動量の単位は $\mathrm{m^2\,kg/s}$ であるが，原子物理学では $\hbar$ $(= h/2\pi$，$h =$ Planck の定数 $= 6.6256 \times 10^{-34}\,\mathrm{J\,s}$，$\hbar = 1.05450 \times 10^{-34}\,\mathrm{J\,s})$[1] が使われる．原子核や原子内の電子の持つ角運動量は $\hbar$ の程度である．半径 1 cm の鋼球が 1 s に 1 回まわる程度の運動では角運動量は $10^{29}\,\hbar$ の程度，太陽のまわりの地球の運動では $10^{64}\,\hbar$ の程度である．

§10.4　重心のまわりの角運動量

質点系の力学では重心（質量の中心）がいろいろな場合，重要な役割を持っている．§10.2 では，質点系の重心が外力に対しては，1 個の質点のしたがうのと同じ運動方程式にしたがうのをみた．またその特別な場合として，孤立系では重心の運動は変化しないことも学んだ．このように，重心の運動は比較的に簡単に求められたり，はじめからわかっていたりするので，質点系の運動を論じるとき，その運動を重心の運動とこれに相対的な運動とに分けて考えることが多い．角運動量についても重心の運動とこれに相対的な運動，つまり，重心のまわりの運動に分けて考えることが多い．

慣性系内の一定点 O のまわりにとった質点系の角運動量 $\boldsymbol{L}$ は，(10.3-4) の式

$$\boldsymbol{L} = \sum m_i(\boldsymbol{r}_i \times \boldsymbol{V}_i) \tag{10.4-1}$$

によって与えられる．質点系の重心の位置を $\boldsymbol{r}_\mathrm{G}$ とし，重心から i 番目の質点までの位置ベクトルを $\boldsymbol{r}_i'$ とする．

$$\boldsymbol{r}_i = \boldsymbol{r}_\mathrm{G} + \boldsymbol{r}_i'. \tag{10.4-2}$$

1)　$\hbar$ は“Dirac（ディラック）のエイチ（aitch）”または“エイチ・バー（aitch bar）”と読む．

これを t で微分すれば，速度ベクトルの関係

$$\boldsymbol{V}_i = \boldsymbol{V}_{\mathrm{G}} + \boldsymbol{V}_i' \tag{10.4-3}$$

が得られる．(10.4-2)，(10.4-3) を (10.4-1) に代入すれば，$M = \sum m_i$ として

$$\begin{aligned}\boldsymbol{L} &= \sum m_i\{(\boldsymbol{r}_{\mathrm{G}} + \boldsymbol{r}_i') \times (\boldsymbol{V}_{\mathrm{G}} + \boldsymbol{V}_i')\} \\ &= M(\boldsymbol{r}_{\mathrm{G}} \times \boldsymbol{V}_{\mathrm{G}}) + \sum(m_i\boldsymbol{r}_i' \times \boldsymbol{V}_i') + \boldsymbol{r}_{\mathrm{G}} \times \sum m_i\boldsymbol{V}_i' + (\sum m_i\boldsymbol{r}_i') \times \boldsymbol{V}_{\mathrm{G}}\end{aligned}$$

となる．ここで $\sum m_i\boldsymbol{r}_i'$ は重心を原点として，質点系の各質点の位置を表わしたときの重心の位置を求める公式の分子にあたるものであるから 0 となる ((10.2-2) 参照)．したがって，これを t で微分して得る $\sum m_i\boldsymbol{V}_i'$ も 0 である．それゆえ，

$$\boldsymbol{L} = \boldsymbol{r}_{\mathrm{G}} \times M\boldsymbol{V}_{\mathrm{G}} + \boldsymbol{L}_{(\mathrm{G})} = \boldsymbol{r}_{\mathrm{G}} \times \boldsymbol{P} + \boldsymbol{L}_{(\mathrm{G})} \tag{10.4-4}$$

となる．右辺第 1 項は，体系の質量がすべて重心に集まったと考えたときの原点（慣性系の定点）のまわりの角運動量，$\boldsymbol{L}_{(\mathrm{G})}$ は

$$\boldsymbol{L}_{(\mathrm{G})} = \sum \boldsymbol{r}_i' \times (m_i\boldsymbol{V}_i') = \sum \boldsymbol{r}_i' \times \boldsymbol{p}_i' \tag{10.4-5}$$

で，重心 G のまわり[2] の角運動量である．

この $\boldsymbol{L}_{(\mathrm{G})}$ が時間とともにどう変わるかを調べよう．そのために (10.4-4) を t で微分する．$d\boldsymbol{L}/dt$ は (10.3-5) で与えられているから，これから $d\boldsymbol{L}_{(\mathrm{G})}/dt$ が出てくるはずである．(10.4-4) を t で微分して，

$$\frac{d\boldsymbol{L}}{dt} = \boldsymbol{V}_{\mathrm{G}} \times M\boldsymbol{V}_{\mathrm{G}} + \boldsymbol{r}_{\mathrm{G}} \times M\frac{d\boldsymbol{V}_{\mathrm{G}}}{dt} + \frac{d\boldsymbol{L}_{(\mathrm{G})}}{dt}.$$

$\boldsymbol{V}_{\mathrm{G}} \times \boldsymbol{V}_{\mathrm{G}} = 0$，$M\dfrac{d\boldsymbol{V}_{\mathrm{G}}}{dt} = \sum \boldsymbol{F}_i$（(10.2-3) 参照）であるから，

$$\frac{d\boldsymbol{L}}{dt} = \boldsymbol{r}_{\mathrm{G}} \times \sum \boldsymbol{F}_i + \frac{d\boldsymbol{L}_{(\mathrm{G})}}{dt}.$$

(10.3-5) の $\boldsymbol{N}$ は

$$\boldsymbol{N} = \sum(\boldsymbol{r}_i \times \boldsymbol{F}_i) = \sum(\boldsymbol{r}_{\mathrm{G}} + \boldsymbol{r}_i') \times \boldsymbol{F}_i = \sum(\boldsymbol{r}_i' \times \boldsymbol{F}_i) + \boldsymbol{r}_{\mathrm{G}} \times \sum \boldsymbol{F}_i$$

となる．したがって，(10.3-5) によって

$$\frac{d\boldsymbol{L}_{(\mathrm{G})}}{dt} = \sum(\boldsymbol{r}_i' \times \boldsymbol{F}_i) = \boldsymbol{N}_{(\mathrm{G})} \tag{10.4-6}$$

となる．この式は (10.3-5) と同じ形をしている．つまり，慣性系の定点のま

2) $\boldsymbol{L}_{(\mathrm{G})}$ の (G) は G の “まわりの” という意味である．

わりの角運動量も，重心のまわりの角運動量もその時間的変化はそれぞれの点のまわりの外力のモーメントに等しい．

(10.4-6) で $\boldsymbol{N}_{(\mathrm{G})}$ が 0 であるときには $\boldsymbol{L}_{(\mathrm{G})}=$ 一定，つまり重心のまわりの角運動量が保存される．すなわち，

> 質点系に働く外力の重心のまわりのモーメントが 0 であるときには，重心のまわりの角運動量は保存される．

(10.4-1) から (10.4-6) までの計算を，直交座標 (x, y, z) の方向の成分を使って実行して，同じ結果が得られるのを試みることをおすすめする．

§10.5　質点系のエネルギー

質点系の各質点の持つ運動エネルギーの和をこの質点系の運動エネルギーという．これを T とすれば

$$T=\sum_i \frac{1}{2} m_i V_i^2 \tag{10.5-1}$$

である．

質点系を 1 つずつの質点に分けて考えれば，各質点の運動エネルギーの変化はこれに働いている力の行なう仕事に等しいことは§6.1 の (6.1-6) で学んだ．質点系内の 1 個の質点に働く力としては外力もあれば内力もあるが，一般にどちらも仕事を行なうのであって，運動量の変化や，角運動量の変化を考えた場合のように，内力が消えてしまうとは限らない．質点系の運動エネルギーが T_1 から T_2 に変わったとすれば

$$\begin{aligned} T_2-T_1 &= \text{外力の行なった仕事} + \text{内力の行なった仕事} \\ &= \int_{(1)}^{(2)} \sum_i \boldsymbol{F}_i \cdot d\boldsymbol{r}_i + \int_{(1)}^{(2)} \sum_i \sum_{k \neq i} \boldsymbol{F}_{ki} \cdot d\boldsymbol{r}_i . \end{aligned} \tag{10.5-2}$$

上に述べたように，(10.5-2) の第 2 項は一般には 0 にならないが，特別な束縛条件のある場合には 0 となる．次にこれをあげよう．

(a)　2 つの質点間の距離が変わらないように束縛されているとき，互いに作用しあ

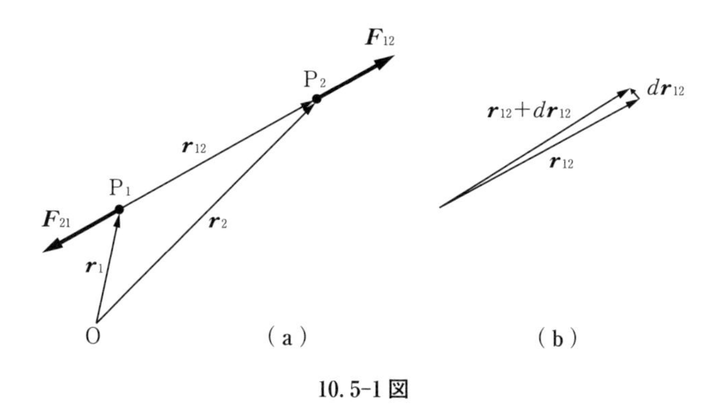

10.5-1図

う力の行なう仕事

質点を $\mathrm{P}_1, \mathrm{P}_2$ とし，その距離 $\overline{\mathrm{P}_1\mathrm{P}_2}$ が変わらないように束縛されているとする．P_1 から P_2 に，P_2 から P_1 に作用する力を $\boldsymbol{F}_{12}, \boldsymbol{F}_{21}$ とする．P_1 が $d\boldsymbol{r}_1$，P_2 が $d\boldsymbol{r}_2$ だけ動く間にこれらの力の行なう仕事は

$$\begin{aligned}\boldsymbol{F}_{21}\cdot d\boldsymbol{r}_1 + \boldsymbol{F}_{12}\cdot d\boldsymbol{r}_2 &= \boldsymbol{F}_{12}\cdot(d\boldsymbol{r}_2 - d\boldsymbol{r}_1) \\ &= \boldsymbol{F}_{12}\cdot d(\boldsymbol{r}_2 - \boldsymbol{r}_1) = \boldsymbol{F}_{12}\cdot d\boldsymbol{r}_{12}. \qquad (\text{第3法則を使って})\end{aligned}$$

$\boldsymbol{r}_{12}$ の大きさが一定であるときには，10.5-1図の（b）が示すように $d\boldsymbol{r}_{12}$ は $\boldsymbol{r}_{12}$ に直角である．したがって $\boldsymbol{F}_{12}\cdot d\boldsymbol{r}_{12} = 0$ で $\boldsymbol{F}_{12}$ と $\boldsymbol{F}_{21}$ の行なう仕事の和は0となる．たとえば，剛体ではこれをつくっている各質点間の距離が変わらないから，剛体が運動してもその内力によって運動エネルギーが変化するということはない．

(b)　2個の質点が滑らかな釘や環にかけた糸で結ばれていて，糸がたるむことなく運動するとき，糸の張力の行なう仕事

糸の張力を S とし，釘を原点にとって（10.5-2図），両質点の座標を (x_1, y_1, z_1), (x_2, y_2, z_2) とする．$\mathrm{P}_1, \mathrm{P}_2$ が小さな変位を行なったときの仕事は

$$\begin{aligned}d'W &= -\left(S\frac{x_1}{r_1}dx_1 + S\frac{y_1}{r_1}dy_1 + S\frac{z_1}{r_1}dz_1\right) - \left(S\frac{x_2}{r_2}dx_2 + S\frac{y_2}{r_2}dy_2 + S\frac{z_2}{r_2}dz_2\right) \\ &= -S\left\{\frac{1}{r_1}(x_1dx_1 + y_1dy_1 + z_1dz_1) + \frac{1}{r_2}(x_2dx_2 + y_2dy_2 + z_2dz_2)\right\}\end{aligned}$$

である．糸の長さは一定であるから，

$$dr_1 + dr_2 = 0.$$

$r_1 = \sqrt{x_1{}^2 + y_1{}^2 + z_1{}^2}$，$r_2 = \sqrt{x_2{}^2 + y_2{}^2 + z_2{}^2}$ であるから

$$dr_1 = \frac{x_1dx_1 + y_1dy_1 + z_1dz_1}{r_1}, \qquad dr_2 = \frac{x_2dx_2 + y_2dy_2 + z_2dz_2}{r_2}$$

である．したがって，$d'W$ の式の右辺の括弧の中は0となる．それゆえ $d'W = 0$ である．

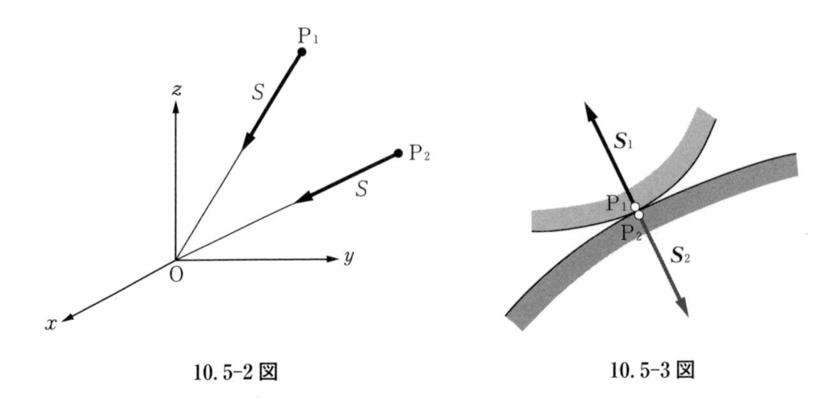

10.5-2 図　　10.5-3 図

(c)　質点系の一部に滑らかな面の触れあいがあるとき，この触れあいの点で互いに作用しあう力の行なう仕事

10.5-3 図に示すように，2 つの滑らかな面が触れあっているとき，上の面に属する接触点を P_1，下の面に属する接触点を P_2 とし，P_2 から P_1 に働く束縛力を $\boldsymbol{S}_1$，P_1 から P_2 に働く束縛力を $\boldsymbol{S}_2$ とすれば，これらの力は接触面に垂直で大きさは等しく，方向は反対である．P_1 の変位を $d\boldsymbol{r}_1$，P_2 の変位を $d\boldsymbol{r}_2$ とすれば，仕事は

$$d'W = \boldsymbol{S}_1\cdot d\boldsymbol{r}_1 + \boldsymbol{S}_2\cdot d\boldsymbol{r}_2 = \boldsymbol{S}_1\cdot(d\boldsymbol{r}_1 - d\boldsymbol{r}_2)$$

である．$d\boldsymbol{r}_1 - d\boldsymbol{r}_2$ は P_2 に相対的な P_1 の変位で，P_2 からみれば P_1 は接平面の方向に動くのであるから $d\boldsymbol{r}_1 - d\boldsymbol{r}_2$ は接触面の法線方向に直角で，$\boldsymbol{S}_1$ に直角となる．したがって $d'W = 0$．この場合 P_1 と P_2 とが一致しているからという理由で $d\boldsymbol{r}_1 = d\boldsymbol{r}_2$ であるとしてはいけない．一方は他方に対して滑ってずれていくのである．

(d)　質点系の一部に粗い面の触れあいがあって滑らずに転がるとき，触れあいの面が互いに作用しあう力の行なう仕事

10.5-4 図のように，2 つの粗い面が触れあうものとし，おのおのに属する触れあいの点を $\mathrm{P}_1, \mathrm{P}_2$ とする．束縛力を $\boldsymbol{S}_1, \boldsymbol{S}_2$ とすれば

$$\boldsymbol{S}_1 + \boldsymbol{S}_2 = 0$$

であるが，その方向は一般に面に垂直ではない．

いま面に角(かど)をつけた図 (b) を考えると，P_1 と P_2 とが接触している間は $\mathrm{P}_1, \mathrm{P}_2$ は離れず面は回転し，$\mathrm{P}_1', \mathrm{P}_2'$ が接触してはじめて $\mathrm{P}_1, \mathrm{P}_2$ が離れ，今度は $\mathrm{P}_1', \mathrm{P}_2'$ が接触してこれらのまわりに両面が互いに動くというように運動していく．このように，$\mathrm{P}_1, \mathrm{P}_2$ が接触している間は，離れずに動くのであるから $d\boldsymbol{r}_1 = d\boldsymbol{r}_2$ である．したがって $\boldsymbol{S}_1, \boldsymbol{S}_2$ の行なう仕事は

$$d'W = \boldsymbol{S}_1\cdot d\boldsymbol{r}_1 + \boldsymbol{S}_2\cdot d\boldsymbol{r}_2 = (\boldsymbol{S}_1 + \boldsymbol{S}_2)\cdot d\boldsymbol{r}_2 = 0$$

となる．滑りながら転がるときには $\boldsymbol{S}_1 + \boldsymbol{S}_2 = 0$ ではあるが，$d\boldsymbol{r}_1$ と $d\boldsymbol{r}_2$ とは等しく

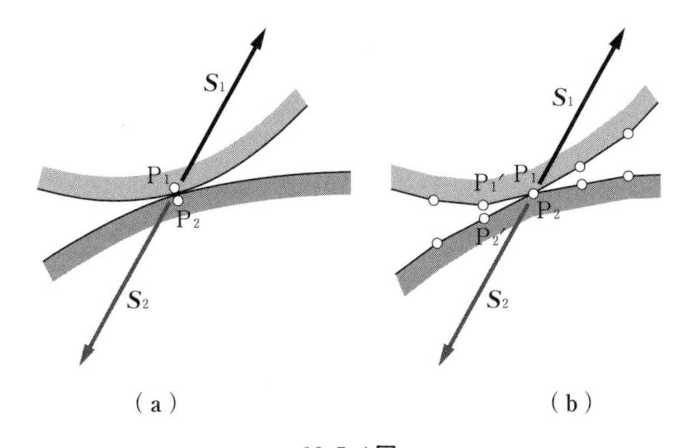

10.5-4 図

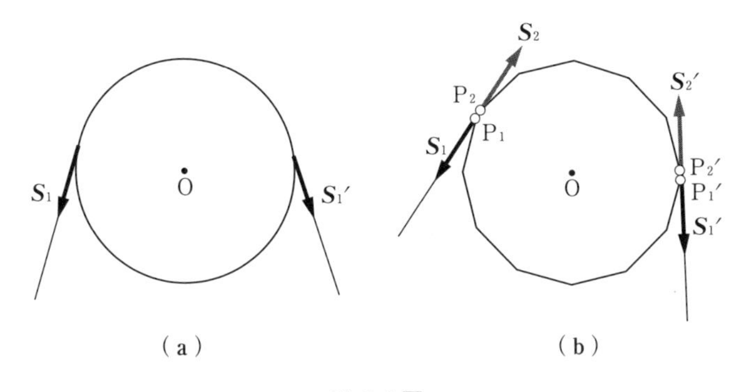

10.5-5 図

ないから，摩擦力は仕事を行なうことになる．

(e)　糸が滑車にかかっていて，滑車との接触が粗くて糸は滑車面に対して滑らないとき，束縛力の行なう仕事

(d) の場合と同様に滑車に角(かど)をつけてみると考えやすい．10.5-5 図に示す．図 (b) で糸と滑車が離れる点の滑車上の点を P_1, P_1'，糸の上の点を P_2, P_2' とする．P_1, P_1' で糸から滑車に働く力を $\boldsymbol{S}_1, \boldsymbol{S}_1'$ とし，P_2, P_2' で滑車から糸に働く力を $\boldsymbol{S}_2, \boldsymbol{S}_2'$ とする．

$\boldsymbol{S}_1 = -\boldsymbol{S}_2$, $\boldsymbol{S}_1' = -\boldsymbol{S}_2'$ である．滑車が回転するときには，P_1, P_2, P_1', P_2' は動くが P_1 と P_2，P_1' と P_2' はそれぞれ等しい変位を行なうので，仕事は 0 となる．

以上述べたいろいろな場合，すなわち，束縛力が仕事をしないとき，場合場合に応じて**滑らかな束縛**とか**固い束縛**とかいう．または一まとめにして**滑らかな束縛**とよぶこともある．このような場合はよく出てくるのであるが，そのと

きには質点系の運動エネルギーの増加は外力の行なう仕事に等しい．

次に内力が仕事を行なう場合の特別な場合として，内力がポテンシャルを持つときを考えよう．i 番目と k 番目の質点間に働く力がポテンシャル U_{ki}, U_{ik} から導かれるものとする．

$$\boldsymbol{F}_{ki} = -\mathrm{grad}_i U_{ki}, \qquad \boldsymbol{F}_{ik} = -\mathrm{grad}_k U_{ik}.$$

grad の記号に i, k を添えてあるのは，それぞれ $\boldsymbol{r}_i, \boldsymbol{r}_k$ につき勾配をとるという意味である．x 成分を書けば，

$$X_{ki} = -\frac{\partial U_{ki}}{\partial x_i}, \qquad X_{ik} = -\frac{\partial U_{ik}}{\partial x_k}.$$

U_{ki}, U_{ik} が両質点間の距離 r_{ik} だけの関数とすれば，

$$X_{ki} = -\frac{dU_{ki}}{dr_{ik}}\frac{\partial r_{ik}}{\partial x_i} = -\frac{dU_{ki}}{dr_{ik}}\frac{x_i - x_k}{r_{ik}}, \qquad X_{ik} = -\frac{dU_{ik}}{dr_{ik}}\frac{x_k - x_i}{r_{ik}}.$$

第 3 法則によって

$$X_{ik} + X_{ki} = 0$$

であるから

$$\frac{dU_{ik}}{dr_{ik}} = \frac{dU_{ki}}{dr_{ik}}.$$

したがって，定数を除いて

$$U_{ik} = U_{ki}$$

となる．いま

$$U = \sum_{i<k} U_{ik} \tag{10.5-3}$$

とおく．ここで $i<k$ としたのは，たとえば，第 1，第 2 の質点についていうと，U_{12} という項をとって U_{21} はとらないという意味である．つまり，質点の対（pair）に対して総和をとるという意味である．m_i に働く内力は

$$-\mathrm{grad}_i U, \qquad \text{成分は} \qquad \left(-\frac{\partial U}{\partial x_i}, -\frac{\partial U}{\partial y_i}, -\frac{\partial U}{\partial z_i}\right)$$

で与えられる．

質点系が，ある配置から他の配置に移るまでに内力が行なう仕事は

$$W = -\int_{(1)}^{(2)} \sum\left(\frac{\partial U}{\partial x_i}dx_i + \frac{\partial U}{\partial y_i}dy_i + \frac{\partial U}{\partial z_i}dz_i\right)$$

$$= -\int_{(1)}^{(2)} dU = U_1 - U_2.$$

U が質点の配置によって一義的にきまるならば，この W の値は途中の道筋にはよらない．そのとき，たとえば (2) の状態を基準にとって W を (1) の状態の**位置エネルギー**という．(1) を任意の状態 P とし (2) を O と書き，$U_1 = U$，$U_2 = 0$ とおけば

$$U = -\int_{\mathrm{P}}^{\mathrm{O}} \sum\left(\frac{\partial U}{\partial x_i}dx_i + \frac{\partial U}{\partial y_i}dy_i + \frac{\partial U}{\partial z_i}dz_i\right). \tag{10.5-4}$$

質点系内の 1 つ，たとえば i 番目を選んで，これに働くすべての内力の和に対する位置エネルギーを考えれば，

$$U_i = \sum_{k \neq i} U_{ki}. \tag{10.5-5}$$

くわしくは，

$$\begin{aligned} U_1 &= \phantom{U_{12}} \quad U_{21} + U_{31} + U_{41} + \cdots, \\ U_2 &= U_{12} \phantom{+ U_{21}} + U_{32} + U_{42} + \cdots, \\ U_3 &= U_{13} + U_{23} \phantom{+ U_{32}} + U_{43} + \cdots \end{aligned}$$

であって，$U_{ik} = U_{ki}$ であるから

$$\sum_i U_i = 2\sum_{i<k} U_{ik}.$$

したがって (10.5-3) によって

$$U = \frac{1}{2}\sum_i U_i \tag{10.5-6}$$

となる．たとえば，3 個の質点が万有引力を作用しあっているとき，第 1 の質点に作用する力のポテンシャルは

$$U_1 = -G\frac{m_1 m_2}{r_{12}} - G\frac{m_1 m_3}{r_{13}},$$

第 2 の質点については

$$U_2 = -G\frac{m_1 m_2}{r_{12}} - G\frac{m_2 m_3}{r_{23}},$$

第 3 の質点については

$$U_3 = -G\frac{m_3 m_1}{r_{13}} - G\frac{m_2 m_3}{r_{23}}$$

であるが，全体系の位置エネルギーは

$$U = -G\frac{m_1 m_2}{r_{12}} - G\frac{m_2 m_3}{r_{23}} - G\frac{m_1 m_3}{r_{13}}$$

で U_1, U_2, U_3 の和の 1/2 に等しい.

内力が以上のように位置エネルギーを持つ場合には，これを $U^{(i)}$ とすれば (10.5-2) の右辺の第 2 項は

$$\int_{(1)}^{(2)} \sum_i \sum_{k \neq i} \boldsymbol{F}_{ki} \cdot d\boldsymbol{r}_i = U_1{}^{(i)} - U_2{}^{(i)}$$

となるから (10.5-2) は

$$(T_2 + U_2{}^{(i)}) - (T_1 + U_1{}^{(i)}) = \int_{(1)}^{(2)} \sum_i \boldsymbol{F}_i \cdot d\boldsymbol{r}_i \qquad (10.5\text{-}7)$$

となる．つまり，

> 質点系の運動エネルギーと内力に対する位置エネルギーの和の増し高は，外力の行なう仕事に等しい.

孤立している系や，外力が働いても仕事をしないときには，

$$T + U^{(i)} = \text{一定} \qquad (10.5\text{-}8)$$

となる．外力も位置エネルギー $U^{(a)}$ を持つときには，(10.5-7) の右辺は $U_1{}^{(a)} - U_2{}^{(a)}$ となるので，

$$T + U^{(i)} + U^{(a)} = \text{一定} \qquad (10.5\text{-}9)$$

となる．(10.5-8)，(10.5-9) が質点系に対する力学的エネルギー保存の法則である.

質点系の質点間，または外から働くいろいろな力について位置エネルギーを求めておこう.

(a) 重力場

i 番目の質点の高さを z_i とすれば，その位置エネルギーは $m_i g z_i$. したがって，全体の位置エネルギーは

$$U = \sum m_i g z_i = (\sum m_i z_i) g = M g z_G, \quad z_G：重心の高さ \qquad (10.5\text{-}10)$$

である．すなわち，仮にその質点系のすべての質量が重心に集まったと考えたときの位置エネルギーに等しい.

(b) 互いにばねで結ばれているとき

ばねの自然の長さを r_0 とし，力の定数を c とすれば，i 番目の質点と k 番目の質点

を結ぶばねによる i 番目の質点に作用する力は

$$c(r_{ik}-r_0)\frac{x_k-x_i}{r_{ik}}, \quad c(r_{ik}-r_0)\frac{y_k-y_i}{r_{ik}}, \quad c(r_{ik}-r_0)\frac{z_k-z_i}{r_{ik}}.$$

これらは

$$-c(r_{ik}-r_0)\frac{\partial r_{ik}}{\partial x_i}, \quad -c(r_{ik}-r_0)\frac{\partial r_{ik}}{\partial y_i}, \quad -c(r_{ik}-r_0)\frac{\partial r_{ik}}{\partial z_i}$$

と書くことができる．それゆえ，i 番目の質点に働く力のポテンシャルは

$$U_i = \sum_{k \neq i}\frac{1}{2}c(r_{ik}-r_0)^2$$

で，全位置エネルギー U は

$$U = \frac{1}{2}\sum_i U_i = \sum_{i<k}\frac{1}{2}c(r_{ik}-r_0)^2 \tag{10.5-11}$$

となる．c, r_0 のちがうばねの種類がいろいろあっても同じことである．

(c) 万有引力を作用しあうとき

$$U_{ik} = -G\frac{m_i m_k}{r_{ik}}$$

であるから，

$$U = -G\sum_{i<k}\frac{m_i m_k}{r_{ik}}. \tag{10.5-12}$$

(d) 静電気のクーロン力を互いに作用しあうとき

MKSA 系を使って，

$$U_{ik} = \frac{e_i e_k}{4\pi\varepsilon_0 r_{ik}},^{1)} \quad e_i, e_k：荷電量, \quad \varepsilon_0：真空の誘電率.^{2)}$$

したがって

$$U = \sum_{i<k}\frac{e_i e_k}{4\pi\varepsilon_0 r_{ik}}. \tag{10.5-13}$$

質点系の運動を，重心の運動とこれに相対的な運動とに分けて考えることがよくあることは前の節で学んだが，運動エネルギーについても同様なことがある．質点系の運動エネルギー

$$T = \sum_i \frac{1}{2}m_i V_i^2$$

で $V_i^2 = \boldsymbol{V}_i \cdot \boldsymbol{V}_i$ とし，これを重心の速度 $\boldsymbol{V}_G$，重心に相対的な速度 $\boldsymbol{V}_i'$ を使って書けば

---

1) CGS esu を使えば $U_{ik} = \dfrac{e_i e_k}{r_{ik}}$.

2) $\varepsilon_0 = 8.854 \times 10^{-12}$ farad/m.

$$V_i^2 = (\boldsymbol{V}_G + \boldsymbol{V}_i')^2 = V_G{}^2 + V_i'^2 + 2\boldsymbol{V}_G \cdot \boldsymbol{V}_i'$$

となる．したがって

$$T = \frac{1}{2}MV_G{}^2 + \sum\frac{1}{2}m_iV_i'^2 + \boldsymbol{V}_G \cdot \sum m_i\boldsymbol{V}_i'$$

となるが，$\sum m_i\boldsymbol{V}_i' = 0$（(10.2-2)，(10.4-4) のすぐ上の文章参照）であるから，

$$T = \frac{1}{2}MV_G{}^2 + \sum\frac{1}{2}m_iV_i'^2. \qquad (10.5\text{-}14)$$

つまり

質点系の運動エネルギーは，全質量が重心に集まったと考えたときの運動エネルギーと，重心に相対的な運動による運動エネルギーの和に等しい．

この定理を特に剛体の運動に適用すると，剛体の運動エネルギーは重心の運動エネルギー（重心にすべての質量が集まったと考えたときの運動エネルギー）と，重心のまわりの回転に対する運動エネルギーの和に等しいことになる．このことは剛体の運動を考えるときによく使われるものである．

§10.6　2体問題[1]

いま2個の質点 P, Q（質量 $= m, M$）が中心力 $f(r)$ を作用しあいながら運動しているものとする（10.6-1 図）．両質点には他からは力が働かないものとする．そうすれば，両質点の重心は慣性系からみて等速直線運動を行なうので，これに固定した座標系はやはり慣性系である．この座標系からみた m, M の座標を (x_1, y_1, z_1)，(x_2, y_2, z_2) とする．

P についての x 方向の運動方程式：

$$m\frac{d^2x_1}{dt^2} = f(r)\frac{x_1 - x_2}{r}. \qquad (10.6\text{-}1)$$

Q についての x 方向の運動方程式：

1)　two-body problem.

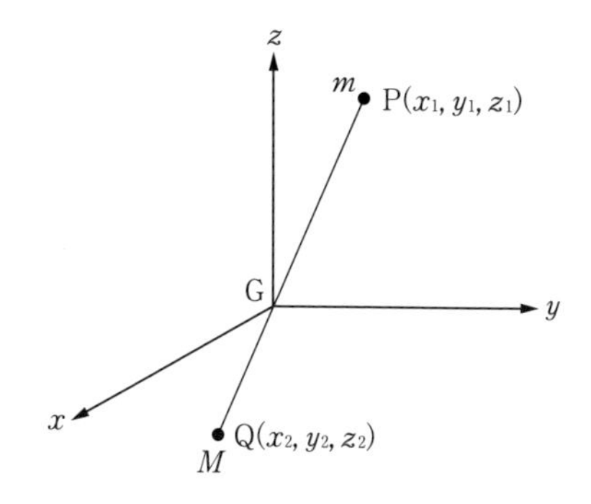

10.6-1 図

$$M\frac{d^2x_2}{dt^2} = f(r)\frac{x_2 - x_1}{r}. \qquad (10.6\text{-}2)$$

2 体問題の例として地球-月の系を考えよう．地球-月の系の重心は太陽のまわりに公転運動をしていて，地球と月とはこの重心のまわりに運動すると考えられるが，地球から観測する月の運動，すなわち，地球に相対的な月の運動の方が興味があるであろう．太陽のまわりの公転運動は短い時間では等速直線運動であるとみなせば，[2] いま考えている問題はこの節の問題で，Q に対する P の相対運動を考えることになろう．

また原子物理学に属する問題であるが，水素原子を考えよう．水素原子では陽子のまわりに電子が回っているが，陽子の質量は電子のそれの 1840 倍である．電子が動くにつれて陽子もわずかながら動く．やはり陽子-電子の系の重心のまわりに陽子も電子も運動すると考えられるが，[3] 水素原子の電気の分布（双極子モーメント）を考えるときには，陽子に対する電子の相対的位置が大切である．

いま，質点 Q に対する P の相対的な運動を求めるため

$$x_1 - x_2 = x, \qquad y_1 - y_2 = y, \qquad z_1 - z_2 = z$$

とおく．(10.6-1)$/m$，(10.6-2)$/M$ の差をつくれば

$$\frac{d^2x}{dt^2} = f(r)\left(\frac{1}{m} + \frac{1}{M}\right)\frac{x}{r}.$$

---

2) くわしくは，原島鮮：「質点系・剛体の力学」(基礎物理学選書 3，裳華房，1971) 44 ～ 51 ページ．

3) 水素原子の場合，量子力学的に考えなければならないが同様のことがいえる．原島鮮：「初等量子力学（改訂版）」(裳華房，1986) §14.1.

したがって

$$\frac{1}{\mu} = \frac{1}{m} + \frac{1}{M} \tag{10.6-3}$$

とおけば，上の式は

$$\mu \frac{d^2x}{dt^2} = f(r)\frac{x}{r} \tag{10.6-4}$$

となって，ちょうど質量 M の質点が固定されていて，質量 m の質点の質量が μ になったと考えたときの運動に等しいことになる．μ を**換算質量**（reduced mass）とよぶ．y, z 方向についても同様である．

たとえば，両質点が電気量 E, e を帯びていて

$$f(r) = \frac{Ee}{4\pi\varepsilon_0 r^2}$$

のときには，Q に対する P の運動は

$$\mu \frac{d^2x}{dt^2} = \frac{Ee}{4\pi\varepsilon_0 r^2}\frac{x}{r}, \quad \mu \frac{d^2y}{dt^2} = \frac{Ee}{4\pi\varepsilon_0 r^2}\frac{y}{r}, \quad \mu \frac{d^2z}{dt^2} = \frac{Ee}{4\pi\varepsilon_0 r^2}\frac{z}{r} \tag{10.6-5}$$

となる．つまり，Q が静止していて，P の質量が μ であるとしたときの運動に等しい．

両方の質点が互いに万有引力を作用しあうときには，力が質量自身に比例しているので上のままでは少しまぎらわしい．P の質量を m から μ に直しても，万有引力の大きさをこれにつられて変えることをしなければ，上に述べたままのことが成り立つ．(10.6-4) は

$$\mu \frac{d^2x}{dt^2} = -G\frac{Mm}{r^2}\frac{x}{r}$$

となるが，(10.6-3) の μ の値を入れれば

$$m \frac{d^2x}{dt^2} = -G\frac{(M+m)m}{r^2}\frac{x}{r}$$

となるから，次のようにいってもよい．

> 惑星の太陽に相対的な運動は，太陽が固定され，その質量が $M + m$ になったと考えたときの運動に等しい．

それゆえ（8.2-17）で与えられた惑星の周期の式は，太陽も動くことを考えると

$$T = \frac{2\pi a^{3/2}}{\sqrt{G(M+m)}} \tag{10.6-6}$$

と書き換えなければならない．連星（binary star）の場合 T, a が求められるので $M+m$ についての知識を得ることができる．[1)]

第10章 問題

1 壁に直角に飛んでくる多くの石がある．石の質量は m kg で，速度は v m/s であるとする．1 s に当たる石の数を n とし，石が壁に入り込んで止められる場合と，完全弾性的にはね返っていく場合とで，壁は平均どれだけの力を受けることになるか．

2 線密度 λ の鎖を机の上にとぐろをまかせておき，1 つの端を手にもって一定の速さ v で水平に引き，鎖の各部を次々に運動状態に入らせるとき，手から鎖に作用する力はどれだけか．

3 床の上にかたまっている鎖（線密度 λ）の 1 つの端を手にもって，一定の速さ v で鉛直上方に引き上げる．鉛直の部分の長さが x になったとき，手から鎖の端におよぼしている力を求めよ．

4 前の問題で，上に引張る力 F が一定であるとすれば，x だけ引き上げたときの速度はどれだけであるか．

5 長さ l，重さ W の一様な鎖の上端を固定し，鉛直にたらして下端が手に触れるようにしてある．上端を放して手で鎖を受け止めるとき，長さ x だけ受け止めたときの手の受ける力を求めよ．

6 机の端のところにかたまっている鎖の端が机の端から少したれている．静止の状態から動き出して，x だけ下がったときの速度を求めよ．またそのときの時刻はどうか．また力学的エネルギーの増減はどれだけか．

7 雨滴が落ちていくにしたがい，空気中に静止している水滴を合わせていく．落ちはじめの質量を m_0 とし，単位時間についての質量の増加を a とすれば，t だけ時間がたったときどれだけの距離落ちているか．

8 はじめ質量 m_0 を持つ物体が，後ろの方に単位時間について質量 a を連続的に投げ

1）原島鮮：「質点系・剛体の力学」（基礎物理学選書 3，裳華房，1971）5 ページ．

出しながら進んでいく．この投げ出された部分の速度がちょうど0になるように投げ出すとすれば，物体の運動はどのようなものか．初速度を v_0 とする．

9　ロケットが鉛直上方に運動するとき，$t=0$ で速度を0として，その運動を論じよ．

10　1つの平面内を運動する物体が，いつも自分の進む方向と直角の方向に，相対的に U の速さで単位時間について質量 a を連続的に投げ出しながら運動している．どのような運動になるか．

11　Atwood の器械の運動を角運動量についての法則を使って扱ってみよ．

12　3個の等しい球A, B, CのA, BとB, Cをそれぞれ等しい長さの糸でつないでおき，滑らかな水平面上にA, B, Cの順に一直線にならべておく．Bを糸の方向に直角に V の速さで動かすとすれば，AとCとが衝突するときの相対速度はどうなるか．

13　質量 m_1 の滑らかな球が，他の質量 m_2 の滑らかな球に衝突し，速度の方向が衝突前の方向から θ だけ変わり，質量 m_2 の球は m_1 の衝突前の方向と φ の角をつくる方向に動き出した．両方の球が完全弾性体であるとして，

$$\tan\theta = \frac{m_2 \sin 2\varphi}{m_1 - m_2 \cos 2\varphi}$$

であることを証明せよ．

14　静止している陽子に中性子が v_0 の速度で衝突するとき，両粒子の衝突前後の重心に対する速度ベクトルの図を描け．陽子と中性子の質量は等しいとしてよい．

11 剛体のつり合いと運動

§11.1 剛体のつり合い

質点系で，それをつくっている任意の2つの質点の距離が変わらないものを**剛体**（rigid body）とよぶ．通常の固体は弾性変形をするので剛体ではないが，その変形を無視するときには剛体として扱う．

剛体の位置を指定するのには6個の変数が必要である．[1] まず，剛体内にこれに対してきまっている点Cをとり，その位置をきめるのに座標 (x_C, y_C, z_C) が必要であることを考える．次にCを通る直線を剛体内にきめておく．この直線の方向をきめるのには2個の変数が必要である．その2個としては，たとえば，直線が z 軸とつくる角と，直線の方位角（直線と z 軸を含む面の z 軸のまわりの角）とを使えばよい．これでその直線の位置がきまったが，そのまわりに剛体を回すとまだいろいろな位置が可能であることがわかる．それゆえ最後に，この直線のまわりに回したときの位置を与える変数がもう1つ必要で，全部で6個となる．このことを，剛体の自由度は6であるという．それゆえ，

剛体の運動を調べるのには6個の独立な方程式があればよい

1) これからの説明法はいろいろとある説明法のうちの1つである．6個の変数が必要である他の説明法は読者が工夫されるとよい．

ことになる．剛体は質点系であるから，質点系の力学の範囲でこれを求めると，重心の運動方程式（10.2-3）

$$M\ddot{\boldsymbol{r}}_G = \sum_i \boldsymbol{F}_i, \qquad \boldsymbol{F}_i : \text{外力} \tag{11.1-1}$$

と，角運動量の式（10.3-5）

$$\frac{d\boldsymbol{L}}{dt} = \sum_i (\boldsymbol{r}_i \times \boldsymbol{F}_i) = \boldsymbol{N} \tag{11.1-2}$$

がその6個の役目をつとめることがわかる．これらの式を慣性系の座標軸の方向の成分で書けば

$$M\frac{d^2x_G}{dt^2} = \sum_i X_i, \quad M\frac{d^2y_G}{dt^2} = \sum_i Y_i, \quad M\frac{d^2z_G}{dt^2} = \sum_i Z_i, \tag{11.1-1$'$}$$

$$\left.\begin{aligned}
\frac{d}{dt}\sum m_i\left(y_i\frac{dz_i}{dt} - z_i\frac{dy_i}{dt}\right) &= \sum(y_iZ_i - z_iY_i),\\
\frac{d}{dt}\sum m_i\left(z_i\frac{dx_i}{dt} - x_i\frac{dz_i}{dt}\right) &= \sum(z_iX_i - x_iZ_i),\\
\frac{d}{dt}\sum m_i\left(x_i\frac{dy_i}{dt} - y_i\frac{dx_i}{dt}\right) &= \sum(x_iY_i - y_iX_i)
\end{aligned}\right\} \tag{11.1-2$'$}$$

となる．

これらの式でみると，剛体に働く外力の作用は

$$\left.\begin{aligned}
&X = \sum X_i, \quad Y = \sum Y_i, \quad Z = \sum Z_i,\\
&N_x = \sum(y_iZ_i - z_iY_i),\\
&N_y = \sum(z_iX_i - x_iZ_i),\\
&N_z = \sum(x_iY_i - y_iX_i)
\end{aligned}\right\} \tag{11.1-3}$$

の6個の量によってきまり，

1つ1つの力の働き方がちがっても，これら6個の量，つまり，外力をベクトル的に合成したものと，原点（慣性系に対する定点）のまわりのモーメントさえ等しければ作用は等しい．

たとえば，

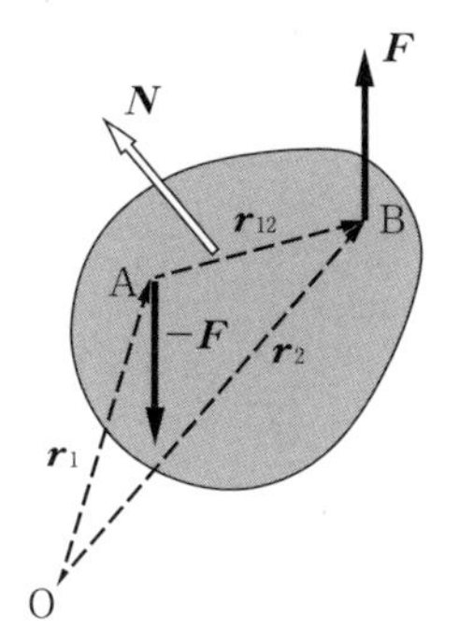

11.1-1 図

剛体に働く1つの力の作用は，その着力点を作用線の方向に移動させても力のベクトル和やモーメントに影響をおよぼさないから，作用は変わらない.[1)]

11.1-1 図のように，剛体内の2点 A, B に大きさが等しく方向が反対の2つの力 $-\boldsymbol{F}, \boldsymbol{F}$ が作用するとき，これを**偶力**（couple）とよぶ．偶力では（11.1-1）で

$$\sum \boldsymbol{F}_i = 0, \quad \text{すなわち，} \quad \sum X_i = 0, \quad \sum Y_i = 0, \quad \sum Z_i = 0$$

であり，また（11.1-2）で

$$\begin{aligned} \boldsymbol{N} &= \sum(\boldsymbol{r}_i \times \boldsymbol{F}_i) = \boldsymbol{r}_1 \times (-\boldsymbol{F}) + \boldsymbol{r}_2 \times \boldsymbol{F} \\ &= (\boldsymbol{r}_2 - \boldsymbol{r}_1) \times \boldsymbol{F} = \boldsymbol{r}_{12} \times \boldsymbol{F} \end{aligned}$$

となって，モーメントを考える中心の点に無関係で，$\boldsymbol{r}_{12} = \overrightarrow{\mathrm{AB}}$ と $\boldsymbol{F}$ とのベクトル積になっていることがわかる．したがって，B に働く力 $\boldsymbol{F}$ に A から垂線 p を下せば偶力のモーメントの大きさは pF に等しく，方向は2つの力が決定する平面に垂直で，剛体を A のまわりに $\boldsymbol{F}$ の示す向きに回る右回しのねじの進む向きになっている．それで次のようにいうことができる．

1) このことは剛体の場合と，この節の後に述べる剛体化原理により，任意の質点系（弾性体，流体も含めて）を剛体のように扱うときだけに成り立ち，一般には成り立たないから注意すること．

剛体に働く1つの偶力の作用は，その2つの力の存在する平面の方向，モーメントの大きさ，剛体を回そうとする向きが与えられればきまってしまい，2つの力のある平面の位置，大きさにはよらない．

剛体がつり合っているときには，(11.1-1)，(11.1-2) で $\ddot{\boldsymbol{r}}_G = 0,\ d\boldsymbol{L}/dt = 0$ であるから，

$$\sum_i \boldsymbol{F}_i = 0, \tag{11.1-4}$$

$$\sum_i (\boldsymbol{r}_i \times \boldsymbol{F}_i) = 0 \tag{11.1-5}$$

でなければならない．座標軸の方向の成分で書くと，

$$\sum_i X_i = 0, \quad \sum_i Y_i = 0, \quad \sum_i Z_i = 0, \tag{11.1-6}$$

$$\sum_i (y_i Z_i - z_i Y_i) = 0, \quad \sum_i (z_i X_i - x_i Z_i) = 0, \quad \sum_i (x_i Y_i - y_i X_i) = 0. \tag{11.1-7}$$

力が一平面内にあるときには，この平面内に (x, y) 平面をとれば，(11.1-6) のはじめの2式と (11.1-7) の最後の式がつり合いの条件となり，

$$\sum X_i = 0, \quad \sum Y_i = 0, \quad \sum (x_i Y_i - y_i X_i) = 0 \tag{11.1-8}$$

となる．この最後の式の代りには，むしろ (11.1-5) をそのまま書いた

$$\sum_i (\pm p_i F_i) = 0 \tag{11.1-8$'$}$$

がよく使われる．p_i は原点から $\boldsymbol{F}_i$ に下した垂線，$\pm$ の記号は，モーメントが正ならば正号，モーメントが負ならば負号をとる．

例題　剛体が N 個の質点から成り立つとし，i 番目の質点の質量を m_i，座標を (x_i, y_i, z_i) とする．この剛体に重力が働くとき，その働きは重心に全重力がかかっているのとまったく同じであることを示せ．

解　m_i に働く重力は $m_i g$ で，その方向は方向余弦 λ, μ, ν で与えられるとする．

$$\sum X_i = \sum_i m_i g\lambda = Mg\lambda, \quad M = \sum m_i$$

$$\sum Y_i = Mg\mu, \quad \sum Z_i = Mg\nu,$$

$$\begin{aligned}\sum (y_i Z_i - z_i Y_i) &= \nu g \sum m_i y_i - \mu g \sum m_i z_i \\ &= \nu M g y_G - \mu M g z_G,\end{aligned}$$

$$\sum(z_iX_i - x_iZ_i) = \lambda Mgz_G - \nu Mgx_G,$$
$$\sum(x_iY_i - y_iX_i) = \mu Mgx_G - \lambda Mgy_G.$$

これは，大きさ Mg，方向余弦 (λ, μ, ν) の１つの力による $\sum X_i, \sum Y_i, \sum Z_i,$ $\sum(y_iZ_i - z_iY_i), \sum(z_iX_i - x_iZ_i), \sum(x_iY_i - y_iX_i)$ にそれぞれ等しい． ◆

剛体のつり合いの条件式（11.1-6），（11.1-7）または（11.1-8）を使う練習問題は非常に多いし，以前にはこれに相当の時間を費したものであるが，今日では物理学の基礎としてこれにあまり時間をかける必要はないであろう．剛体の静力学の大切なわけは次のことにある．

任意の質点系（弾性体，流体など）がつり合いにあるとき，全体がそのまま剛体になったとしてもつり合いは成り立つ．したがって，この質点系に働く外力について，（11.1-6），（11.1-7）が成り立たなければならない．

これを**剛体化原理**（Erstarrungsprinzip）といって広く使われる．[1)]

11.1-2 図は静止している液体（または気体）である．破線で囲まれた部分を考える．この部分の各微小部分に重力が働き，また破線の面を通して外側の部分から，内側の部分に力（圧力）が働いている．つり合いにあるのであるから，破線に囲まれた部分がそのまま剛体であるとしても上にあげた力のつり合いは破れない．各微小部分に働く重力を合成したものは，重心 G に働く下向きの力 Mg（M は破線に囲まれた部分の質量）となる．この Mg と圧力の合力 P（浮力）とはつり合わなければならない．し

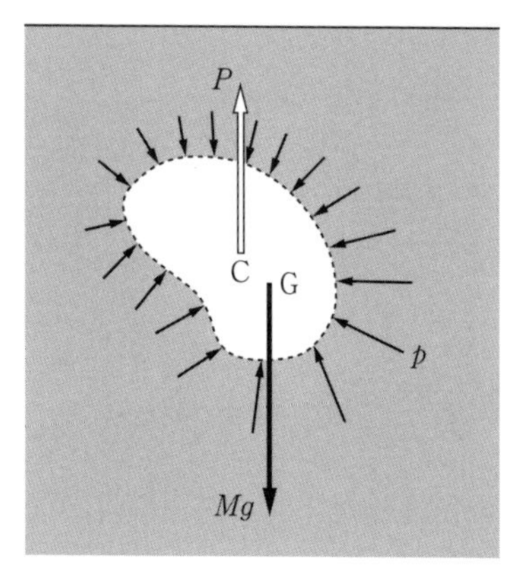

11.1-2 図

1) 剛体化原理という名前はあまり使われないが，暗黙のうちに使われることが多い．

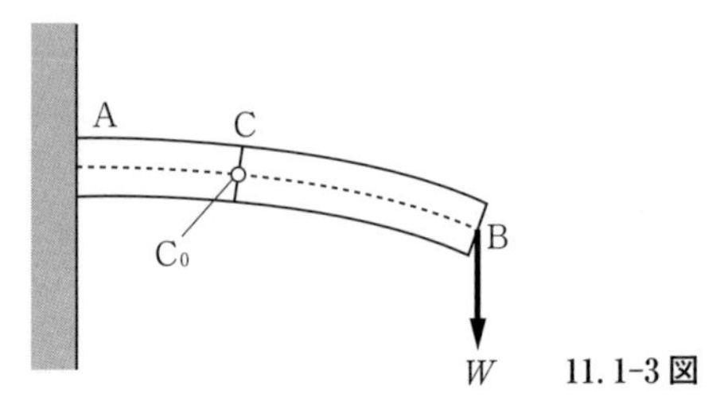

11.1-3 図

たがって，浮力の着力点は G と同一鉛直線上にあり，その大きさ P は Mg に等しい．破線に囲まれた空間と同一空間を占める任意の物体に働く浮力は，いま考えた浮力に等しい．したがって，物体の受ける浮力はその排除している流体の重さに等しい．これが Archimedes の原理である．

11.1-3 図は弾性棒の一端を壁に直角に埋め込んで他の端に重さ W のおもりをつるした図を表わす．棒の上面は伸び，下面は縮むが，その間に図の破線で示された伸びも縮みもしない層（中立層）がある．CB の部分は C での断面で支えられるが，C より左の部分から CB の部分に作用する力のモーメント（C_0 のまわりの）を求めるのに

CB の部分は弾性体であるが，つり合っているときには，この部分は剛体と考えて，CB の部分に働く外力が剛体の場合のつり合いの条件を満たさなければならない

ことになる．このことを使って力を求め，結局 B がどのくらい下がるかを計算することができる.[1]

前にも述べたように静力学の練習問題は多くあるし，また考えようによっては大切なことでもあるが，物理学全体に対する重さからいって，剛体化原理を除いてはあまりページを割くことはやめて，ただ 1 つだけ伝統的な練習問題を示しておこう．

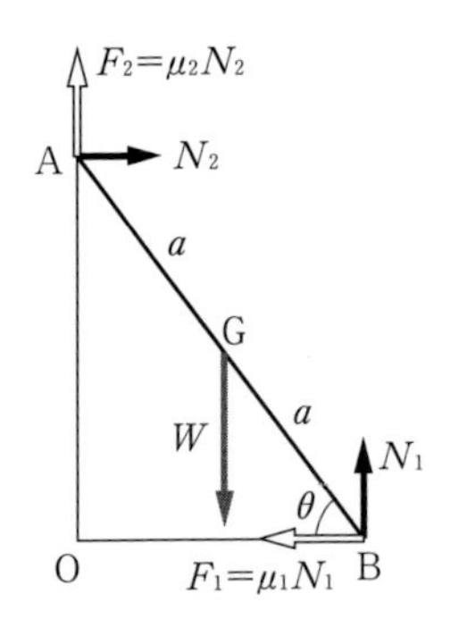

11.1-4 図

例題　一様な棒（重さ $= W$）を水平な床の上から鉛直な壁に立てかける．棒を傾けていくとき，水平とつくる角がどれだけになると滑り出すか．棒と床，壁の間の摩擦係数をそれぞれ μ_1, μ_2 とする．

解　棒を鉛直から少しずつ傾けていくとする（11.1-4 図）．はじめのうちは摩擦力 F_1, F_2 は垂直抗力 N_1, N_2

1)　たとえば，原島鮮：「基礎物理学 I」（学術図書出版社，1969）224 ページ以下．

に対して $F_1 < \mu_1 N_1$，$F_2 < \mu_2 N_2$ であるが，傾けていくとこのうちどちらかが等号になり，最大摩擦の状態になる．もっと傾けていくと他の方も最大摩擦の状態となり，それ以上傾けると滑り出してしまう．

棒の長さを $2a$ とする．滑りはじめようとするときには，棒の端の A でも B でも最大摩擦の状態になっている．したがって，摩擦力 F_1, F_2 は垂直抗力 N_1, N_2 に対して

$$F_1 = \mu_1 N_1, \qquad F_2 = \mu_2 N_2$$

になっている．

水平方向の平衡条件：$N_2 - \mu_1 N_1 = 0.$ (1)

鉛直方向の平衡条件：$N_1 + \mu_2 N_2 = W.$ (2)

B のまわりのモーメント：$N_2 \cdot 2a \sin\theta + \mu_2 N_2 \cdot 2a \cos\theta = Wa \cos\theta.$ (3)

これら 3 式から N_1, N_2 を消去して $\tan\theta$ を求めると

$$\theta = \tan^{-1} \frac{1 - \mu_1 \mu_2}{2\mu_1}.$$ ◆

§11.2 固定軸を持つ剛体の運動

剛体が一直線のまわりに運動するように束縛されている場合を考える．剛体をこのように固定するのには，11.2-1 図に示すように剛体の一部を軸にしてこれを軸受けでとめればよい．軸を z 軸とする．この場合には剛体が固定軸のまわりに標準の位置からどれだけ回ったかを示せば剛体の位置はきまるのであるから，自由度は 1 である．したがって，ただ 1 つの式で運動がきまるはずである．それには角運動量の式 (11.1-2) の z 軸方向の成分，すなわち (11.1-2)′ の第 3 の式を使えばよい．[2)]

$$\frac{dL_z}{dt} = \sum_i (x_i Y_i - y_i X_i) = N_z \qquad (11.2\text{-}1)$$

ただし，

2) (11.1-1)′ の 3 式，(11.1-2)′ の第 1，第 2 の式は，外力としての軸受けでの抗力（未知量）が入ってきたり，0 = 0 の形の式になったりする．

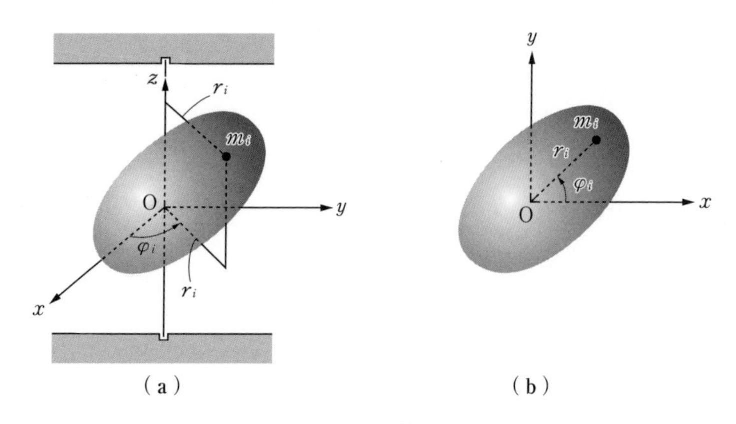

11.2-1 図

$$L_z = \sum_i m_i\left(x_i\frac{dy_i}{dt} - y_i\frac{dx_i}{dt}\right) \qquad (11.2\text{-}2)$$

である.

円柱座標 (r_i, φ_i) を使えば（11.2-2）は簡単な形に直すことができる.

$$x_i = r_i\cos\varphi_i, \qquad y_i = r_i\sin\varphi_i$$

であるが，これを t で微分すれば，r_i は時間に対して変わらないから,

$$\frac{dx_i}{dt} = -r_i\sin\varphi_i\frac{d\varphi_i}{dt}, \qquad \frac{dy_i}{dt} = r_i\cos\varphi_i\frac{d\varphi_i}{dt}.$$

剛体であるから，これを組み立てているどの質点についても $d\varphi_i/dt$ は一定で，この剛体の固定軸のまわりの角速度 ω に等しい．したがって,

$$\frac{dx_i}{dt} = -r_i\omega\sin\varphi_i, \qquad \frac{dy_i}{dt} = r_i\omega\cos\varphi_i.$$

これらの式を L_z の中に入れれば,

$$L_z = \left(\sum_i m_i r_i^2\right)\omega \qquad (11.2\text{-}3)$$

となる．この式の中の

$$I = \sum_i m_i r_i^2 \qquad (11.2\text{-}4)$$

という量は，剛体の力学ではいつも出てくる量で，これを考えている剛体の固定軸のまわりの**慣性モーメント**（moment of inertia）とよぶ．（11.2-4）を（11.2-3）に，これをまた（11.2-1）に入れる．N_z は N と書くことにする.

$$L_z = I\omega, \tag{11.2-5}$$

$$I\frac{d\omega}{dt} = N. \tag{11.2-6}$$

剛体が標準の位置から回った角を φ とすれば，$\omega = d\varphi/dt$ であるから，(11.2-6) は

$$I\frac{d^2\varphi}{dt^2} = N \qquad (11.2\text{-}6)'$$

と書くこともできる．

慣性モーメント I は剛体の回転についての慣性の大小を示すもので，力のモーメント N を与えるとき，I が大きければ角速度の変わり方が小さいことは (11.2-6) からわかる．また (11.2-4) によれば，剛体の質量が等しくても軸から遠くの方に質量が分布しているほど慣性モーメントは大きいことがわかる．慣性モーメントは剛体の質量分布と軸とが与えられればきまるものであるが，いろいろな形の剛体の慣性モーメントの値は次の節で調べることにしよう．

例題 1　Atwood の装置で滑車の慣性モーメントを I とし，糸が滑車面を滑らないとして運動を調べよ．

解　糸でつるす両質点の質量を m_1, m_2 とし，糸の張力を S_1, S_2 とする (11.2-2 図)．m_1 の下向き，m_2 の上向きの速度を v とし，滑車の角速度を v の向きに一致する向きを正にとって ω とする．滑車の半径を a とする．

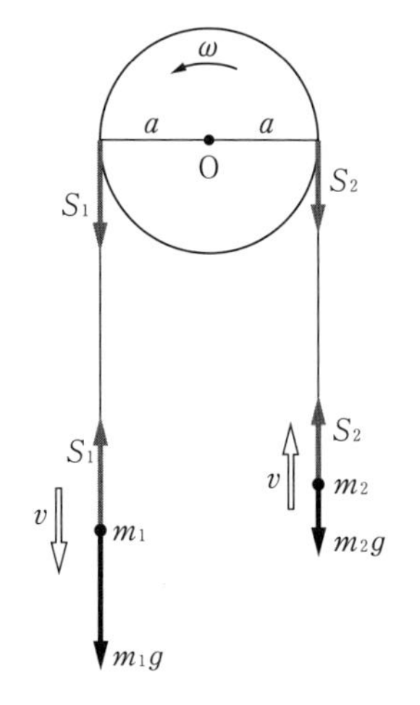

11.2-2 図

$$m_1 \text{の運動方程式}：m_1 \frac{dv}{dt} = m_1 g - S_1. \tag{1}$$

$$m_2 \text{の運動方程式}：m_2 \frac{dv}{dt} = S_2 - m_2 g. \tag{2}$$

$$\text{滑車の運動方程式}：I \frac{d\omega}{dt} = S_1 a - S_2 a. \tag{3}$$

滑車の縁の速度は $a\omega$ で，これは m_1, m_2 の速度 v にも等しくなければならないから，

$$v = a\omega. \tag{4}$$

これを t で微分して

$$\frac{dv}{dt} = a \frac{d\omega}{dt}. \tag{4$'$}$$

S_1, S_2 を消去するために，(1) $\times a +$ (2) $\times a +$ (3) をつくる．

$$(m_1 a + m_2 a)\frac{dv}{dt} + I \frac{d\omega}{dt} = (m_1 - m_2)ag.$$

これに a を掛けて，(4)′ を使って dv/dt で統一する．

$$\{I + (m_1 + m_2)a^2\}\frac{dv}{dt} = (m_1 - m_2)a^2 g.$$

したがって，

$$\frac{dv}{dt} = \frac{(m_1 - m_2)a^2}{I + (m_1 + m_2)a^2} g.$$

これを (1)，(2) に代入すれば S_1, S_2 が得られる．

$$S_1 = \frac{I + 2m_2 a^2}{I + (m_1 + m_2)a^2} m_1 g, \qquad S_2 = \frac{I + 2m_1 a^2}{I + (m_1 + m_2)a^2} m_2 g.$$ ◆

例題 2　物理振り子，すなわち，水平な直線を固定軸とし，重力の作用を受けて運動する剛体の振動を調べよ．

解　11.2-3 図で，O を水平軸，G を重心とし，$\overline{\text{OG}} = h$ とする．重力 Mg の O のまわりのモーメントを考えて，

$$I \frac{d^2\varphi}{dt^2} = -Mgh \sin\varphi. \tag{1}$$

これと単振り子の運動方程式 (8.1-4) とを比べると，もしも

$$l = \frac{I}{Mh} \qquad (2)$$

ならば，この (1) と (8.1-4) とは一致することがわかる．つまり，与えられた物理振り子は長さが (2) で与えられる単振り子とまったく等しい運動を行なうことになる．このような単振り子を**相等単振り子** (equivalent simple pendulum)，l を**相等単振り子の長さ**とよぶ．小振動のときの周期も単振り子の場合から出すことができるが，直接 (1) で $\sin\varphi = \varphi$ とおいて，

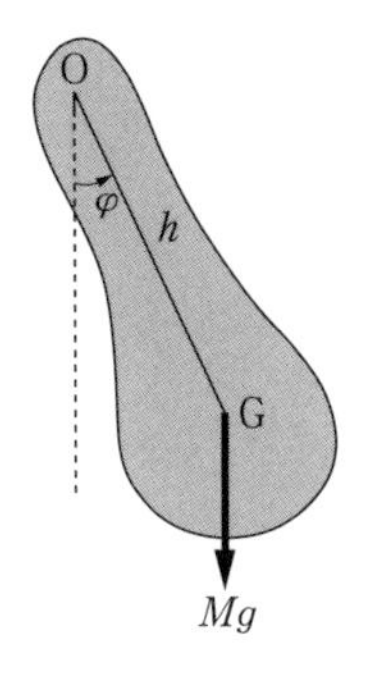

11.2-3 図

$$T = 2\pi\sqrt{\frac{I}{Mgh}} = 2\pi\sqrt{\frac{l}{g}} \qquad (3)$$

となる．[1] ◆

剛体が固定軸のまわりに運動するときの運動エネルギーを求めておこう (11.2-4 図)．固定軸のまわりの回転の角速度を ω とすれば，m_i の速さは $r_i\omega$ であって，その運動エネルギーは $\frac{1}{2}m_i(r_i\omega)^2 = \frac{1}{2}m_ir_i^2\omega^2$ である．したがって，剛体の運動エネルギーは

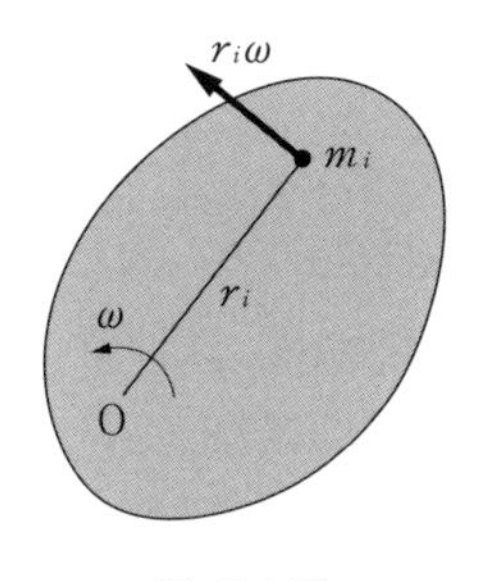

11.2-4 図

$$T = \frac{1}{2}I\omega^2 \qquad (11.2\text{-}7)$$

となる．剛体が保存力の作用を受けているとし，その位置エネルギーを U とすれば，力学的エネルギー保存の法則として

1) この物理振り子の問題を最初に扱ったのは Huygens で，振り子時計 *Horologium Oscillatorium* (1673) にその理論を発表した．その当時，長さ，おもりの質量が l_1, m_1；l_2, m_2；… の多くの単振り子を互いに固く連結するとき，この全体系はどのような長さの単振り子と等しい周期の振動を行なうかということが大きな問題で，多くの学者を悩ました．

$$l = \frac{I}{Mh} = \frac{\sum m_il_i^2}{\sum m_il_i}$$

であることがわかる．それで物理振り子は多くの単振り子を集めたものと考えられるので**複振り子** (compound pendulum) という名もある．また，実体振り子とよばれることもある．くわしくは，原島鮮：「質点系・剛体の力学」(基礎物理学選書 3，裳華房，1971) 112 ページ．

$$\frac{1}{2}I\omega^2 + U = 一定 \tag{11.2-8}$$

となる．

Atwood の器械では，全運動エネルギーは $\frac{1}{2}I\omega^2 + \frac{1}{2}(m_1 + m_2)v^2$ となるが，位置エネルギーは，両質点の高さを y_1, y_2 として，$m_1gy_1 + m_2gy_2$ である．したがって，力学的エネルギー保存の法則は

$$\frac{1}{2}I\omega^2 + \frac{1}{2}(m_1 + m_2)v^2 + m_1gy_1 + m_2gy_2 = 一定.$$

ここで

$$v = a\omega$$

を使い，また $dy_1/dt = -v$, $dy_2/dt = v$ であることを考えに入れて，上の式を t で微分すれば

$$\frac{dv}{dt} = \frac{(m_1 - m_2)a^2}{I + (m_1 + m_2)a^2}g$$

が得られる．ただしエネルギーだけを使ったのでは，束縛力であるところの糸の張力 S_1, S_2 は出てこない．

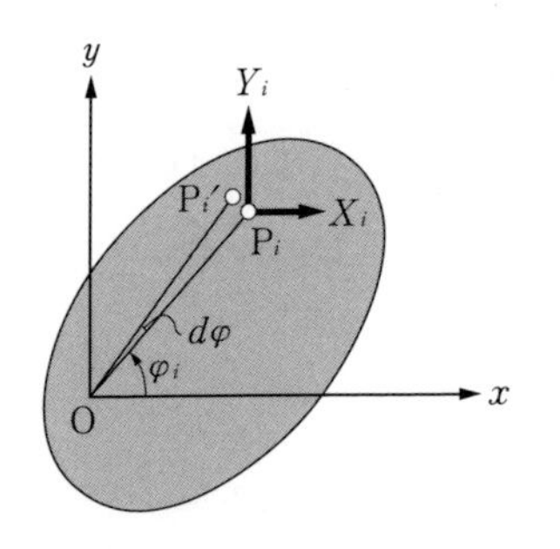

11.2-5 図

次に剛体に働く力の行なう仕事を計算しよう．11.2-5 図で P_i に (X_i, Y_i) の力が作用していて，剛体が $d\varphi$ だけ回るとしよう．P_i の座標 (x_i, y_i) は

$$x_i = r_i\cos\varphi_i, \qquad y_i = r_i\sin\varphi_i$$

で与えられるから，$d\varphi_i = d\varphi$ の回転に対して，x_i, y_i は

$$dx_i = -r_i\sin\varphi_i\,d\varphi = -y_i\,d\varphi,$$
$$dy_i = r_i\cos\varphi_i\,d\varphi = x_i\,d\varphi$$

だけ変位する．したがって，(X_i, Y_i) の行なった仕事は

$$X_i dx_i + Y_i dy_i = (x_iY_i - y_iX_i)d\varphi$$

となる．この $d\varphi$ の係数はちょうど力のモーメント N_i になっている．それゆえ，全体の力の行なった仕事は

$$d'W = \left\{\sum_i (x_i Y_i - y_i X_i)\right\} d\varphi = N\, d\varphi \qquad (11.2\text{-}9)$$

となる．

§11.3　剛体の慣性モーメント

剛体の質量分布と軸とが与えられれば，この軸についての（またはこの軸のまわりの）慣性モーメントは（11.2-4）

$$I = \sum_i m_i r_i^2 \qquad (11.3\text{-}1)$$

で与えられる．剛体の全質量を M とするとき，

$$I = M\kappa^2 \qquad (11.3\text{-}2)$$

で与えられる量 κ を**回転半径**（radius of gyration）とよぶ．κ は長さのディメンションを持つ．（11.3-2）によると，軸から κ の距離に全質量 M が集中したときの慣性モーメントと剛体の慣性モーメントが等しいことになる．

剛体では連続的な質量分布をしていることが多いが，そのときには密度を ρ とすれば，（11.3-1）は

$$I = \int r^2\, dm = \iiint r^2 \rho\, dxdydz \qquad (11.3\text{-}3)$$

となる．慣性モーメントの一般的性質を考えるのにはむしろ（11.3-1）の方がつごうがよいから，この節ではこの式を使うことにしよう．

11.3-1 図のような1つの剛体の z 軸のまわりの慣性モーメントを考える．剛体を形成している質点 m_i の x, y 座標を x_i, y_i とすれば

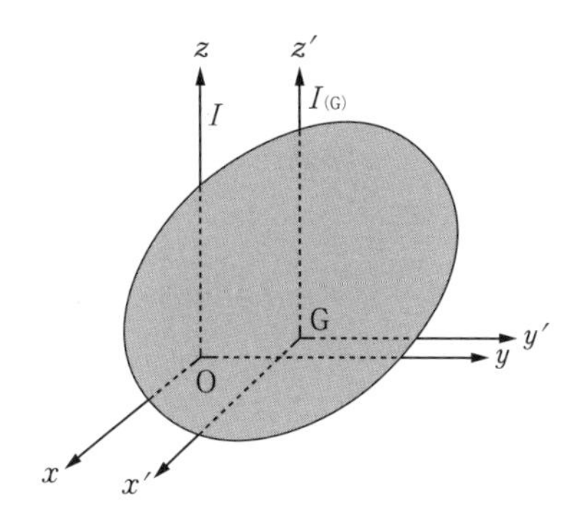

11.3-1 図

$$I = \sum_i m_i(x_i^2 + y_i^2). \quad (11.3\text{-}4)$$

剛体の重心 $G(x_G, y_G, z_G)$ を通り，x, y, z 軸に平行に x', y', z' 軸をとる．z' 軸のまわりの慣性モーメントは

$$I_{(G)} = \sum_i m_i(x_i'^2 + y_i'^2). \quad (11.3\text{-}5)$$

(11.3-4) で

$$x_i = x_G + x_i', \qquad y_i = y_G + y_i'$$

とおいて，

$$I = M(x_G^2 + y_G^2) + \sum m_i(x_i'^2 + y_i'^2) + 2x_G \sum m_i x_i' + 2y_G \sum m_i y_i'.$$

いくども出てきたように，$\sum m_i x_i' = 0$，$\sum m_i y_i' = 0$ であるから，この式の最後の 2 項は 0 である．(11.3-5) を考えに入れ，$x_G^2 + y_G^2 = h^2$ とおいて（h は z, z' 軸の距離），

$$I = I_{(G)} + Mh^2. \quad (11.3\text{-}6)$$

M で割って，

$$\kappa^2 = \kappa_{(G)}^2 + h^2 \quad (11.3\text{-}6)'$$

となる．重心を通る軸は対称軸となっていることが多く，そのまわりの慣性モーメント $I_{(G)}$ が求めやすいので，(11.3-6) を使って任意の直線のまわりの慣性モーメントはこの $I_{(G)}$ からすぐ求めることができる．

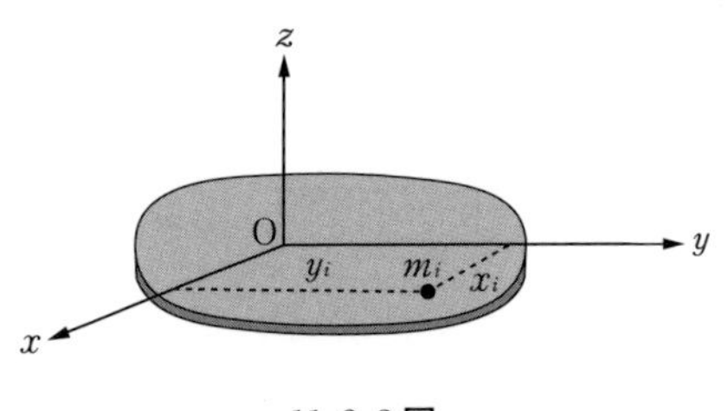

11.3-2 図

次に，非常に薄い板の場合について成り立つ定理を述べよう．11.3-2 図のように板の面上に原点 O をとり，その平面内に (x, y) 平面をとる．O を通り板の面に垂直に z 軸をとる．

$$I_x = \sum_i m_i y_i^2, \qquad I_y = \sum_i m_i x_i^2, \qquad I_z = \sum_i m_i(x_i^2 + y_i^2)$$

であるから，すぐに

$$I_z = I_x + I_y. \quad (11.3\text{-}7)$$

M で割って，

$$\kappa_z^2 = \kappa_x^2 + \kappa_y^2. \quad (11.3\text{-}7)'$$

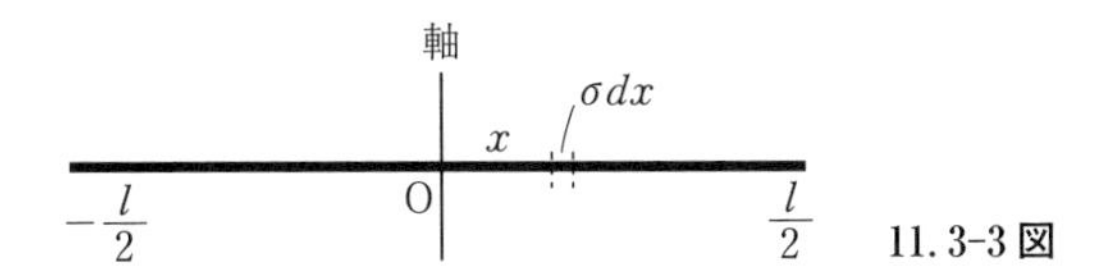

11.3-3 図

簡単な形の剛体の慣性モーメントを求めておこう．いくつかのものの慣性モーメントは記憶しておいた方がよいが，次に説明する順序で憶えると憶えやすいであろう．密度はすべて一様なものとし，細い剛体では単位長さの質量（線密度）を，薄い面では単位面積の質量（面密度）を使うことにする．

(**a**₁) 長さ l の棒（11.3-3 図）

軸：中点を通って棒に垂直な線．

$$I = \int_{-l/2}^{l/2} x^2 \sigma\, dx, \qquad \sigma：線密度 = \frac{M}{l}.$$

これから

$$I = M\frac{l^2}{12}, \qquad \kappa = \frac{l}{2\sqrt{3}}. \tag{11.3-8}$$

(**a**₂) 辺の長さ a, b の長方形の板（11.3-4 図）

中点を原点に，長さ a の辺に平行に x 軸，b の辺に平行に y 軸，これに直角に z 軸をとる．x 軸についての慣性モーメントは，板を y 軸に平行な多くの棒に分け，これを合わせたと考える．その１つの質量を dm とすれば，(11.3-8) から

$$dI_x = \frac{1}{12} b^2\, dm. \qquad \therefore\ I_x = M\frac{b^2}{12}.$$

同様に

$$I_y = M\frac{a^2}{12}.$$

(11.3-7) により

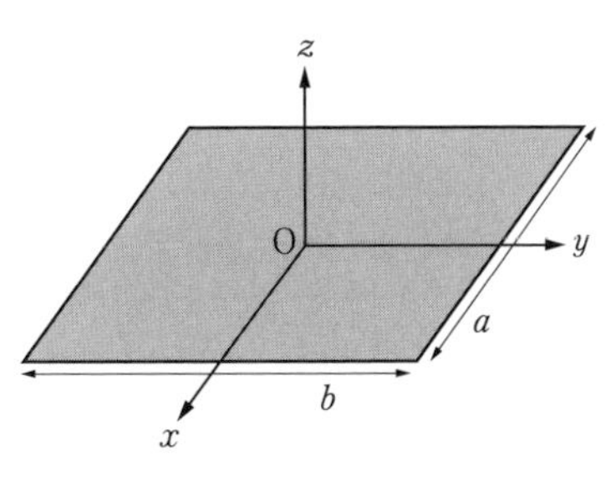

11.3-4 図

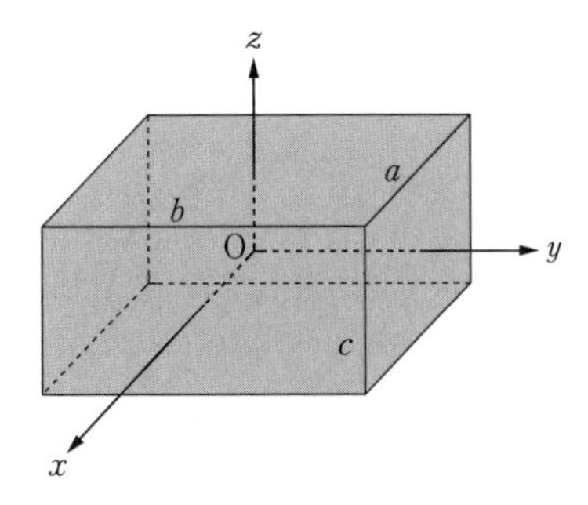

11.3-5 図

$$I_z = I_x + I_y = M\frac{a^2 + b^2}{12}. \tag{11.3-9}$$

($\mathbf{a}_3$) 稜の長さ a, b, c の長方体（11.3-5 図）

中点を通り図のように x, y, z 軸をとる．x 軸についての慣性モーメントを考えるのには，長方体をこれに垂直な多くの薄い板に分けると考える．おのおのについて（11.3-9）を使うことができるから，

$$dI_x = \frac{b^2 + c^2}{12}dm. \qquad \therefore\ I_x = M\frac{b^2 + c^2}{12}.$$

同様に

$$I_y = M\frac{c^2 + a^2}{12}, \qquad I_z = M\frac{a^2 + b^2}{12}. \tag{11.3-10}$$

($\mathbf{b}_1$) 半径 a の細い輪（11.3-6 図）

中心を通り輪の面内に x, y 軸，これに垂直に z 軸をとる．I_z がもっとも簡単である．輪の小部分を dm とすれば

$$dI_z = a^2\,dm. \qquad \therefore\ I_z = Ma^2.$$

（11.3-7）を使って

$$I_x = I_y = \frac{1}{2}I_z = M\frac{a^2}{2}. \tag{11.3-11}$$

($\mathbf{b}_2$) 半径 a の薄い円板（11.3-7 図）

中心を通り円板の面内に x, y 軸，これに垂直に z 軸をとる．O から $r, r+dr$ の間にある輪の部分を考えれば，その z 軸のまわりの慣性モーメントは

$$dI_z = r^2 \cdot 2\pi r\sigma\,dr, \qquad \sigma：面密度.$$

$$\therefore\ I_z = 2\pi\sigma\int_0^a r^3\,dr = \frac{\pi\sigma}{2}a^4.$$

円板の質量は $M = \sigma\pi a^2$ であるから，

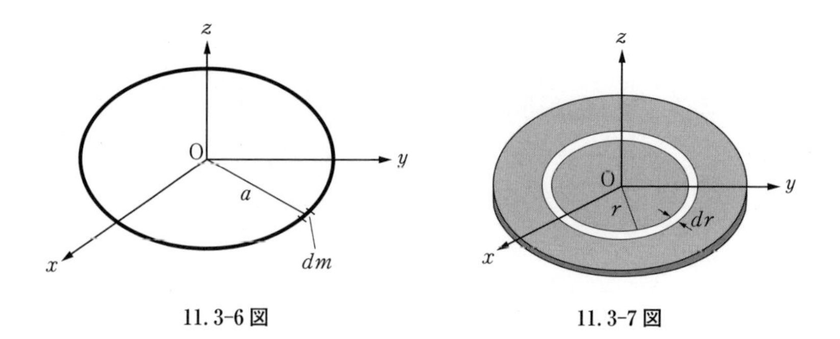

11.3-6 図　　11.3-7 図

(11.3-7) を使って

$$\left.\begin{aligned} I_z &= M\frac{a^2}{2}. \\ I_x &= I_y = M\frac{a^2}{4}. \end{aligned}\right\} \qquad (11.3\text{-}12)$$

(b₃) 半径 a，高さ l の直円柱 (11.3-8 図)

軸を z 軸に，中点を通り軸に直角に x 軸をとる．I_z を求めるには，円柱を多くの薄い円板に輪切りにしたものを考える．その 1 つの質量を dm とすれば $dI_z=(a^2/2)dm$. したがって

$$I_z = M\frac{a^2}{2}. \qquad (11.3\text{-}13)$$

x 軸のまわりの慣性モーメントを求めるため，(x, y) 面から z の距離にある円板の x 軸のまわりの慣性モーメントをまず求める．この円板の中心を通り x 軸に平行な x' 軸のまわりの慣性モーメントは，(11.3-12) によって

$$dI_{x'} = \frac{a^2}{4}dm.$$

したがって，(11.3-6) によって

$$dI_x = \left(\frac{a^2}{4} + z^2\right)dm.$$

$dm=\rho\pi a^2\,dz$ であるから，

$$I_x = \int_{-l/2}^{l/2}\left(\frac{a^2}{4} + z^2\right)\rho\pi a^2\,dz.$$

全質量は $\rho\pi a^2 l$ であることを使って

$$I_x = M\left(\frac{a^2}{4} + \frac{l^2}{12}\right). \qquad (11.3\text{-}14)$$

(c₁) 半径 a の薄い球殻 (11.3-9 図)

中味のない球殻の中心 O を通って，x, y, z 軸をとる．

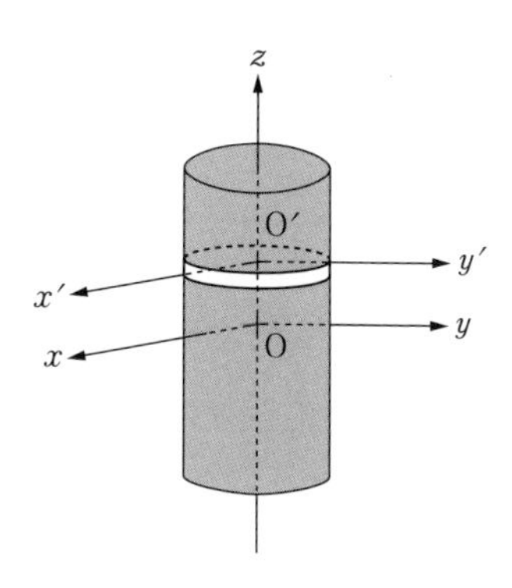

11.3-8 図

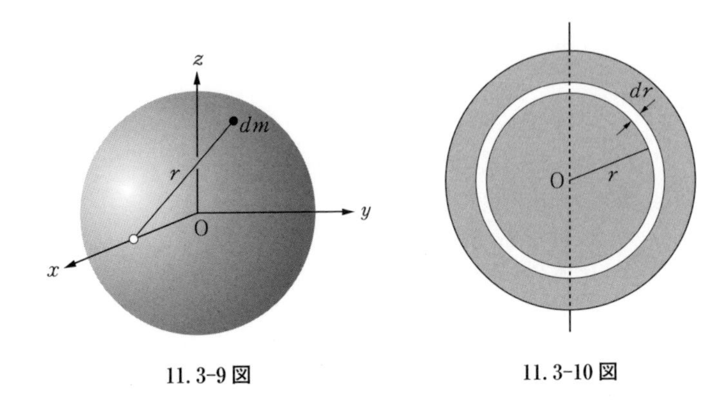

11.3-9 図　　　11.3-10 図

$$I_x = \int (y^2 + z^2) dm, \quad I_y = \int (z^2 + x^2) dm, \quad I_z = \int (x^2 + y^2) dm.$$

I_x, I_y, I_z は，どれも直径のまわりの慣性モーメントであるから，等しい値をもつ．これを I とすれば，上の 3 式を加え合わせて

$$3I = 2\int (x^2 + y^2 + z^2) dm = 2a^2 \int dm = M \cdot 2a^2.$$

したがって

$$I = M\frac{2}{3}a^2. \tag{11.3-15}$$

(**c**$_2$) 半径 a の一様な球（11.3-10 図）

1 つの直径のまわりの慣性モーメントを求めるのにまず半径 $r, r+dr$ の間にある球殻の慣性モーメントを考える．

$$dI = \frac{2}{3}r^2 dm.$$

$dm = \rho \cdot 4\pi r^2 dr$ であるから，

$$I = \int_0^a \frac{2}{3} r^2 \cdot \rho \cdot 4\pi r^2 dr = \rho \cdot \frac{8}{15}\pi a^5.$$

これと $M = \rho \cdot \frac{4}{3}\pi a^3$ とから，

$$I = M\frac{2}{5}a^2.$$

第 11 章　問 題

1　一様な真っすぐな棒（重さ $= W$）が，その一端を滑らかな斜面（水平とつくる角 $= 30°$）につけ，他の端を糸でつられてつり合っている．棒と斜面の間の角は 30°

である．糸と鉛直線のつくる角，糸の張力を求めよ．

2　1つの端Aが粗い地面についている一様で真っすぐな棒AB（長さ $= 2l$）が，高さ h の横木Cに立てかけてある．Aが地面にそってちょうど滑りだそうとしているとき，棒が地面とつくる角を α とすれば，Aでの摩擦係数はどれだけか．Cは滑らかで，棒は横木に直角な鉛直面内にあるとする．

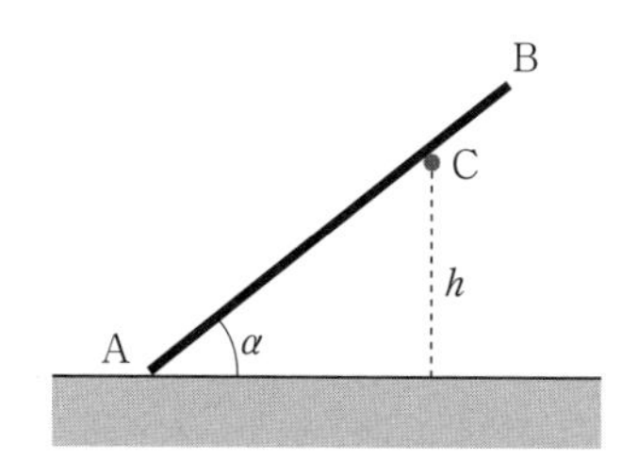

3　一様な棒ABのB端を粗い水平面上にのせ，A端に糸をつけてつるし，水平面に対する棒の傾きの角度を α にする．糸が水平面とつくる角はどのような範囲であるか．

4　自然の長さ l_0 のばねの一方の端を床に固定し，他の端に糸をつけてこれを定滑車（半径 $= r$，慣性モーメント $= I$）にかける．糸の先に質量 m のおもりをつるしたところ，ばねの長さが l となってつり合った．このおもりを上下に振動させるときの運動を調べよ．

5　一様な球を物理振り子として振動させるとき，固定軸をどこにつければ周期が最小となるか．

6　糸の先に球状の金属のおもりをつけて振り子をつくる．糸の固定点からおもりの中心までの距離を l とし，球の半径を r とする．これを長さ l の単振り子と考えるときの周期を T_0 とし，全体を物理振り子と考えるときの周期を T とすれば

$$\frac{T}{T_0} = 1 + \frac{1}{5}\left(\frac{r}{l}\right)^2$$

の関係があることを示せ．$r \ll l$ とする．

7　一様な球が1つの直径のまわりを一定の角速度で回っている．この球が冷えて半径がはじめの値の $1/n$ になると，運動エネルギーは何倍になるか．この運動エネルギーの増加はどこからきているのか．

8　中心を通る鉛直軸のまわりに自由に回ることのできる水平な一様な円板（質量 $= M$，半径 $= r$）の周上に人（質量 $= m$）がいて，静止の状態から周囲にそって歩きだしたとすれば，人の板に対する相対的の速さが v のとき板の角速度はどれだけか．

9 共通の軸のまわりに角速度 ω_1, ω_2 で回転している２つの剛体（慣性モーメント I_1, I_2）が急に連結されて１つの剛体になるとすれば，運動エネルギーの損失は

$$\frac{1}{2}\frac{I_1 I_2}{I_1 + I_2}(\omega_1 - \omega_2)^2$$

であることを示せ．

10 ２つの輪（半径 a_1, a_2；慣性モーメント I_1, I_2）が軸を平行にして角速度 ω_1, ω_2 で回っている．これらの輪が急にそのまわりについている歯でかみあわされるとすれば，その後の角速度はどうなるか．

12 剛体の平面運動

§12.1　剛体の平面運動

剛体の運動のうちで固定軸のまわりの運動の次に簡単なのは剛体の平面運動である．

> 剛体の各点が，いつも定まった平面に平行に運動するとき，この運動を平面運動とよぶ．

剛体の位置は，剛体中にきめた1つの点Cの位置 (x, y) と，Cを通り定平面に平行な剛体中の直線が，この平面に平行で空間に対して一定の方向を持つ直線とつくる角 φ によってきめられる．通常このCとしては剛体の重心Gが選ばれる．そうすると，剛体の位置は x_G, y_G, φ の3変数によって与えられることになる（12.1-1図）．Gの運動は，(11.1-1)′ によって，

$$M\ddot{x}_G = \sum X_i, \qquad M\ddot{y}_G = \sum Y_i \tag{12.1-1}$$

の2つの方程式にしたがう．また，Gのまわりの運動については，(10.4-6) によって

$$\frac{dL_{(G)z}}{dt} = N_{(G)z} = \sum(x_i' Y_i - y_i' X_i)$$

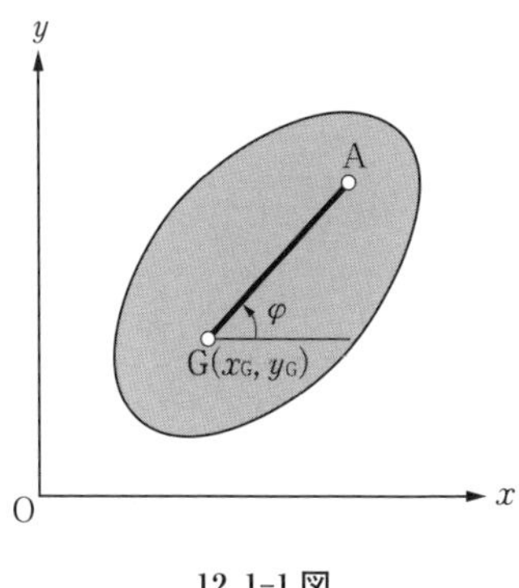

12.1-1 図

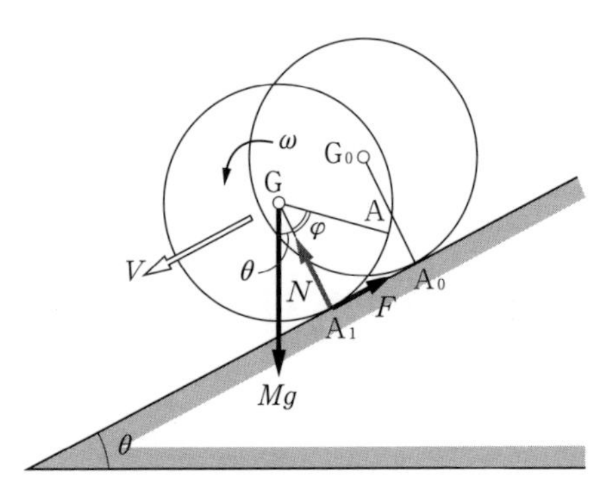

12.1-2 図

となるが，これは，固定軸のまわりの剛体の運動の場合と同様であるから，

$$L_{(\mathrm{G})z} = I_{(\mathrm{G})}\,\omega = I_{(\mathrm{G})}\frac{d\varphi}{dt} \tag{12.1-2}$$

であり，上の式は

$$I_{(\mathrm{G})}\frac{d\omega}{dt} = N_{(\mathrm{G})z} \tag{12.1-3}$$

または

$$I_{(\mathrm{G})}\frac{d^2\varphi}{dt^2} = N_{(\mathrm{G})z} \tag{12.1-4}$$

となる．

例題 1　一様な円柱が粗い斜面の上を滑らずに転がる運動を調べよ．

解　12.1-2 図に示すように，円柱に働く力は重心 G に重力 Mg，接触点 A_1 で垂直抗力 N，摩擦力 F の 3 個と考えてよい．重心の速度を斜面に平行に，下向きに正に測って V とし，円柱の角速度を，円柱が V の正の方向に転がるときの回転の向きに一致するように測って ω とする．

重心の運動方程式：

$$M\frac{dV}{dt} = Mg\sin\theta - F, \tag{1}$$

$$0 = N - Mg\cos\theta. \tag{2}$$

重心のまわりの回転運動の運動方程式：

$$I\frac{d\omega}{dt} = aF.^{1)} \tag{3}$$

1)　$I_{(\mathrm{G})}$ は単に I と書く．以下これにしたがう．

適当な標準の位置での重心を G_0，斜面と接する円柱上の点を A_0 とすれば，任意の位置では G_0 は G に，A_0 は A にきているが，滑らずに転がるのであるから，$\overline{A_0A_1} = \widehat{A_1A}$．また G_0A_0 の位置にあった半径は GA の位置にきているのであるから，その回転角は $\angle A_1GA$ であり，これを φ とすれば $\widehat{A_1A} = a\varphi$．また $\overline{A_0A_1} = x$ とすれば

$$x = a\varphi. \quad \therefore \ V = a\omega. \quad \text{したがって} \quad \frac{dV}{dt} = a\frac{d\omega}{dt} \tag{4}$$

となる．(1) から (4) までの 4 個の式から，未知量 $dV/dt, d\omega/dt, F, N$ を解けば（$I = M(a^2/2)$ を入れて），

$$\frac{dV}{dt} = \frac{2}{3}g\sin\theta, \quad \frac{d\omega}{dt} = \frac{2}{3}\frac{g}{a}\sin\theta, \quad F = \frac{1}{3}Mg\sin\theta, \quad N = Mg\cos\theta \tag{5}$$

となる．

F は静止摩擦力である．そのことは円柱に少し角(かど)をつけて多角形の柱と考え，滑らずに転がる ありさま を考えればすぐに理解される．

12.1-3 図で，円柱と斜面とは A で接触しているが，この瞬間，円柱は A のまわりに回転しているのである．この運動の結果，A_1' が A_1 まで降りてくれば，今度はその点を中心として回転するのであって，接触している点は少しも滑らない．図で，摩擦力 F は A に働いているが，A は少しも滑らない．A_1' が A_1 に降りてくると，いままでの摩擦力は消えて，A_1 であらたに摩擦力が現われると考えればよい．このように F が働いている間，着力点は動かないのであるから，F は静止摩擦力である．摩擦の法則によれば，静止摩擦係数を μ として，滑らないためには，

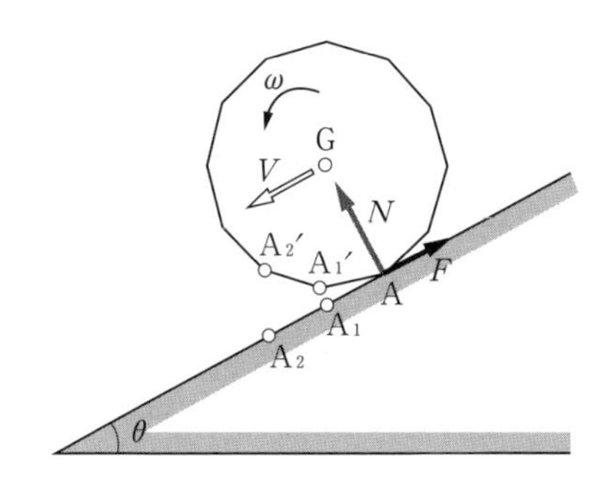

12.1-3 図

$$\frac{F}{N} \leqq \mu.$$

したがっていまの問題では，(5) から

$$\frac{1}{3}\tan\theta \leqq \mu$$

となる．つまり，滑らないためには静止摩擦係数が適当に大きいか，斜面の傾きが適当に小さくなければならないのである．◆

例題 2　長さ l の糸の先に，半径 a の一様な球をつけて鉛直面内で小さい振動を行なわせるときの運動を調べよ．

解　球の半径 a が l に比べて非常に小さければ単振り子となる．また球の中心が糸の延長上にいつもあると考えると，糸，球全体が1つの物理振り子となるのでこれまた簡単である．ここではこの制限も除き，12.1-4 図のように球が首を振るように運動する一般の運動の仕方を考えよう．振幅は小さいものとする．

糸の固定点をOとし，これから水平に x 軸，鉛直下方に y 軸をとる．糸の張力を S とする．

重心の運動方程式：

$$M\frac{d^2x_G}{dt^2} = -S\sin\theta, \tag{1}$$

$$M\frac{d^2y_G}{dt^2} = -S\cos\theta + Mg. \tag{2}$$

重心のまわりの回転の運動方程式：

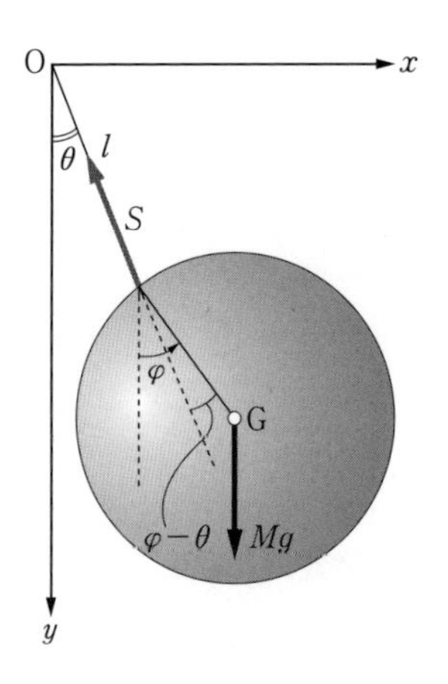

12.1-4 図

$$M\kappa^2\frac{d^2\varphi}{dt^2} = -Sa\sin(\varphi-\theta). \tag{3}$$

また，

$$x_G = l\sin\theta + a\sin\varphi, \qquad y_G = l\cos\theta + a\cos\varphi. \tag{4}$$

θ, φ が小さいとして，θ, φ；$\dot{\theta}, \dot{\varphi}$；$\ddot{\theta}, \ddot{\varphi}$ の 1 次の項だけをとり，高次の項を省略しよう．(4) から

$$x_G = l\theta + a\varphi, \qquad y_G = l + a.$$

(1), (2), (3) は

$$M(l\ddot{\theta} + a\ddot{\varphi}) = -S\theta, \tag{5}$$

$$0 = -S + Mg, \tag{6}$$

$$M\kappa^2\ddot{\varphi} = -Sa(\varphi-\theta) \tag{7}$$

となる．(6) から $S = Mg$．したがって (5), (7) は

$$l\ddot{\theta} + a\ddot{\varphi} = -g\theta, \tag{8}$$

$$\kappa^2\ddot{\varphi} = -ag(\varphi-\theta). \tag{9}$$

(8), (9) の 2 つの方程式から，θ, φ が時間の関数として求められる．これを解くために，

$$\theta = A\cos(\omega t + \alpha), \qquad \varphi = B\cos(\omega t + \alpha) \tag{10}$$

とおく．(8), (9) に代入して，

$$\left(\omega^2 - \frac{g}{l}\right)A + \frac{a}{l}\omega^2 B = 0, \tag{11}$$

$$\frac{ga}{\kappa^2}A + \left(\omega^2 - \frac{ga}{\kappa^2}\right)B = 0. \tag{12}$$

これから A, B を消去すれば（A, B の係数の行列式を 0 とおく），

$$f(\omega^2) \equiv \left(\omega^2 - \frac{g}{l}\right)\left(\omega^2 - \frac{ga}{\kappa^2}\right) - \frac{a^2}{\kappa^2 l}g\omega^2 = 0. \tag{13}$$

$f(\omega^2)$ を ω^2 の関数としてグラフを描けば（12.1–5 図），$f(g/l) < 0$, $f(ga/\kappa^2) < 0$, $f(0) > 0$, $f(\infty) > 0$ であるから，$0 < \omega^2 < g/l$ の間に 1 つの根 $(\omega_1{}^2)$, ga/κ^2 より大きいところにもう 1 つの根 $(\omega_2{}^2)$ がある．(13) を解いて ω^2 を求める代りに，$\omega = 2\pi/T$ によって $(T/2\pi)^2$ についての方程式に直す．$\kappa^2 = (2/5)a^2$ を代入して，

$$\frac{5}{2}\frac{g^2}{al}\left(\frac{T}{2\pi}\right)^4 - \left(\frac{7}{2}\frac{1}{l} + \frac{5}{2}\frac{1}{a}\right)g\left(\frac{T}{2\pi}\right)^2 + 1 = 0.$$

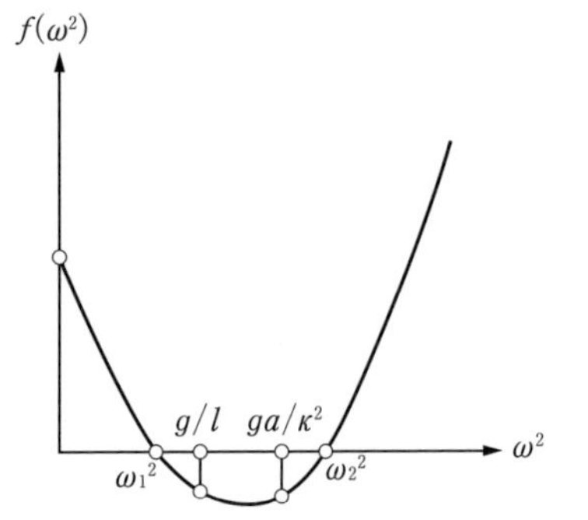

12. 1-5 図

これから

$$\left(\frac{T}{2\pi}\right)^2 = \frac{al}{5g}\left\{\frac{7}{2}\frac{1}{l} + \frac{5}{2}\frac{1}{a} \pm \sqrt{\left(\frac{7}{2}\frac{1}{l} + \frac{5}{2}\frac{1}{a}\right)^2 - \frac{10}{al}}\right\}.$$

ω_1 に対する T の値を T_1 とすれば，T_1 はこの式の正号にあたっている．

$$\left(\frac{T_1}{2\pi}\right)^2 = \frac{l}{2g}\left\{1 + \frac{7}{5}\frac{a}{l} + \sqrt{\left(1 + \frac{7}{5}\frac{a}{l}\right)^2 - \frac{8}{5}\frac{a}{l}}\right\}.$$

球の半径 a が糸の長さ l に比べて小さいとき（通常の振り子ではそうなっている）には，上の式を a/l で展開する．また，$a/l \ll 1$ のとき，これを長さが $l+a$ の単振り子とみなすことがよくなされるので，これを比較するのに便利な式をつくれば

$$T_1 = 2\pi\sqrt{\frac{l+a}{g}}\left(1 + \frac{1}{5}\frac{a^2}{l^2} - \frac{8}{25}\frac{a^3}{l^3} + \cdots\right) \tag{14}$$

となる．またもう 1 つの周期の方は

$$T_2 = 2\pi\sqrt{\frac{l+a}{g}}\sqrt{\frac{2}{5}\frac{a}{l}}\left(1 - \frac{a}{l} + \frac{4}{5}\frac{a^2}{l^2} + \cdots\right) \tag{15}$$

で非常に小さい．

(11) によれば $\omega = \omega_1$，つまり $T = T_1$ に対して $A/B > 0$．また $\omega = \omega_2$，つまり $T = T_2$ に対しては $A/B < 0$ となる．これらの運動は**規準振動**（normal mode of oscillation）とよばれるもので，θ と φ とが調子を合わせて（$\omega = \omega_1$ のときには同じ符号を持ち位相が等しく，$\omega = \omega_2$ のときには符号が逆で位相が π だけちがう）変化する（12. 1-6 図（a），(b)）．θ も φ も（10）で与えられる単振動的変化をする．一般の運動はこれらを合成したもので

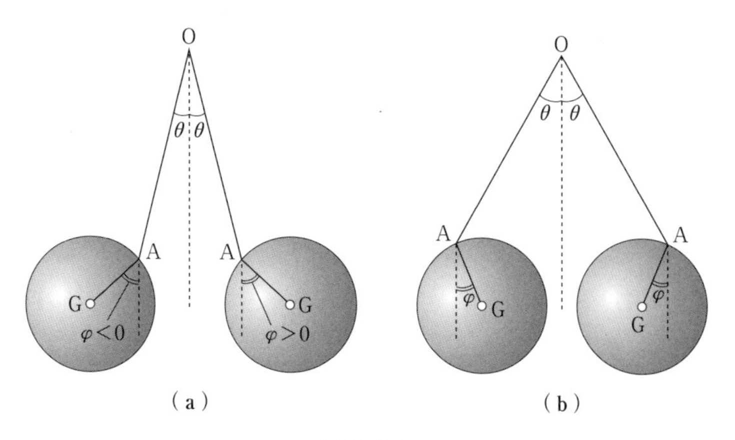

12.1-6 図

$$\theta = A_1 \cos(\omega_1 t + \alpha_1) + A_2 \cos(\omega_2 t + \alpha_2),$$
$$\varphi = B_1 \cos(\omega_1 t + \alpha_1) + B_2 \cos(\omega_2 t + \alpha_2).$$

ただし，A, B の比は（11）から

$$\frac{B_i}{A_i} = \frac{\dfrac{g}{l} - {\omega_i}^2}{\dfrac{a}{l}{\omega_i}^2} \qquad (i = 1, 2)$$

となる．ω_2 の運動の方は周期が小さく，各点の速度は大きいので，実際は速く減衰し，運動の初期では明らかにみられるが，まもなく減衰してしまい，あとは ω_1 の運動だけが残る．

a が l に比べて小さいときには，振り子は長さ $l + a$ の単振り子として扱われることが多い．その周期は

$$T_s = 2\pi\sqrt{\frac{l + a}{g}}$$ [1)]

である．もっとよい近似では，この装置を糸と球全体で1つの剛体と考え，物理振り子とみなす（第11章問題6）．Oのまわりの慣性モーメントは

$$I = M(l + a)^2 + \frac{2}{5}Ma^2$$

であるから，周期は

1)　添字 s は simple pendulum の s.

$$T_{\mathrm{p}}=2\pi\sqrt{\frac{(l+a)^2+\dfrac{2}{5}a^2}{g(l+a)}}$$ [1]

となる．$a \ll l$ の条件でこの式を展開すれば

$$T_{\mathrm{p}}=2\pi\sqrt{\frac{l+a}{g}}\left(1+\frac{1}{5}\frac{a^2}{l^2}-\frac{10}{25}\frac{a^3}{l^3}+\cdots\right)$$

となる．$T_1, T_{\mathrm{s}}, T_{\mathrm{p}}$ を比べると，T_1 と T_{s} とは $(a/l)^2$ の程度のちがいであるが，T_1 と T_{p} は $(a/l)^2$ の項まで一致し，$(a/l)^3$ の項になってはじめてくいちがうことがわかる．◆

§12.2　固定点のまわりの角運動量

前の節では剛体の平面運動を調べるのに，重心の運動とそのまわりの角運動量とに分けて考えることを論じた．場合によると，重心のまわりの角運動量を使うよりも，空間に固定された点Oについての角運動量を使った方が便利なこともある．そのときは，剛体の慣性系の原点のまわりの角運動量を，重心にすべての質量が集まったとしたときの角運動量と重心のまわりの角運動量に分けて，z 成分として

$$\left.\begin{aligned}L_z &= M(x_{\mathrm{G}}\dot{y}_{\mathrm{G}}-y_{\mathrm{G}}\dot{x}_{\mathrm{G}})+I_{(\mathrm{G})}\omega\\ &= \pm pMV_{\mathrm{G}}+I_{(\mathrm{G})}\omega\end{aligned}\right\}\tag{12.2-1}$$

となる．p は重心の速度ベクトルに原点から下した垂線の長さで，“±”の符号は運動量のモーメントが正か負かによってきめられる．

L_z の変化を与えるのが（10.3-5）で，

$$\frac{dL_z}{dt}=\sum_i(x_iY_i-y_iX_i)=N_z\tag{12.2-2}$$

である．（12.2-1），（12.2-2）は未知の外力のOについてのモーメントが0であることがわかっているときよく使われる．固定軸のあるときの運動もそのような場合に属するが，これは第11章で調べた．平面運動を行なっている剛体が，その上の一点で急にとめられるような場合にも，そのとき生じる撃力はOを通るから，そのモーメントは0となり，とめる前後でOのまわりの角運動量

---

1)　添字 p は physical pendulum の p.

が等しい.

例題　きわめて細い一様な棒 AB（長さ $= l$）が，12.2-1 図のように，重心の速度 u，角速度 ω で x 方向に飛んできて，棒が x 軸に垂直になった瞬間 B が O に固定（そのまわりに回ることができるように）された．その後の棒の運動を求めよ．

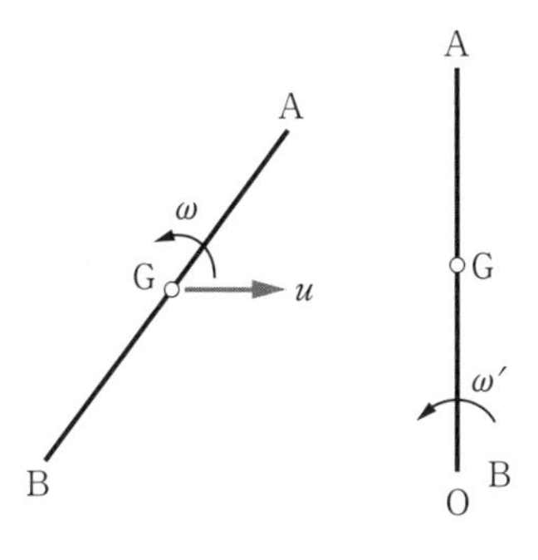

12.2-1 図

解　B を O でつかまえる直前の O まわりの角運動量は

$$-Mu\frac{l}{2}+I_{(G)}\omega.$$

O でつかまえてからは O を固定点（固定軸）とする運動で，O のまわりの角運動量は $I\omega'$.

$$I=I_{(G)}+M\frac{l^2}{4}.$$

O でつかまえるとき O から B に撃力が働くが，O を通るから O のまわりのモーメントは 0 である．したがって O のまわりの角運動量は保存される．それゆえ，

$$\left(I_{(G)}+M\frac{l^2}{4}\right)\omega'=-Mu\frac{l}{2}+I_{(G)}\omega.$$

$I_{(G)}=M(l^2/12)$ を入れて

$$\omega'=\frac{1}{4}\frac{l\omega-6u}{l}.$$

$u \gtreqless (1/6)l\omega$ によって $\omega' \lesseqgtr 0$ となる．◆

§12.3　剛体の平面運動でのエネルギー

重心の運動と，そのまわりの運動に分けて考えるのが便利である．後者は固定軸のまわりの運動の場合の（11.2-7）とまったく同様に $(1/2)I_{(G)}\omega^2$ となる．したがって，運動エネルギーは

$$T = \frac{1}{2}MV_G{}^2 + \frac{1}{2}I_{(G)}\omega^2 \tag{12.3-1}$$

である．位置エネルギー U の保存力を受けて運動するときには，力学的エネルギー保存の法則

$$\frac{1}{2}MV_G{}^2 + \frac{1}{2}I_{(G)}\omega^2 + U = \text{一定} \tag{12.3-2}$$

が得られる．

最後に，剛体の重心の位置が dx_G, dy_G だけ移動し，そのまわりに $d\varphi$ だけ回転を行なったとき，これに働いている力の行なう仕事は，

$$d'W = \sum_i (X_i dx_i + Y_i dy_i)$$

であるが，重心の座標 x_G, y_G とこれに相対的な座標 x_i', y_i' を使えば，$x_i = x_G + x_i'$，$y_i = y_G + y_i'$ であるから，

$$d'W = (\sum X_i)dx_G + (\sum Y_i)dy_G + \sum(X_i dx_i' + Y_i dy_i')$$

となる，この第3項は（11.2-9）と同様にして $N_{(G)}d\varphi$ となる．そうすると

$$d'W = (\sum X_i)dx_G + (\sum Y_i)dy_G + N_{(G)}d\varphi. \tag{12.3-3}$$

例題　§12.1の例題1をエネルギーを使って考えよ．

解　12.1-3図をみるとわかるように接触点Aで滑りが起こらないから，力学的エネルギーは保存される．標準の位置から重心が斜面にそって下向きに x だけ下がったときを考えれば

$$\frac{1}{2}MV^2 + \frac{1}{2}I_{(G)}\omega^2 - Mgx\sin\theta = \text{定数}, \tag{1}$$

$$V = \frac{dx}{dt}, \tag{2}$$

$$V = a\omega. \tag{3}$$

（1）$\times a^2$ をつくり，（3）を考えに入れれば

$$\frac{1}{2}(I_{(G)} + Ma^2)V^2 - Mgxa^2\sin\theta = \text{定数}.$$

t で微分して（2）を考えに入れれば

$$(I_{(G)} + Ma^2)V\frac{dV}{dt} - MgVa^2\sin\theta = 0.$$

$I_{(G)} = M(a^2/2)$ を入れ V で割れば

$$\frac{dV}{dt}=\frac{2}{3}g\sin\theta.$$ ◆

§12.4　撃力が働く場合

質点に撃力が働くときのことは§2.5で説明したが，平面運動を行なう剛体に撃力が働く場合を考えよう．剛体に働く撃力を X_i, Y_i とし，同時に働いている重力のような撃力でない力を $X_k{}^0, Y_k{}^0$ とする．

剛体の平面運動の方程式は，重心の速度を u_G, v_G として，

$$M\frac{du_G}{dt}=\sum_i X_i+\sum_k X_k{}^0, \tag{12.4-1}$$

$$M\frac{dv_G}{dt}=\sum_i Y_i+\sum_k Y_k{}^0, \tag{12.4-2}$$

$$I_{(G)}\frac{d\omega}{dt}=\sum_i(x_i'Y_i-y_i'X_i)+\sum_k(x_k'Y_k{}^0-y_k'X_k{}^0). \tag{12.4-3}$$

ここで，i は撃力の番号，x_i', y_i' は重心を座標原点とするときのその着力点の座標，k は撃力でない普通の力の番号，x_k', y_k' は重心に相対的な着力点の座標である．

撃力の作用する非常に短い時間を τ とし，この間に u_G, v_G, ω が u_{G1}, v_{G1}, ω_1 から u_{G2}, v_{G2}, ω_2 に変化するものとする．(12.4-1), (12.4-2), (12.4-3) を t について0から τ まで積分する．(12.4-1) の左辺は

$$\int_0^\tau M\frac{du_G}{dt}dt=Mu_{G2}-Mu_{G1}$$

となる．右辺で $\int_0^\tau X_i dt=\overline{X}_i$ に比べて $\int_0^\tau X_k{}^0 dt$ は小さいからこれを省略する．したがって，(12.4-1), (12.4-2) を t につき0から τ まで積分すれば

$$Mu_{G2}-Mu_{G1}=\sum_i\overline{X}_i, \tag{12.4-4}$$

$$Mv_{G2}-Mv_{G1}=\sum_i\overline{Y}_i \tag{12.4-5}$$

が得られる．

(12.4-3) の左辺の積分は $I_{(G)}\omega_2-I_{(G)}\omega_1$ である．右辺で，通常の力の方の積分は省略できて，撃力による力の方はこれが働いている時間 τ の間 x_i', y_i' は変

化しないとみてよいから，

$$I_{(G)}\omega_2 - I_{(G)}\omega_1 = \sum_i (x_i'\overline{Y}_i - y_i'\overline{X}_i) \qquad (12.4\text{-}6)$$

となる．

例題　静止している剛体上の一点に撃力を加えるとき，剛体はどのような運動をはじめるか．

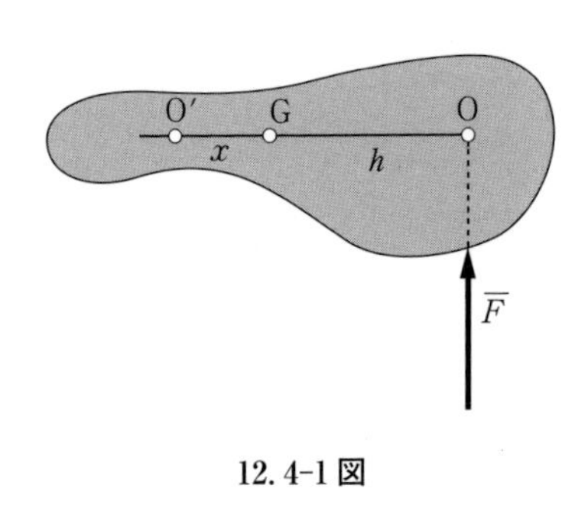

12.4-1 図

解　12.4-1 図のように撃力（力積 $\overline{F}$）が働くものとする．重心 G からこの力の作用線に垂線 GO を下す．$\overline{\mathrm{GO}} = h$ とする．G は $\overline{F}$ の方向に u の速度で動きはじめるとする．

$$Mu = \overline{F}. \qquad (1)$$

また剛体が ω の角速度で動き出すとすれば，

$$I_{(G)}\omega = \overline{F}h. \qquad (2)$$

つまり，重心は $\overline{F}/M$ の速度で動き出し，棒はそのまわりに $\overline{F}h/I_{(G)}$ の角速度で回り出す．OG の延長上 G から x の距離に O′ をとれば，O′ の動き出す速度は

$$u_{O'} = u - x\omega.$$

これは

$$u_{O'} = \frac{\overline{F}}{M}\left(1 - x\frac{Mh}{I_{(G)}}\right)$$

となるので，

$$x = \frac{I_{(G)}}{Mh}$$

ならば $u_{O'} = 0$ となる．そのような点 O′ は撃力の働いた直後，速度が 0 になっており，剛体は最初の瞬間 O′ のまわりに回ると考えてよい．O から O′ までの距離は

$$\overline{\mathrm{OO'}} = h + x = \frac{I_{(G)} + Mh^2}{Mh}.$$

(11.3-6) によって，右辺の分子は O のまわりの慣性モーメント I に等しい．

したがって

$$\overline{\mathrm{OO'}} = \frac{I}{Mh}$$

となる．これは§11.2の例題2の（2）によって，剛体をO′を通って紙面に垂直な直線を水平軸とする物理振り子と考えるときの相等単振り子の長さに等しい．O′をOに対する**衝撃の中心**（center of percussion）とよぶ．つまり，O′を手に持って，Oに撃力を加えても手にはショックを感じないのである．◆

第12章 問 題

1　粗い斜面（水平となす角 $= \theta$）を一様な球が転がり上がる．球が滑らないとすればどこまで上がるか．初速度を v_0 とする．

2　一様な球が角速度 ω_0 で水平な直径のまわりに回っている．これをそのまま静かに水平な粗い平面の上におくとき，その後の運動はどうなるか．球と平面との間の動摩擦係数を μ とする．

3　直方体の一様なブロックがその1辺を水平な机に接して，その重心がこの辺の直上にある位置から静かに倒れる．板の面が机の面に衝突した後，板は向い側の辺を軸として回りはじめた．この運動を調べよ．

13 固定点のまわりの剛体の運動

§13.1　固定点のまわりの回転に対する剛体の慣性

第 11 章では固定軸のまわりに回転する剛体の慣性を表わす量として，(11.2-5) の式

$$L_z = I\omega \tag{13.1-1}$$

の角運動量と角速度との比例の関係式の比例係数として慣性モーメント I を考えた．固定点を持つ剛体の運動の場合にもその運動の変化の難易を与える量があるはずで，しかも特別な場合には固定軸のある場合の慣性モーメント I になるようなものがあるはずである．

まず角速度について考えよう．1 つの剛体が 1 つの点 O を固定点としてそのまわりに自由に回ることができるとする．13.1-1 図で O を中心とし，剛体に対して固定してある，すなわち剛体とともに回る球面（半径はどうとっても

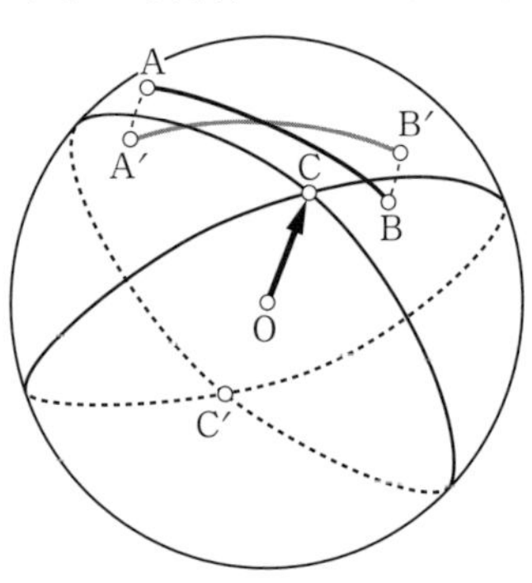

13.1-1 図

よい）を考え，その球面にとった1つの大円の弧$\overset{\frown}{\mathrm{AB}}$を考える．$\overset{\frown}{\mathrm{AB}}$の運動を調べればそれで剛体の運動はわかってしまうのであるから，しばらくこの$\overset{\frown}{\mathrm{AB}}$に着目しよう．非常に短い時間$dt$の間に，$\overset{\frown}{\mathrm{AB}}$が$\overset{\frown}{\mathrm{A'B'}}$の位置にくるものとする．$\overset{\frown}{\mathrm{AA'}}$を垂直に2等分する大円と，$\overset{\frown}{\mathrm{BB'}}$を垂直に2等分する大円との交点をCとすれば，直線OCのまわりに剛体を回せば$\overset{\frown}{\mathrm{AB}}$から$\overset{\frown}{\mathrm{A'B'}}$に移すことができる．それゆえ，

非常に短い時間内の剛体の回転は1つの軸OCのまわりの小さな回転である

ことがわかる．上の2つの大円の交点としてはCの他に反対側にC′もあるが，剛体と同様に回る右回しのねじの進む方向が$\overrightarrow{\mathrm{OC}}$の方向に一致するようにCを選ぶものと約束する．OCのまわりの回転角を$d\varphi$とすれば，角速度は$\omega = d\varphi/dt$である．それで$\overrightarrow{\mathrm{OC}}$の方向に大きさ$\omega$のベクトル$\boldsymbol{\omega}$を考えてこれを**角速度ベクトル**と名づける．

剛体内の任意の点をPとし，その速度ベクトルを$\boldsymbol{V}_{\mathrm{P}}$とする．Pから角速度ベクトル$\boldsymbol{\omega}$に垂線PQを下す（13.1-2図）．PはQを中心とする円を描いているから，$\boldsymbol{V}_{\mathrm{P}}$は△OPQに直角で，大きさは$\overline{\mathrm{OP}} = r$，$\angle\mathrm{POQ} = \theta$として

$$V_{\mathrm{P}} = \omega r \sin\theta$$

である．それゆえ，ちょうど

$$\boldsymbol{V}_{\mathrm{P}} = \boldsymbol{\omega} \times \boldsymbol{r} \qquad (13.1\text{-}2)$$

になっている．いま$\boldsymbol{\omega}_1, \boldsymbol{\omega}_2$の2つの角速度ベクトルによるP点の速度を考え，

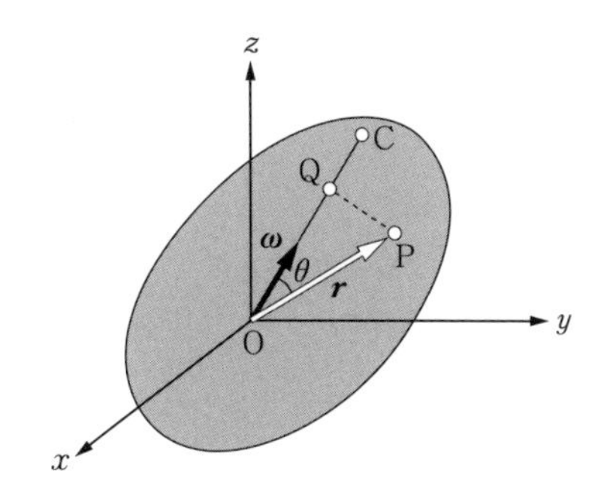

13.1-2図

$\boldsymbol{V}_{\mathrm{P}1}, \boldsymbol{V}_{\mathrm{P}2}$ としよう．(13.1-2) により

$$\boldsymbol{V}_{\mathrm{P}1} = \boldsymbol{\omega}_1 \times \boldsymbol{r}, \qquad \boldsymbol{V}_{\mathrm{P}2} = \boldsymbol{\omega}_2 \times \boldsymbol{r}. \tag{13.1-3}$$

加えれば

$$\boldsymbol{V}_{\mathrm{P}1} + \boldsymbol{V}_{\mathrm{P}2} = (\boldsymbol{\omega}_1 + \boldsymbol{\omega}_2) \times \boldsymbol{r}. \tag{13.1-4}$$

$$\boldsymbol{\omega} = \boldsymbol{\omega}_1 + \boldsymbol{\omega}_2. \tag{13.1-5}$$

すなわち，$\boldsymbol{\omega}_1$ と $\boldsymbol{\omega}_2$ とを平行四辺形の方法で合成したものを $\boldsymbol{\omega}$ とすれば

$\boldsymbol{\omega}_1$ による速度と $\boldsymbol{\omega}_2$ による速度を合成したものが $\boldsymbol{\omega}$ による速度となる

のであって，このことは任意のＰについて成り立つから，

剛体の角速度は平行四辺形の方法によって合成できる

ことがわかる．

角速度 $\boldsymbol{\omega}$ を x, y, z 方向に分解したものを $\omega_x, \omega_y, \omega_z$ とする．(13.1-2) を座標軸の方向の成分で書けば，

$$V_x = \omega_y z - \omega_z y, \qquad V_y = \omega_z x - \omega_x z, \qquad V_z = \omega_x y - \omega_y x \tag{13.1-6}$$

となる．

剛体が固定点Ｏのまわりに角速度 $\boldsymbol{\omega}$ で回転しているときの角運動量ベクトル $\boldsymbol{L}$ を求めよう．$\boldsymbol{L}$ は (10.3-4) によって与えられているので，その成分は

$$\left.\begin{aligned} L_x &= \sum m_i(y_i V_{iz} - z_i V_{iy}), \\ L_y &= \sum m_i(z_i V_{ix} - x_i V_{iz}), \\ L_z &= \sum m_i(x_i V_{iy} - y_i V_{ix}) \end{aligned}\right\} \tag{13.1-7}$$

である．(13.1-6) をこれらの式に入れると

$$\left.\begin{aligned} L_x &= A\omega_x - H\omega_y - G\omega_z, \\ L_y &= -H\omega_x + B\omega_y - F\omega_z, \\ L_z &= -G\omega_x - F\omega_y + C\omega_z, \end{aligned}\right\} \tag{13.1-8}$$

ただし

$$\left.\begin{array}{lll} A=\sum m_i(y_i{}^2+z_i{}^2), & B=\sum m_i(z_i{}^2+x_i{}^2), & C=\sum m_i(x_i{}^2+y_i{}^2), \\ F=\sum m_i y_i z_i, & G=\sum m_i z_i x_i, & H=\sum m_i x_i y_i \end{array}\right\} \tag{13.1-9}$$

となる．(13.1-8) が角運動量 $\boldsymbol{L}$ という1つのベクトルと，角速度 $\boldsymbol{\omega}$ という1つのベクトルとの関係を示すものであって，$\boldsymbol{L}$ の成分が $\boldsymbol{\omega}$ の成分によって線形に，しかも係数が対角線要素に対して対称的に表わされることを示す．

固定軸のある場合にこれを z 軸とすれば，(13.1-8) の第3の式で $\omega_x=0$, $\omega_y=0$ としたものが，(11.2-5) で，C はちょうど§11.2で調べた z 軸のまわりの慣性モーメントであることがわかる．O を固定点とする一般の回転運動では $\boldsymbol{L}$ と $\boldsymbol{\omega}$ の関係はやや複雑で，慣性を表わす量には (13.1-9) の A, B, C の他に F, G, H のような量も含まれていることがわかる．A, B, C の $y_i{}^2+z_i{}^2$, $z_i{}^2+x_i{}^2, x_i{}^2+y_i{}^2$ はそれぞれ m_i と x, y, z 軸の距離で，これら A, B, C は§11.2で慣性モーメント (moment of inertia) とよばれたものである．(13.1-9) のあとの3個の量 F, G, H は**慣性乗積** (product of inertia) とよぶ．

$\boldsymbol{L}$ の時間的変化は (10.3-5) の式

$$\frac{d\boldsymbol{L}}{dt}=\boldsymbol{N}=\sum(\boldsymbol{r}_i\times\boldsymbol{F}_i) \tag{13.1-10}$$

で与えられるのであるが，この式をくわしく調べる前に，いま上に得た A, B, C, F, G, H について調べておこう．

§13.2 慣性楕円体

剛体内の点 O を原点とし，x, y, z 軸をとる．これらの軸のまわりの慣性モーメントは (13.1-9) の A, B, C である．O を通る任意の直線を OS とし，その方向余弦を (λ, μ, ν) とする (13.2-1 図)．この直線のまわりの慣性モーメントを求めよう．m_i から垂線 $\mathrm{P}_i\mathrm{Q}_i$ を下す．$\overline{\mathrm{OP}_i}=r_i$ とすれば

$$\overline{\mathrm{P}_i\mathrm{Q}_i}^2=r_i{}^2\sin^2\theta_i=r_i{}^2(1-\cos^2\theta_i),$$

$$\cos\theta_i=\lambda\frac{x_i}{r_i}+\mu\frac{y_i}{r_i}+\nu\frac{z_i}{r_i}$$

であるから

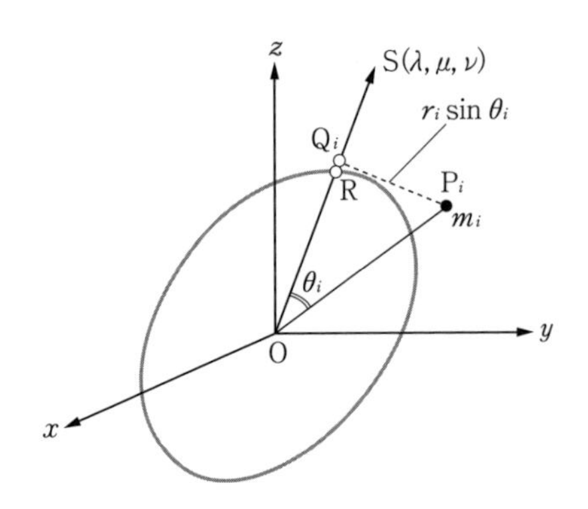

13. 2–1 図

$$\overline{\mathrm{P}_i\mathrm{Q}_i}^2 = r_i^2 - (\lambda x_i + \mu y_i + \nu z_i)^2.$$

$r_i^2 = x_i^2 + y_i^2 + z_i^2$, $\lambda^2 + \mu^2 + \nu^2 = 1$ を使えば

$$\begin{aligned}\overline{\mathrm{P}_i\mathrm{Q}_i}^2 &= (x_i^2 + y_i^2 + z_i^2)(\lambda^2 + \mu^2 + \nu^2) - (\lambda x_i + \mu y_i + \nu z_i)^2 \\ &= (y_i^2 + z_i^2)\lambda^2 + (z_i^2 + x_i^2)\mu^2 + (x_i^2 + y_i^2)\nu^2 \\ &\qquad - 2\mu\nu y_i z_i - 2\nu\lambda z_i x_i - 2\lambda\mu x_i y_i\end{aligned}$$

となる．したがって OS のまわりの慣性モーメントは

$$\begin{aligned}I &= \sum_i m_i \overline{\mathrm{P}_i\mathrm{Q}_i}^2 \\ &= \left\{\sum_i m_i(y_i^2 + z_i^2)\right\}\lambda^2 + \left\{\sum_i m_i(z_i^2 + x_i^2)\right\}\mu^2 + \left\{\sum_i m_i(x_i^2 + y_i^2)\right\}\nu^2 \\ &\qquad - 2\mu\nu\sum_i m_i y_i z_i - 2\nu\lambda\sum_i m_i z_i x_i - 2\lambda\mu\sum_i m_i x_i y_i.\end{aligned}$$

(13. 1–9) によって

$$I = A\lambda^2 + B\mu^2 + C\nu^2 - 2F\mu\nu - 2G\nu\lambda - 2H\lambda\mu \qquad (13.\,2\text{–}1)$$

となる．

いま，OS の方向に，O から r という距離をとって，OR とし

$$\overline{\mathrm{OR}} = r = \frac{1}{\sqrt{I}} \qquad (13.\,2\text{–}2)$$

とする．これを (13. 2–1) に入れ，R の座標を (x, y, z) とすれば，$x = r\lambda$, $y = r\mu$, $z = r\nu$ であるから，R の軌跡は

$$Ax^2 + By^2 + Cz^2 - 2Fyz - 2Gzx - 2Hxy = 1, \qquad (13.\,2\text{–}3)$$

すなわち 1 つの楕円体面であることがわかる．このような面を持つ楕円体を考

え，これを**慣性楕円体**（momental ellipsoid）とよぶ．このように，

慣性楕円体は，その任意の半径の2乗の逆数がその半径の方向に向いている直線のまわりの慣性モーメントに等しいようなものである

ということができる．

上の楕円体面の方程式はもちろん，はじめに選んだ座標軸によるのであるが，ここまでくると楕円体自身は，剛体の質量の分布と原点Oだけによるものであることがわかる．

ところで，私たちはどのような楕円体にも主軸というものがあることを知っているので，いま x, y, z 軸を改めてこの主軸にとれば，(13.2-3) は標準の形

$$Ax^2 + By^2 + Cz^2 = 1 \qquad (13.2\text{-}4)$$

となり，この座標系に対しては

$$F = 0, \qquad G = 0, \qquad H = 0 \qquad (13.2\text{-}5)$$

であることがわかる．それゆえ，これらの主軸に対して方向余弦が λ, μ, ν であるような方向の直線のまわりの慣性モーメントは，(13.2-1) で $F = 0$，$G = 0$，$H = 0$ とおいて

$$I = A\lambda^2 + B\mu^2 + C\nu^2 \qquad (13.2\text{-}6)$$

で与えられることもわかる．主軸に対する慣性モーメントを**主慣性モーメント**（principal moment of inertia）とよぶ．

主軸は慣性乗積が0になるような軸であるということもできるから，対称な形をした一様な剛体では，その対称の中心を通って，全体の形に対称な関係にある方向をとると主軸になる．§11.3で求めた慣性モーメントはどれも主慣性モーメントである．

§13.3　固定点を持つ剛体の運動方程式

固定点を持つ剛体の角運動量が時間に対してどう変わるかは (13.1-10) の式，またはこれを座標軸の方向に分解して得られる

$$\left.\begin{aligned}\frac{dL_x}{dt} &= \sum(y_iZ_i - z_iY_i),\\ \frac{dL_y}{dt} &= \sum(z_iX_i - x_iZ_i),\\ \frac{dL_z}{dt} &= \sum(x_iY_i - y_iX_i)\end{aligned}\right\} \qquad (13.3\text{-}1)$$

によってきめられる．これらの式の L_x, L_y, L_z には，(13.1-8) の

$$L_x = A\omega_x - H\omega_y - G\omega_z, \qquad \text{など}$$

を入れると，dL_x/dt には $d\omega_x/dt, d\omega_y/dt, d\omega_z/dt$ の角速度の変化を与える量があることはもちろんであるが，$dA/dt, dH/dt, dG/dt$ などの慣性モーメント，慣性乗積が時間に対してどう変わるかを表わす量も現われる．ところが A, B, C, F, G, H は空間に固定した x, y, z 軸に対する慣性モーメント，慣性乗積であるので，剛体の運動の仕方がきまらなければ，これらの量の時間的変化は求められない．それゆえ，(13.3-1) は一般の場合には不便な方程式である．この欠点を避けるための方法がこれから説明する **Euler**（オイラー）**の方程式**を使う方法である．

いま (x, y, z) 座標を慣性系に固定された座標系であるとし，$\boldsymbol{A}$ を原点 O から引いたベクトルで時間とともに大きさも方向も変わるものとする．$\boldsymbol{A}$ の成分を A_x, A_y, A_z とすれば

$$\left.\begin{aligned}\left(\frac{d\boldsymbol{A}}{dt}\right)_x &= \frac{dA_x}{dt},\\ \left(\frac{d\boldsymbol{A}}{dt}\right)_y &= \frac{dA_y}{dt},\\ \left(\frac{d\boldsymbol{A}}{dt}\right)_z &= \frac{dA_z}{dt}\end{aligned}\right\} \qquad (13.3\text{-}2)$$

であるが，これは次のようにしても知ることができる．

O から，x, y, z 方向の単位ベクトル $\boldsymbol{i}, \boldsymbol{j}, \boldsymbol{k}$ を引く（13.3-1 図）．そうすれば

$$\boldsymbol{A} = A_x\boldsymbol{i} + A_y\boldsymbol{j} + A_z\boldsymbol{k} \qquad (13.3\text{-}3)$$

である．これを t で微分すれば，$\boldsymbol{i}, \boldsymbol{j}, \boldsymbol{k}$ は大きさも方向も変わらないから

$$\frac{d\boldsymbol{A}}{dt} = \frac{dA_x}{dt}\boldsymbol{i} + \frac{dA_y}{dt}\boldsymbol{j} + \frac{dA_z}{dt}\boldsymbol{k} \qquad (13.3\text{-}4)$$

である．このことは $d\boldsymbol{A}/dt$ の x 成分が dA_x/dt であることを意味する．

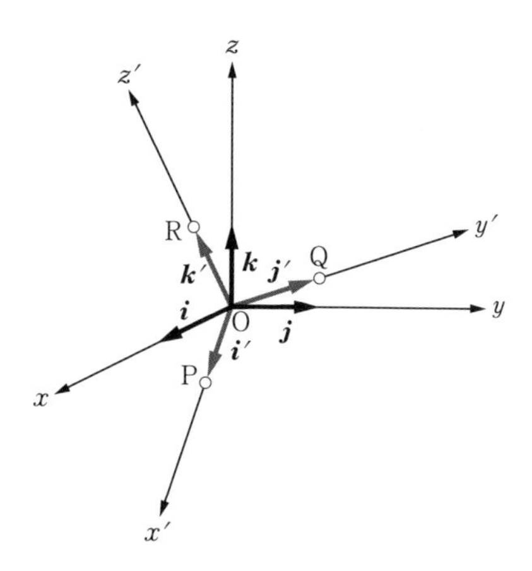

13.3-1 図

次に，O を原点とする他の直交軸 (x', y', z') [1] を考え，これらは (x, y, z) 系に対し，すなわち慣性系に対し，回転しているものとする．この (x', y', z') 系は剛体の一種と考えられるが，その O のまわりの角速度を $\boldsymbol{\omega}$ とする．

上に考えたのと同じベクトル $\boldsymbol{A}$ は，新しい座標系の x', y', z' 方向に向いた単位ベクトル $\boldsymbol{i}', \boldsymbol{j}', \boldsymbol{k}'$ を使って

$$\boldsymbol{A} = A_{x'}\boldsymbol{i}' + A_{y'}\boldsymbol{j}' + A_{z'}\boldsymbol{k}' \qquad (13.3\text{-}5)$$

と書くことができるのは（13.3-3）と同様である．これを t で微分すれば

$$\frac{d\boldsymbol{A}}{dt} = \frac{dA_{x'}}{dt}\boldsymbol{i}' + \frac{dA_{y'}}{dt}\boldsymbol{j}' + \frac{dA_{z'}}{dt}\boldsymbol{k}' + A_{x'}\frac{d\boldsymbol{i}'}{dt} + A_{y'}\frac{d\boldsymbol{j}'}{dt} + A_{z'}\frac{d\boldsymbol{k}'}{dt}. \qquad (13.3\text{-}6)$$

（13.3-4）と比べると右辺の 3 項が余分についている．$\boldsymbol{i}'$ の先端の点を P とすれば $\boldsymbol{i}'$ は P の位置ベクトルである．$d\boldsymbol{i}'/dt$ は P 点の速度にほかならないので，（13.1-2）を使うことができる．（13.1-2）の $\boldsymbol{V}_{\mathrm{P}}$ は $d\boldsymbol{i}'/dt$ であるから，

$$\frac{d\boldsymbol{i}'}{dt} = \boldsymbol{V}_{\mathrm{P}} = \boldsymbol{\omega} \times \boldsymbol{i}'$$

となる．$\boldsymbol{\omega}$ の x', y', z' 成分，すなわち (x', y', z') 系の (x, y, z) 系に対する角速度の x', y', z' 成分 [2] を $\omega_{x'}, \omega_{y'}, \omega_{z'}$ とすれば，$\boldsymbol{i}'$ の成分は $(1, 0, 0)$ であるから

$$(\boldsymbol{\omega} \times \boldsymbol{i}')_{x'} = 0, \qquad (\boldsymbol{\omega} \times \boldsymbol{i}')_{y'} = \omega_{z'}, \qquad (\boldsymbol{\omega} \times \boldsymbol{i}')_{z'} = -\omega_{y'}.$$

1）この節の目的は，慣性主軸の方向を x', y', z' にとるのであるが，これからしばらくの間，一般に回転する座標系を (x', y', z') にとることにする．

2）$\boldsymbol{\omega}$ の x', y', z' 方向への正射影．

それゆえ，

$$
\left.\begin{aligned}
\frac{d\boldsymbol{i}'}{dt} &= \qquad\quad \omega_{z'}\boldsymbol{j}' - \omega_{y'}\boldsymbol{k}'. \\
&\text{同様に} \\
\frac{d\boldsymbol{j}'}{dt} &= -\omega_{z'}\boldsymbol{i}' \qquad\quad + \omega_{x'}\boldsymbol{k}', \\
\frac{d\boldsymbol{k}'}{dt} &= \quad \omega_{y'}\boldsymbol{i}' - \omega_{x'}\boldsymbol{j}'
\end{aligned}\right\} \tag{13.3-7}
$$

となる．これらを（13.3-6）に入れて，

$$
\frac{d\boldsymbol{A}}{dt} = \left(\frac{dA_{x'}}{dt} + \omega_{y'}A_{z'} - \omega_{z'}A_{y'}\right)\boldsymbol{i}' + \left(\frac{dA_{y'}}{dt} + \omega_{z'}A_{x'} - \omega_{x'}A_{z'}\right)\boldsymbol{j}' + \left(\frac{dA_{z'}}{dt} + \omega_{x'}A_{y'} - \omega_{y'}A_{x'}\right)\boldsymbol{k}'.
$$

このようにしてみると，右辺はどれも x', y', z' に関する項ばかりになっている．それで肩付 ′ をとり去って書くと次のようになる．

慣性系に対して $\boldsymbol{\omega}$ の角速度で回る座標系でベクトル $\boldsymbol{A}$ を表わすとき，$\boldsymbol{A}$ の時間微分（$\boldsymbol{A}$ の方向変化は慣性系に対する方向変化）の成分は

$$
\left.\begin{aligned}
\left(\frac{d\boldsymbol{A}}{dt}\right)_x &= \frac{dA_x}{dt} + \omega_y A_z - \omega_z A_y, \\
\left(\frac{d\boldsymbol{A}}{dt}\right)_y &= \frac{dA_y}{dt} + \omega_z A_x - \omega_x A_z, \\
\left(\frac{d\boldsymbol{A}}{dt}\right)_z &= \frac{dA_z}{dt} + \omega_x A_y - \omega_y A_x
\end{aligned}\right\} \tag{13.3-8}
$$

となる．

これらは，

$$
\left.\begin{aligned}
\left(\frac{d\boldsymbol{A}}{dt}\right)_x &= \frac{dA_x}{dt} + (\boldsymbol{\omega} \times \boldsymbol{A})_x, \\
\left(\frac{d\boldsymbol{A}}{dt}\right)_y &= \frac{dA_y}{dt} + (\boldsymbol{\omega} \times \boldsymbol{A})_y, \\
\left(\frac{d\boldsymbol{A}}{dt}\right)_z &= \frac{dA_z}{dt} + (\boldsymbol{\omega} \times \boldsymbol{A})_z
\end{aligned}\right\} \tag{13.3-9}
$$

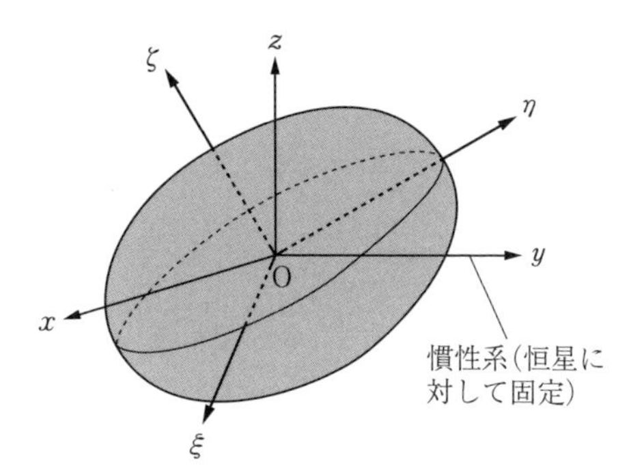

13.3-2 図

と書いてもよい.

　これだけの用意をして，角運動量の式（13.1-10），すなわち

$$\frac{d\boldsymbol{L}}{dt} = \boldsymbol{N} \tag{13.3-10}$$

を書き直そう．慣性主軸を ξ, η, ζ 軸とし，いままでの x', y', z' 軸としてこれら ξ, η, ζ 軸をとろう（13.3-2 図）．慣性系に対する角速度（剛体の角速度で同時に (ξ, η, ζ) 系の角速度）の ξ, η, ζ 成分を $\omega_1, \omega_2, \omega_3$ とする．（13.3-9）によって

$$\left(\frac{d\boldsymbol{L}}{dt}\right)_1 = \frac{dL_1}{dt} + \omega_2 L_3 - \omega_3 L_2.$$

　（13.1-8）の L_x, L_y, L_z はいまの L_1, L_2, L_3 にあたる．また ξ, η, ζ は慣性主軸であるから $F=0$, $G=0$, $H=0$ である．それゆえ

$$L_1 = A\omega_1, \qquad L_2 = B\omega_2, \qquad L_3 = C\omega_3. \tag{13.3-11}$$

したがって

$$\left(\frac{d\boldsymbol{L}}{dt}\right)_1 = A\frac{d\omega_1}{dt} + \omega_2 L_3 - \omega_3 L_2.$$

（13.3-11）を入れて

$$\left(\frac{d\boldsymbol{L}}{dt}\right)_1 = A\frac{d\omega_1}{dt} - (B-C)\omega_2\omega_3.$$

他の η, ζ 方向についても同様である．これらを（13.3-10）に入れ，剛体に働く力のモーメント $\boldsymbol{N}$ の ξ, η, ζ 成分を N_1, N_2, N_3 として，

$$\left.\begin{aligned} A\frac{d\omega_1}{dt}-(B-C)\omega_2\omega_3&=N_1,\\ B\frac{d\omega_2}{dt}-(C-A)\omega_3\omega_1&=N_2,\\ C\frac{d\omega_3}{dt}-(A-B)\omega_1\omega_2&=N_3. \end{aligned}\right\}\qquad(13.3\text{-}12)$$

ここで注意しなければならないのは，$\boldsymbol{\omega}$ が慣性系（恒星系）に対する剛体の角速度で，$\omega_1, \omega_2, \omega_3$ は各瞬間の $\boldsymbol{\omega}$ の ξ, η, ζ 方向（これらは剛体に固定されて剛体とともに回る）への正射影であることである．(13.3-12) は，これらの正射影の $\omega_1, \omega_2, \omega_3$ が時間とともにどう変わっていくかを与えるものである．(13.3-12) を **Euler の運動方程式**とよぶ．

剛体の運動方程式を出したついでに，エネルギーのことを述べておこう．角速度ベクトルを $\boldsymbol{\omega}$ とすれば，剛体をつくる各質点の速度は $\boldsymbol{V}_i=\boldsymbol{\omega}\times\boldsymbol{r}_i$ で与えられる．したがって剛体の運動エネルギーは（添字 i はしばらく省略する）

$$\begin{aligned} T&=\sum\frac{1}{2}m(V_x{}^2+V_y{}^2+V_z{}^2)\\ &=\sum\frac{1}{2}m\{(\omega_y z-\omega_z y)^2+(\omega_z x-\omega_x z)^2+(\omega_x y-\omega_y x)^2\}\\ &=\frac{1}{2}\{\sum m(y^2+z^2)\}\omega_x{}^2+\frac{1}{2}\{\sum m(z^2+x^2)\}\omega_y{}^2+\frac{1}{2}\{\sum m(x^2+y^2)\}\omega_z{}^2\\ &\qquad-(\sum myz)\omega_y\omega_z-(\sum mzx)\omega_z\omega_x-(\sum mxy)\omega_x\omega_y. \end{aligned}$$

したがって

$$T=\frac{1}{2}(A\omega_x{}^2+B\omega_y{}^2+C\omega_z{}^2-2F\omega_y\omega_z-2G\omega_z\omega_x-2H\omega_x\omega_y)\qquad(13.3\text{-}13)$$

となる．慣性主軸を使っているのならば $F=0$, $G=0$, $H=0$ であるから，

$$T=\frac{1}{2}(A\omega_1{}^2+B\omega_2{}^2+C\omega_3{}^2)\qquad(13.3\text{-}14)$$

である．また，角速度ベクトルの方向余弦を主軸に対して (λ, μ, ν) とすれば，$\omega_1=\lambda\omega$, $\omega_2=\mu\omega$, $\omega_3=\nu\omega$ であるから

$$T=\frac{1}{2}(A\lambda^2+B\mu^2+C\nu^2)\omega^2$$

となる．この括弧の中は（13.2-6）によって $\boldsymbol{\omega}$ のまわり，いいかえればその瞬間の回転軸のまわりの慣性モーメント I である．それゆえ

$$T = \frac{1}{2}I\omega^2. \qquad (13.3\text{-}15)$$

§13.4　外力を受けない，固定点のある剛体の運動

1つの剛体が一点で固定されていて，そのまわりに自由に運動でき，固定点からの束縛力以外には他から力を受けない場合は特に重要である．また，剛体が固定点を持たず運動するとき，重心のまわりの外力のモーメントが0であれば，重心のまわりの運動について同様な問題となる．

2つのことがらが問題である．第1に，前の節で述べたように各瞬間での剛体の回転軸，すなわち，角速度ベクトルの方向と大きさが剛体上をどう動き回るかという問題である．第2の問題は，固定した空間（慣性系）に対して剛体がどう動くかである．この第2の問題は，慣性主軸の方向が空間に対してどう変わるかがわかれば解かれたことになる．

第1の問題を解くのには，前の節の Euler の運動方程式が適している．力のモーメントが0であるから，

$$\left.\begin{aligned} A\frac{d\omega_1}{dt} &= (B-C)\omega_2\omega_3, \\ B\frac{d\omega_2}{dt} &= (C-A)\omega_3\omega_1, \\ C\frac{d\omega_3}{dt} &= (A-B)\omega_1\omega_2. \end{aligned}\right\} \qquad (13.4\text{-}1)$$

主慣性モーメント A, B, C のうち2つが等しい場合は取扱いも簡単でしかもよく出てくるのであるから（地球はその1つの例である），この場合を調べよう．

$A = B$ とする．（13.4-1）の第3の式から

$$\omega_3 = 一定 = n. \qquad (13.4\text{-}2)$$

これは慣性系に対する剛体の速度ベクトル $\boldsymbol{\omega}$ の ξ 方向への正射影がいつも一定であることを意味する．これを（13.4-1）の第1，第2の式に入れて，

$$\frac{d\omega_1}{dt} = \frac{A-C}{A} n\omega_2, \tag{13.4-3}$$

$$\frac{d\omega_2}{dt} = \frac{C-A}{A} n\omega_1, \tag{13.4-4}$$

(13.4-3) を t で微分して (13.4-4) を入れれば

$$\frac{d^2\omega_1}{dt^2} = -\left(\frac{A-C}{A} n\right)^2 \omega_1.$$

したがって，$C > A$ ならば，

$$\left.\begin{aligned} &\omega_1 = a\cos\left(\frac{C-A}{A} nt + \alpha\right), \\ &\text{(13.4-3) に代入して} \\ &\omega_2 = a\sin\left(\frac{C-A}{A} nt + \alpha\right). \end{aligned}\right\} \tag{13.4-5}$$

$C < A$ ならば，

$$\left.\begin{aligned} &\omega_1 = a\cos\left(\frac{A-C}{A} nt + \alpha\right), \\ &\text{(13.4-3) に代入して} \\ &\omega_2 = -a\sin\left(\frac{A-C}{A} nt + \alpha\right). \end{aligned}\right\} \tag{13.4-5)'$$

これで角速度ベクトルが剛体に対してどう変わっていくかが求められたことになる．主軸 ξ, η, ζ に対して $\boldsymbol{\omega}$ を描けば 13.4-1 図のようになる．

(13.4-2)，(13.4-5)（または (13.4-5)′）から，

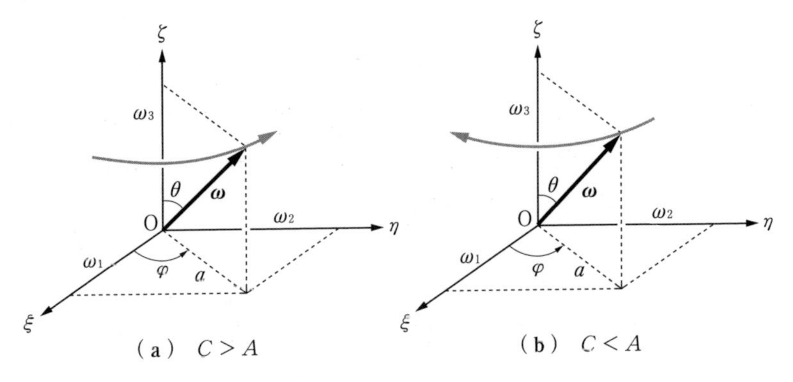

13.4-1 図

$$\sqrt{\omega_1{}^2 + \omega_2{}^2} = a, \qquad \omega_3 = n$$

であるから，$\boldsymbol{\omega}$ と ζ 軸との間の角 θ は一定であって，

$$\tan\theta = \frac{a}{n} \tag{13.4-6}$$

である．$\boldsymbol{\omega}$ の方位角 φ は $C > A$ ならば $\dfrac{C-A}{A}n$，$C < A$ ならば $\dfrac{A-C}{A}n$ の割合で，前者は $\xi \to \eta$ の向きに，後者では $\eta \to \xi$ の向きに回る．

以上の議論は地球に適用できる．地球では

$$C = 0.330673\,Ma_0{}^2, \qquad A = 0.329587\,Ma_0{}^2$$

M：地球の質量，　a_0：地球の半径

で[1]　$C > A$ であるから，図 (a) の場合に相当する．地球自転の軸は

$$T = \frac{2\pi}{n}\frac{A}{C-A} = \frac{A}{C-A}T_0,$$

T_0：自転の周期（恒星日）とほぼ等しい　(13.4-7)

の周期で変化することになる．A, C の値を入れれば

$$T = 303\,T_0 \fallingdotseq 10\ 月.$$

これを **Euler の章動**（nutation）の周期とよぶ．

地球の回転軸（$\boldsymbol{\omega}$ と一致する直線で南・北両極を結ぶ直線）はその対称軸 ζ と一致しておらず，13.4-1 図 (a) のようになっており，自転軸は地球内で変化していく．これは地球表面上の北極の位置が変化していくことを意味する．これはわずかであるが北極付近の地表で 5 m ぐらいの範囲で変わっている．北極に行かなくても，地球上の各場所の緯度の変化[2] に現われる．観測される周期は Euler の章動より長く 427 日で，これは **Chandler 周期**とよばれている．Euler の章動の周期とちがうのは，地球が完全に剛体でないこと（鋼の程度の弾性を持つ）によるとされている．また，その動きも規則正しくないが，これは地球表面の水や大気の流動によるものとされる．このほか 1 年を周期とする変化も観測値に現われるが，これは気象の変化が観測におよぼす影響によるものとされている．

---

1)　理科年表 (1983).

2)　日本では水沢でその緯度変化を測定している．

§13.5 自由回転をする剛体の空間に対する運動

前の節の Euler の運動方程式による剛体の自由回転，すなわち，固定点からの力以外に力が働かない場合の扱いでは，角速度ベクトルが剛体に対してどう変化するか，特に，各瞬間での回転軸が剛体に対してどう変わるかを問題にした．剛体を慣性系からみたらどう運動するかという問題も大切である．

まず，剛体の位置の表わし方を述べておく．剛体に外から O のまわりにモーメントが働く場合にも適用できるもので，Euler（オイラー）[1] によって考えられた．13.5-1 図で太く描いたのが剛体（輪のように描いてある）とそれに固定されている慣性主軸 (ξ, η, ζ) である．(ξ, η, ζ) の位置がきまれば剛体の位置がきまったことになる．(x, y, z) は空間（慣性系）に対してきまった座標軸である．まず ζ 軸は，z 軸となす角 θ と (z, ζ) のつくる平面の方位角，図の $\angle x\mathrm{ON} = \varphi$ によってきまる．あとは ξ，したがって η の方向がきまればよいが，これは図に示す $\angle x'\mathrm{O}\xi$，すなわち ξ 軸が (z, ζ) のつくる平面を表わす大円と (ξ, η) のつくる大円の交点 M から ζ 軸のまわりに回してどれだけの角を回ったところにあるかがきまればよい．これを ψ とする．すなわち，剛体の位置は θ, φ, ψ

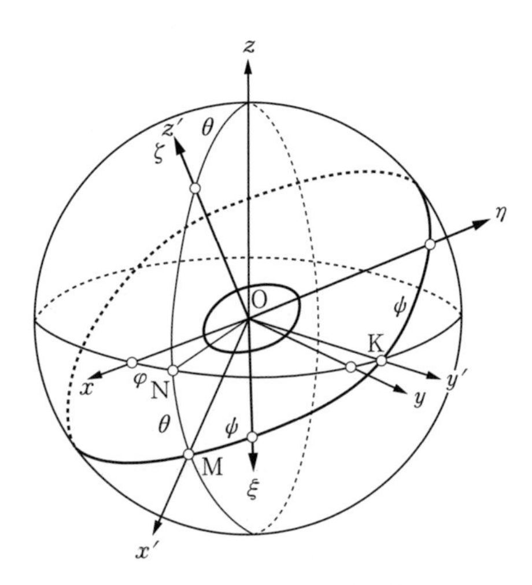

13.5-1 図　Euler の角．剛体は太い環で代表されている．

1) Leonhard Euler（1707 ～ 1783）．スイスの数学者．

13-1 表

	x	y	z
ξ	$\cos\theta\cos\varphi\cos\psi - \sin\varphi\sin\psi$	$\cos\theta\sin\varphi\cos\psi + \cos\varphi\sin\psi$	$-\sin\theta\cos\psi$
η	$-\cos\theta\cos\varphi\sin\psi - \sin\varphi\cos\psi$	$-\cos\theta\sin\varphi\sin\psi + \cos\varphi\cos\psi$	$\sin\theta\sin\psi$
ζ	$\sin\theta\cos\varphi$	$\sin\theta\sin\varphi$	$\cos\theta$

の3つの角によってきまる．θ, φ, ψ を **Euler の角**（Eulerian angles）とよぶ．

ξ, η, ζ 方向と x, y, z 方向のつくる角の cos は 13-1 表に示すとおりである．たとえば，ξ 方向の方向余弦を知るのには，この方向の単位ベクトルを考えてその x, y, z 方向の成分をとればよい．まずこの単位ベクトルを OM, OK 方向に分解すれば，$\cos\psi, \sin\psi$ となる．前者を Ox 方向に分解すれば $\cos\psi\cos\theta \times \cos\varphi$ となるし，後者は Ox 方向に $-\sin\psi\sin\varphi$ の成分を持つ．したがって，ξ 方向の単位ベクトルの x 方向の成分，すなわち，ξ 方向の方向余弦は $\cos\theta\cos\varphi\cos\psi - \sin\varphi\sin\psi$ となる．η, ζ 方向についても同様である．

次に剛体の角速度ベクトル $\boldsymbol{\omega}$ の ξ, η, ζ 成分を $\theta, \varphi, \psi, \dot{\theta}, \dot{\varphi}, \dot{\psi}$ を使って表わすことを考えよう．そのためにまず，$\dot{\varphi} \neq 0,\ \dot{\theta} = \dot{\psi} = 0$ の場合を考える．剛体の角速度は Oz の向きに $\dot{\varphi}$ である．ξ, η, ζ 成分は表をみながら，$-\dot{\varphi}\sin\theta\cos\psi$, $\dot{\varphi}\sin\theta\sin\psi, \dot{\varphi}\cos\theta$ である．$\dot{\theta} \neq 0,\ \dot{\varphi} = \dot{\psi} = 0$ のときは $\boldsymbol{\omega}$ は OK の方向に $\dot{\theta}$ であるから，成分は $\dot{\theta}\sin\psi, \dot{\theta}\cos\psi, 0$．$\dot{\psi} \neq 0,\ \dot{\theta} = \dot{\varphi} = 0$ のときには $\boldsymbol{\omega}$ は ζ の方向に向かっているから $0, 0, \dot{\psi}$ となる．以上，表にすると 13-2 表のようになる．

一般に $\dot{\varphi}, \dot{\theta}, \dot{\psi}$ のどれもが0でないときには，これらの角速度を合成したものであって，

$$\left.\begin{aligned} \omega_1 &= \dot{\theta}\sin\psi - \dot{\varphi}\sin\theta\cos\psi, \\ \omega_2 &= \dot{\theta}\cos\psi + \dot{\varphi}\sin\theta\sin\psi, \\ \omega_3 &= \dot{\varphi}\cos\theta + \dot{\psi} \end{aligned}\right\} \qquad (13.5\text{–}1)$$

13-2 表

	ξ 成分	η 成分	ζ 成分
$\dot{\varphi} \neq 0,\ \dot{\theta} = \dot{\psi} = 0$	$-\dot{\varphi}\sin\theta\cos\psi$	$\dot{\varphi}\sin\theta\sin\psi$	$\dot{\varphi}\cos\theta$
$\dot{\varphi} = 0,\ \dot{\theta} \neq 0,\ \dot{\psi} = 0$	$\dot{\theta}\sin\psi$	$\dot{\theta}\cos\psi$	0
$\dot{\varphi} = \dot{\theta} = 0,\ \dot{\psi} \neq 0$	0	0	$\dot{\psi}$

である．

さて，慣性系に対する剛体の運動をきめる問題に立ち返り，$A=B$ で他から力が働かない場合を考えよう．剛体に働く力のOに関するモーメントは0であるから，Oのまわりの角運動量 $\boldsymbol{L}$ は大きさも方向も一定である．これを z 軸にとる．これに直角に x, y 軸を慣性系に固定させてとろう．この x, y, z 軸に対して剛体がどう動くかを調べればよい．$\boldsymbol{L}$ の ξ 方向の成分は方向余弦の表から $-L\sin\theta\cos\psi$ であることがわかるし，一方，これは主軸の方向の角運動量成分であるから $A\omega_1$ に等しい．ω_1 は（13.5–1）で与えられているから，

$$\omega_1 = \dot{\theta}\sin\psi - \dot{\varphi}\sin\theta\cos\psi = -\frac{L}{A}\sin\theta\cos\psi. \qquad (13.5\text{–}2)$$

同様に

$$\omega_2 = \dot{\theta}\cos\psi + \dot{\varphi}\sin\theta\sin\psi = \frac{L}{A}\sin\theta\sin\psi, \qquad (13.5\text{–}3)$$

$$\omega_3 = \dot{\varphi}\cos\theta + \dot{\psi} = \frac{L}{C}\cos\theta. \qquad (13.5\text{–}4)$$

$(13.5\text{–}2)\times\sin\psi + (13.5\text{–}3)\times\cos\psi$ をつくれば

$$\dot{\theta} = 0. \qquad \therefore\ \theta = \text{一定}. \qquad (13.5\text{–}5)$$

したがって，（13.5–4）から $\omega_3 = \text{一定} = n$ となるが，これは Euler の方程式からも出てきた結果である．

また，$-(13.5\text{–}2)\times\cos\psi + (13.5\text{–}3)\times\sin\psi$ をつくれば

$$\dot{\varphi}\sin\theta = \frac{L}{A}\sin\theta. \qquad \therefore\ \dot{\varphi} = \frac{L}{A}. \qquad (13.5\text{–}6)$$

$L=\sqrt{(A\omega_1)^2+(A\omega_2)^2+(C\omega_3)^2}$ であるから $L=\sqrt{A^2a^2+C^2n^2}$．したがって

$$\dot{\varphi} = \sqrt{a^2 + \frac{C^2}{A^2}n^2}.$$

また，（13.5–4）から

$$\dot{\psi} = L\left(\frac{1}{C}-\frac{1}{A}\right)\cos\theta = \frac{A-C}{A}n. \qquad (13.5\text{–}7)$$

$C>A$ のときは $\dot{\psi}<0$ であって，13.5–2 図（a）に示されるように動く．$L_1=A\omega_1$，$L_2=A\omega_2$，$L_3=C\omega_3$ であるから，$\boldsymbol{L}, \boldsymbol{\omega}$ の２つのベクトルは ζ と同一平面内にあり，また $C>A$ から $\boldsymbol{L}$（z 軸）は ζ と $\boldsymbol{\omega}$ の間にあることがわ

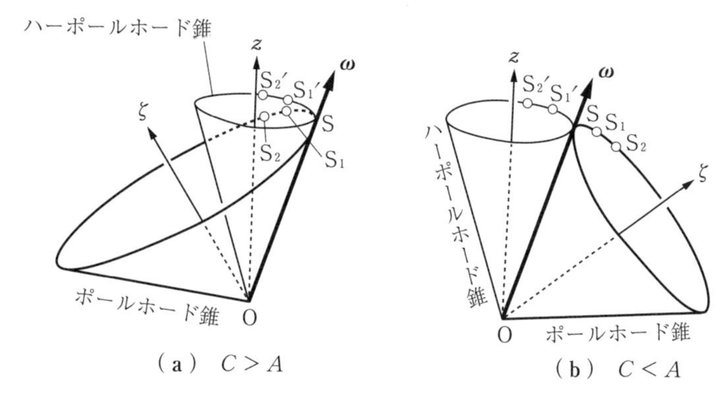

13.5-2 図　ポールホード錐とハーポールホード錐

かる．$A>C$ の場合は $\dot{\psi}>0$ であるが，$\boldsymbol{\omega}$ が z と ζ の間にある．13.5-2 図で (a) でも (b) でも OS が回転軸になっているが，太い線で描いた剛体が回転するため，小さい時間ずつたっていくと剛体上の $S_1, S_2, \cdots$ が次々に空間に固定している $S_1', S_2', \cdots$ に一致し，OS_1（OS_1' に一致して），OS_2（OS_2' に一致して），$\cdots$ が次々の瞬間回転軸となる．そのありさまは，空間に固定された円錐面（細く描いた円錐面）に剛体とともに動く円錐面が滑らずに転がる運動をしていると記述することができる．後者の円錐面（太く描いたもの）を**ポールホード錐**（polhode cone，pol は極，hode は道）または**物体錐**（body cone），前者の円錐面（細く描いたもの）を**ハーポールホード錐**（herpolhode cone）または**空間錐**（space cone）という．

§13.6　こまの運動

こまが完全に粗い水平面上で回っていて，心棒の下端が固定点 O になっているものとする．心棒は慣性主軸の 1 つになっているが，これにそって ζ 軸をとる．O を通り ζ 軸に直角な平面内の 2 つの互いに直角な軸は慣性主軸になるが，これを ξ, η 軸とする．前の節とちがうところは O のまわりに外力（重力）のモーメントがあることである．このモーメントは 13.6-1 図で OK（OK は (ξ,η) 面と (x,y) 面との交線で節線とよぶ）の方向を向く．その大きさは $Mgh\sin\theta$（h は O から重心 G までの距離）であるから，Euler の方程式（13.3-

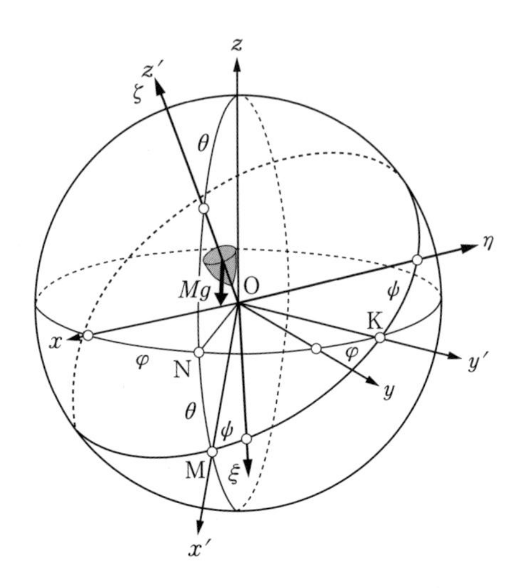

13.6-1 図

12）で $N_1 = Mgh\sin\theta\sin\psi$, $N_2 = Mgh\sin\theta\cos\psi$, $N_3 = 0$ とおく．

また角速度を $\dot\theta, \dot\varphi, \dot\psi$ で表わした（13.5-2），（13.5-3），（13.5-4）を Euler の方程式に入れれば

$$A\frac{d}{dt}(\dot\theta\sin\psi - \dot\varphi\sin\theta\cos\psi) - (A-C)(\dot\theta\cos\psi + \dot\varphi\sin\theta\sin\psi)(\dot\varphi\cos\theta + \dot\psi) = Mgh\sin\theta\sin\psi, \tag{13.6-1}$$

$$A\frac{d}{dt}(\dot\theta\cos\psi + \dot\varphi\sin\theta\sin\psi) - (C-A)(\dot\theta\sin\psi - \dot\varphi\sin\theta\cos\psi)(\dot\varphi\cos\theta + \dot\psi) = Mgh\sin\theta\cos\psi, \tag{13.6-2}$$

$$C\frac{d}{dt}(\dot\varphi\cos\theta + \dot\psi) = 0 \tag{13.6-3}$$

が得られる．

（13.6-3）の括弧の中の式は ω_3 で，これはこまの角速度ベクトルの ζ 方向の成分（正射影）である．（13.6-3）はこれが一定であることを示している．

$$\dot\varphi\cos\theta + \dot\psi = n. \tag{13.6-4}$$

(13.6-1) × $\sin\psi$ + (13.6-2) × $\cos\psi$ をつくれば（(13.6-4) を考えに入れて），

$$A\ddot{\theta}+A\dot{\varphi}\dot{\psi}\sin\theta-(A-C)n\dot{\varphi}\sin\theta=Mgh\sin\theta.$$

(13.6-1) × $\cos\psi$ − (13.6-2) × $\sin\psi$ をつくれば（(13.6-4) を考えに入れて），

$$A\dot{\theta}\dot{\psi}-A\ddot{\varphi}\sin\theta-A\dot{\varphi}\dot{\theta}\cos\theta-(A-C)n\dot{\theta}=0.$$

(13.6-4) から $\dot{\psi}$ を出してこれら2つの式に代入すれば

$$A\ddot{\theta}-A\dot{\varphi}^2\sin\theta\cos\theta+Cn\dot{\varphi}\sin\theta=Mgh\sin\theta, \qquad (13.6\text{-}5)$$

$$A\frac{d}{dt}(\dot{\varphi}\sin\theta)+A\dot{\varphi}\dot{\theta}\cos\theta-Cn\dot{\theta}=0 \qquad (13.6\text{-}6)$$

の θ,φ に関する式が得られるが，(13.6-4) をもう一度書いて

$$\dot{\varphi}\cos\theta+\dot{\psi}=n \qquad (13.6\text{-}7)$$

となる．この3式がこまの運動を論ずるときの基礎の方程式である．こまの場合，心棒の傾き θ の変化，その方位角 φ がどう変わるかが主な問題であるが，それには (13.6-5)，(13.6-6) の2式で論じることができる．

もっとも簡単な場合として，こまの心棒の傾きが一定である場合を考えよう．$\theta=\theta_0$ とする．(13.6-5) で $\dot{\theta}=0$，$\theta=\theta_0$，$\dot{\varphi}=\Omega$ とおいて，

$$A\Omega^2\cos\theta_0-Cn\Omega+Mgh=0. \qquad (13.6\text{-}8)$$

したがって，

$$\Omega=\frac{Cn\pm\sqrt{C^2n^2-4AMgh\cos\theta_0}}{2A\cos\theta_0} \qquad (13.6\text{-}9)$$

でなければならない．このような運動を**定常歳差運動**（steady precession）とよぶ．(13.6-7) からは $\dot{\psi}=$ 一定 が出てくる．こまの運動では通常 n が非常に大きくて，$C^2n^2\gg 4Mgh\cos\theta_0$ であることが多い．そのときは

$$\Omega=\frac{Mgh}{Cn} \qquad \text{または} \qquad \frac{Cn}{A\cos\theta_0} \qquad (13.6\text{-}10)$$

となるが，第1の値はこまが軸を一定の角傾けてその方位角がゆっくり回る運動を表わし（この運動はよくみられる），第2の値は非常に速い方位角の変化がある場合を表わす．実際のこまの運動ではこの方の運動は摩擦のため早く減衰してしまう．重力加速度 g が0のときには Mgh/Cn の運動は存在しなくなり，$Cn/A\cos\theta_0$ の運動だけが存在する．

こまの運動をもっと一般的に議論するのには基礎の式 (13.6-5)，(13.6-6) を積分しなければならない．どのような積分結果が得られるかを考えておこう．

まず気がつくのはエネルギーの積分，すなわち，エネルギー保存の法則を表わす式であろう．次にこまがどのような運動をしているとしても，空間に固定されている z 軸のまわりの重力 Mg のモーメントが0であることの結果として，z 軸のまわりの角運動量が保存されることがわかる．それゆえ，運動方程式(13.6-5)，(13.6-6) から出発することをしないで，いきなり上の2つの保存則を書き下してもよい．しかしいまは運動方程式を立ててからそれを積分する手続きを経ることにしよう．

(13.6-6) × $\dot{\varphi}\sin\theta$ をつくる．

$$A\ddot{\varphi}\dot{\varphi}\sin^2\theta + A\dot{\varphi}^2\sin\theta\cos\theta\,\dot{\theta} - nC\dot{\varphi}\dot{\theta}\sin\theta + A\dot{\theta}\dot{\varphi}^2\sin\theta\cos\theta = 0.$$

(13.6-5) × $\dot{\theta}$ をつくる．

$$A\ddot{\theta}\dot{\theta} - A\dot{\theta}\dot{\varphi}^2\sin\theta\cos\theta + nC\dot{\theta}\dot{\varphi}\sin\theta = Mgh\sin\theta\,\dot{\theta}.$$

上の両式を比べて

$$A\dot{\theta}\ddot{\theta} + A\dot{\varphi}\ddot{\varphi}\sin^2\theta + A\dot{\varphi}^2\sin\theta\cos\theta\,\dot{\theta} = Mgh\sin\theta\,\dot{\theta}.$$

これは積分できて

$$\frac{1}{2}A\dot{\theta}^2 + \frac{1}{2}A\dot{\varphi}^2\sin^2\theta = -Mgh\cos\theta + E. \qquad (13.6\text{-}11)$$

これが力学的エネルギー保存の法則であることは $T = (1/2)(A\omega_1{}^2 + A\omega_2{}^2 + C\omega_3{}^2)$ をつくってみるとわかる．

次に (13.6-6) に $\sin\theta$ を掛ける．

$$A\ddot{\varphi}\sin^2\theta + 2A\dot{\theta}\dot{\varphi}\sin\theta\cos\theta - Cn\dot{\theta}\sin\theta = 0.$$

積分して

$$A\dot{\varphi}\sin^2\theta + nC\cos\theta = \text{一定} = a. \qquad (13.6\text{-}12)$$

この左辺は $-L_{x'}\sin\theta + L_{z'}\cos\theta$ で L_z に等しい．これが上に述べた z 軸のまわりの角運動量保存の法則である．

(13.6-11) と (13.6-12) とから $\dot{\varphi}$ を消去しよう．

$$\frac{1}{2}A\dot{\theta}^2 + \frac{1}{2}\frac{(a - nC\cos\theta)^2}{A\sin^2\theta} = -Mgh\cos\theta + E. \qquad (13.6\text{-}13)$$

$\cos\theta = u$，$-\sin\theta\,\dot{\theta} = \dot{u}$ とおけば，

$$A^2\dot{u}^2 = -(a - nCu)^2 + 2A(1 - u^2)(E - Mghu) \equiv f(u). \qquad (13.6\text{-}14)$$

この式から $u = \cos\theta$ の変化する範囲が出てくる．この範囲は $\dot{u} = 0$ になるような u の根 $(|u| < 1)$ にはさまれた部分になっている．$f(u)$ を u の関数としてグラフを描くのに，$f(\pm 1) < 0$，$f(+\infty) = \infty$，$f(-\infty) = -\infty$ であることを考えて，13.6-2 図のようになる．この図で $-1 \leqq u \leqq +1$ の範囲内に $f(u) = 0$ の根 u_1, u_2 があるが，u の変化する範囲は $u_1 \leqq u \leqq u_2$ である．こまを回すとき心棒の傾きが変わる範囲はこれで与えられる．

こまが鉛直に立っているときは，ちょっとみるとじいっと止まっているようにみえる．これを**眠りごま**（sleeping top）とよぶ．このとき u_1 と u_2，または u_2 と u_3，または u_1, u_2, u_3 の 3 つが等しくなっているので，13.6-2 図に相当す

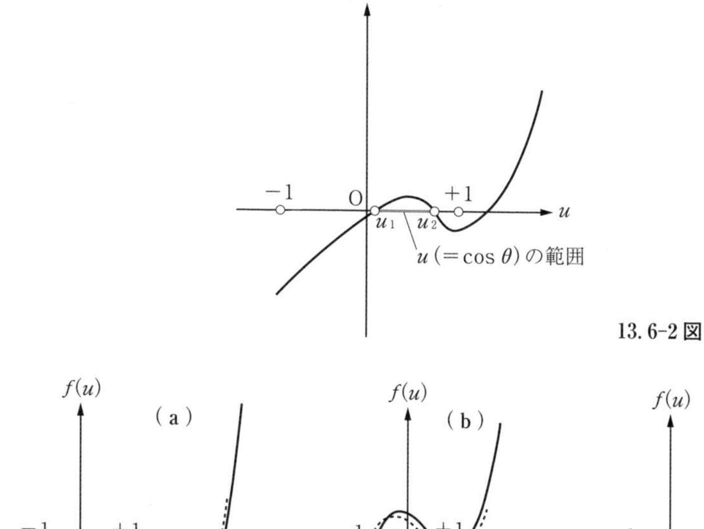

13.6-2 図

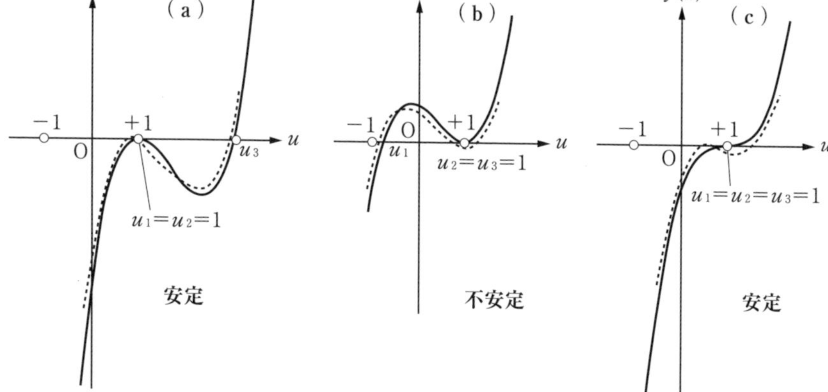

13.6-3 図

るグラフは13.6-3図の（a），(b)，(c）のどれかになっている．

図（a），(c）の場合には，少し乱れても，$u_1 = u_2 = 1$ の付近で破線の曲線にはさまれている非常に小さい範囲が現われるのに対し，図（b）の場合には，広い範囲 $u_1 \leqq u \leqq u_2 \fallingdotseq 1$ が現われ，こまは心棒の傾きを大きく変える．(a)，(b)，(c）のどの場合でも，(13.6-12）から $a = nC$，(13.6-13）から $E = Mgh$．したがって（13.6-14）の $f(u)$ は

$$f(u) = 2AMgh(1-u)^2\left\{u - \left(\frac{C^2n^2}{2AMgh} - 1\right)\right\}$$

となる．したがって

$$\begin{aligned} \frac{C^2n^2}{2AMgh} - 1 &> 1 \quad \text{ならば　図 (a) で安定,} \\ &< 1 \quad \text{ならば　図 (b) で不安定,} \\ &= 1 \quad \text{ならば　図 (c) で安定} \end{aligned}$$

となる．それゆえ，

$$n^2 \geqq \frac{4AMgh}{C^2} \quad \text{ならば　安定,}$$

$$n^2 < \frac{4AMgh}{C^2} \quad \text{ならば　不安定}$$

となる．こまが眠りごまの状態で回っていて，摩擦のためしだいに角速度が小さくなって，ある角速度になると心棒の傾きが急に大きく変化するのはこのためである．

第13章　問題

1　半径 a の輪が水平面に対して一定の傾きを保って転がり，輪の中心は半径 c の円を描いている．この運動のポールホード錐，ハーポールホード錐を求めよ．

2　輪がその重心を通る軸のまわりを回転しているが，軸は輪に垂直についていないで角 α だけ傾いている．軸の角速度を ω とすれば，軸受けは

$$(C-A)\omega^2 \sin\alpha\cos\alpha$$

だけのモーメントの偶力を受けることを示せ．C, A は主慣性モーメントである．

3　中点のまわりに自由に回るようになっている薄い一様な円板がその中心を通り，

法線とβの角をつくる軸のまわりに回転している．この円板の軸は円錐を描き，その半頂角は

$$\tan\alpha = \frac{1}{2}\tan\beta$$

で与えられることを示せ．また角速度をωとすれば，上の円錐は

$$\frac{2\pi}{\omega\sqrt{1+3\cos^2\beta}}$$

の周期で1周されることを示せ．

4　最大主慣性モーメントの軸のまわりに力学的に対称な剛体が，瞬間回転軸のまわりに角速度に比例するモーメントを持つ抵抗を受けている．回転軸は漸近的に対称軸に近づくことを示せ．

問題解答指針

第1章

1

	x	y	z
r 方向	$\sin\theta\cos\varphi$	$\sin\theta\sin\varphi$	$\cos\theta$
θ 方向	$\cos\theta\cos\varphi$	$\cos\theta\sin\varphi$	$-\sin\theta$
φ 方向	$-\sin\varphi$	$\cos\varphi$	0

これを求めるのには，おのおのの方向に大きさ1のベクトル，すなわち，単位ベクトル（§1.3）を考えて，その x, y, z 方向の成分を求めればよい．

$$成分 = 1 \times 方向余弦 = 方向余弦$$

であるからである．O から r 方向に $\overrightarrow{\mathrm{OA}}$ ($\overline{\mathrm{OA}} = 1$)，$\theta$ 方向に $\overrightarrow{\mathrm{OB}}$ ($\overline{\mathrm{OB}} = 1$)，$\varphi$ 方向に $\overrightarrow{\mathrm{OC}}$ ($\overline{\mathrm{OC}} = 1$) をとる．$\overrightarrow{\mathrm{OA}}$ の x 成分を求めるのには，まずこれを (x, y) 平面の方向と z 方向に分解する．成分は $\sin\theta, \cos\theta$ となる．これらをまた x 方向に分解すれば，$\sin\theta\cos\varphi$，$\cos\theta \times 0$ となるので，結局 $\overrightarrow{\mathrm{OA}}$ の x 成分，すなわち，r 方向と x 軸のつくる角の cos は $\sin\theta\cos\varphi$ となる．他も同様である．

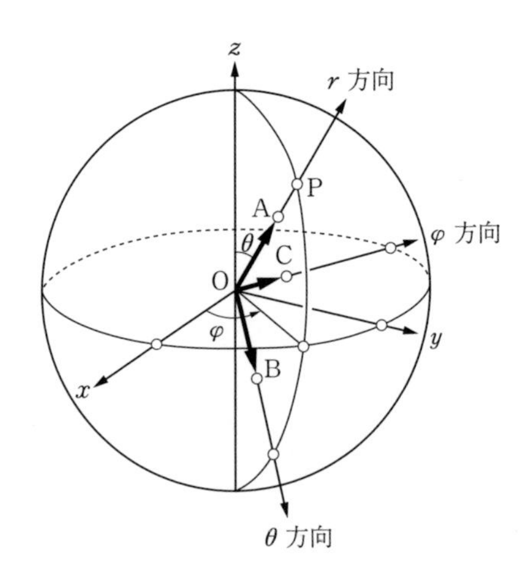

2 $\begin{vmatrix} A_x & A_y & A_z \\ B_x & B_y & B_z \\ C_x & C_y & C_z \end{vmatrix} = 0.$

3 原点 O から直線 AB 上の任意の点へ引いた位置ベクトルを $\boldsymbol{r}$ とすれば，$\overrightarrow{\mathrm{AB}} = \boldsymbol{B} - \boldsymbol{A}$ であるから，$\boldsymbol{r} = \boldsymbol{A} + (\boldsymbol{B} - \boldsymbol{A})\lambda = (1 - \lambda)\boldsymbol{A} + \lambda\boldsymbol{B}$.

4 等速円運動の場合の位置ベクトルと速度ベクトルの関係と同様である．

第 2 章

1 板の加速度を人と逆向きに b とすれば，人の地面（慣性系と考える）に対する加速度は $a - b$ である．人には板から大きさ f の力（板からの摩擦力）が働くとする．人の運動方程式は $m(a - b) = f$．板の運動方程式は $Mb = f$．これらの式から

$$b = \frac{m}{M + m}a, \qquad f = \frac{mM}{M + m}a.$$

2 鎖の加速度を α とすれば $M\alpha = F$．AP の運動方程式 $M\dfrac{x}{l}\alpha = S$．〔答〕$S = F\dfrac{x}{l}$.

3 惑星の運動方程式を立てる．角速度を ω とすれば $ma\omega^2 = k\dfrac{m}{a^2}$,　k ：定数.

$\therefore\ \omega^2 = \dfrac{k}{a^3}$．$T = \dfrac{2\pi}{\omega}$ であるから $\dfrac{T^2}{a^3} = $ 定数.

4 角速度 ω は共通．$\dfrac{m_1}{m_2} = \dfrac{r_2\omega^2}{r_1\omega^2} = \dfrac{r_2}{r_1}$.

5 連星の運動を円運動とし，おのおのの半径の比がわかれば質量の比がわかる．

第 3 章

1 浮力を P とすれば，落下するときの運動方程式は $M\alpha = Mg - P$．質量 m の砂袋を落とした後，上昇するときの運動方程式は $(M - m)\alpha = P - (M - m)g$．これら 2 式から P を消去して $m = \dfrac{2\alpha}{\alpha + g}M$.

2 糸の張力を S，m_1 の下向き，m_2 の上向きの加速度を α とし，m_1, m_2 の運動方程式を立てる．

$$m_1\alpha = m_1 g - S, \qquad m_2\alpha = S - m_2 g.$$

α, S を求めれば

$$\alpha = \frac{m_1 - m_2}{m_1 + m_2}g, \qquad S = \frac{2m_1m_2}{m_1 + m_2}g.$$

3 滑車に相対的な加速度を m_1 について下向きに，m_2 について上向きに α とする．慣性系に対する加速度は，m_1 について下向きに $\alpha - \beta$，m_2 について上向きに $\beta + \alpha$ である．m_1, m_2 についての運動方程式は

$$m_1(\alpha - \beta) = m_1 g - S, \qquad m_2(\beta + \alpha) = S - m_2 g.$$

これらから

$$\alpha = \frac{m_1 - m_2}{m_1 + m_2}(g + \beta), \qquad S = \frac{2m_1m_2}{m_1 + m_2}(g + \beta).$$

注意　運動方程式の左辺に出てくる加速度は慣性系に対する加速度を考えなければならないことに注意.

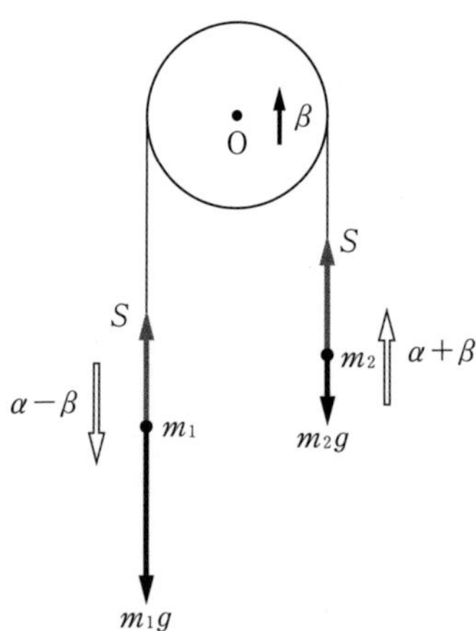

4 h の高さから投げるとき初速度の大きさを V，水平とつくる角を λ とする．地上

に落ちるまでの時間を t とすれば，$Vt\cos\lambda = R$，$h + Vt\sin\lambda - \frac{1}{2}gt^2 = 0$．これらの2式から t を消去して $\tan\lambda$ についての2次方程式をつくり，その判別式が負にならないことから R の範囲を出す．

5 $R = \dfrac{V_0{}^2\sin 2\lambda_0}{g}$，時間 $T = \dfrac{R}{V_0\cos\lambda_0}$．これらの式から $V_0 = \sqrt{\dfrac{1}{4}g^2T^2 + \dfrac{R^2}{T^2}}$．
また $\lambda_0 = \tan^{-1}\dfrac{1}{2}g\dfrac{T^2}{R}$．

6 電子の加速度は $\dfrac{eE}{m}$．l だけ進むのに必要な時間は $\dfrac{l}{v}$（v は偏向板に入るときの速さ）．求めるずれは $\dfrac{1}{2}\dfrac{eE}{m}\dfrac{l^2}{v^2}$．角は $\tan^{-1}\dfrac{eE}{m}\dfrac{l}{v^2}$．

7 水平方向，鉛直方向の運動方程式から $\dfrac{du}{dt} = -ku$，$\dfrac{dv}{dt} = -kv - g$．$t = 0$ で $u = u_0$，$v = v_0$ として，$u = u_0e^{-kt}$，$v = -\dfrac{g}{k} + \left(v_0 + \dfrac{g}{k}\right)e^{-kt}$．$t = 0$ で $x = 0$，$y = 0$ として積分すれば

$$x = \frac{u_0}{k}(1 - e^{-kt}), \qquad y = -\frac{g}{k}t + \frac{1}{k}\left(v_0 + \frac{g}{k}\right)(1 - e^{-kt}).$$

kt につき展開し，$y = 0$ になる x を求めれば $\dfrac{V_0{}^2\sin 2\lambda_0}{g}\left(1 - \dfrac{4}{3}k\dfrac{V_0\sin\lambda_0}{g}\right)$．

8 47ページの例題2で $v_0 = 0$ とおき $v = \sqrt{\dfrac{g}{k}}\tanh(\sqrt{kg}\,t)$．$\sqrt{kg}\,t$ が1に比べて小さいとして展開すれば

$$v = \sqrt{\frac{g}{k}}.\qquad \frac{e^{\sqrt{kg}t} - e^{-\sqrt{kg}t}}{e^{\sqrt{kg}t} + e^{-\sqrt{kg}t}} = gt\left(1 - \frac{1}{3}kgt^2\right).$$

これを積分して

$$y = \frac{1}{2}gt^2\left(1 - \frac{1}{6}kgt^2\right).$$

9 接線方向の運動方程式：$m\dfrac{dV}{dt} = -mg\cos\psi - m\varphi(V)$．

法線方向の運動方程式：$m\dfrac{V^2}{\rho} = mg\sin\psi$．

第2の式の左辺は $\dfrac{V^2}{\rho} = V\dfrac{ds}{dt}\dfrac{d\psi}{ds} = V\dfrac{d\psi}{dt}$ と書き直す．上の両式の比をつくる．

10 $\dfrac{1}{V}\dfrac{dV}{d\psi} = -\cot\psi - \dfrac{kV^2}{g\sin\psi}$．$V^2$ で割って $\dfrac{1}{V^2} = \xi$ とおく．$t = 0$ で $\psi = \psi_0$，$V = V_0$ とすれば

$$\frac{1}{V^2} = \frac{\sin^2\psi}{{V_0}^2\sin^2\psi_0} + \frac{k}{g}\sin^2\psi\left\{\log\left(\tan\frac{\psi}{2}\Big/\tan\frac{\psi_0}{2}\right) - \left(\frac{\cos\psi}{\sin^2\psi} - \frac{\cos\psi_0}{\sin^2\psi_0}\right)\right\}.$$

$$t = \frac{1}{g}\int_{\psi_0}^{\psi}\frac{V(\psi)d\psi}{\sin\psi}.$$

第4章

1 運動方程式は $m\dfrac{d^2x}{dt^2} = -m{\omega_0}^2x + a_1\sin\omega_1 t + b_1\cos\omega_1 t + a_2\sin\omega_2 t + b_2\cos\omega_2 t.$

同次方程式 $m\dfrac{d^2x}{dt^2} = -m{\omega_0}^2x$ の解は $x = A\cos(\omega_0 t + \alpha)$. 特解を $x = C_1\sin\omega_1 t + D_1\cos\omega_1 t + C_2\sin\omega_2 t + D_2\cos\omega_2 t$ とすれば

$$C_1 = \frac{a_1}{m({\omega_0}^2 - {\omega_1}^2)}, \qquad D_1 = \frac{b_1}{m({\omega_0}^2 - {\omega_1}^2)},$$

$$C_2 = \frac{a_2}{m({\omega_0}^2 - {\omega_2}^2)}, \qquad D_2 = \frac{b_2}{m({\omega_0}^2 - {\omega_2}^2)},$$

一般解は

$$x = A\cos(\omega_0 t + \alpha) + \frac{1}{m({\omega_0}^2 - {\omega_1}^2)}(a_1\sin\omega_1 t + b_1\cos\omega_1 t) + \frac{1}{m({\omega_0}^2 - {\omega_2}^2)}(a_2\sin\omega_2 t + b_2\cos\omega_2 t).$$

2 $f(t)$ を Fourier 級数に展開し, $\dfrac{2\pi}{T} = \omega$ とおいて,

$$f(t) = \sum_{n=1}^{\infty}(a_n\cos n\omega t + b_n\sin n\omega t).$$

($f(t)$ の平均は 0 であるから, 定数項はない.)

$$a_n = \frac{2}{T}\int_0^T f(t)\cos\frac{2n\pi}{T}t\,dt, \qquad b_n = \frac{2}{T}\int_0^T f(t)\sin\frac{2n\pi}{T}t\,dt.$$

前題と同様にして,

$$x = A\cos(\omega_0 t + \alpha) + \frac{1}{m}\sum_{n=1}^{\infty}\frac{a_n\cos n\omega t + b_n\sin n\omega t}{{\omega_0}^2 - n^2\omega^2}.$$

a_n, b_n の式を入れて

$$x = A\cos(\omega_0 t + \alpha) + \frac{\omega}{\pi m}\sum_{n=1}^{\infty}\frac{\displaystyle\int_0^T f(\tau)\cos\frac{2\pi n}{T}(\tau - t)d\tau}{{\omega_0}^2 - n^2\omega^2}.$$

第5章

1　曲線上きわめて近い2つの点をP, P′とすれば（図参照）$\overrightarrow{\mathrm{PP'}}$の極限は接線方向（$\tau$方向）．長さの極限は$ds$．方向余弦は$\dfrac{dx}{ds}, \dfrac{dy}{ds}, \dfrac{dz}{ds}$．$\boldsymbol{t}$の大きさは1．したがって$\boldsymbol{t}$の成分は$\dfrac{dx}{ds}, \dfrac{dy}{ds}, \dfrac{dz}{ds}$.

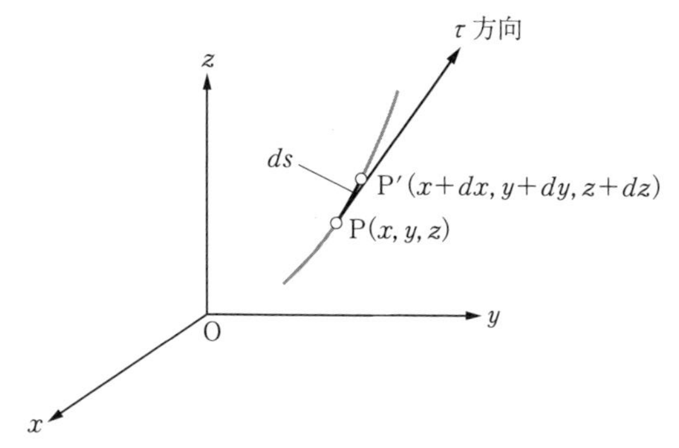

2　5.1-1図と同様な図を描く．$\left|\dfrac{d\boldsymbol{t}}{ds}\right| = \dfrac{d\lambda}{ds} = \dfrac{1}{\rho}$．$\dfrac{d\boldsymbol{t}}{ds} = \left(\dfrac{d^2x}{ds^2}, \dfrac{d^2y}{ds^2}, \dfrac{d^2z}{ds^2}\right)$．したがって

$$\frac{1}{\rho} = \sqrt{\left(\frac{d^2x}{ds^2}\right)^2 + \left(\frac{d^2y}{ds^2}\right)^2 + \left(\frac{d^2z}{ds^2}\right)^2}.$$

法線方向（ν方向）の単位ベクトルを$\boldsymbol{n}$とすれば，$\boldsymbol{n}$は$\dfrac{d\boldsymbol{t}}{ds}$に比例し，大きさは1でなければならないから

$$\boldsymbol{n} = \left(\rho\frac{d^2x}{ds^2}, \rho\frac{d^2y}{ds^2}, \rho\frac{d^2z}{ds^2}\right).$$

3

$$dx = -a\sin\varphi\, d\varphi, \qquad dy = a\cos\varphi\, d\varphi, \qquad dz = k\, d\varphi.$$

$$\therefore\ ds = \sqrt{a^2+k^2}\, d\varphi = A\, d\varphi, \qquad A = \sqrt{a^2+k^2}.$$

$$\frac{dx}{ds} = -\frac{a}{A}\sin\varphi = -\frac{y}{A}, \qquad \frac{dy}{ds} = \frac{x}{A}, \qquad \frac{dz}{ds} = \frac{k}{A}.$$

$$\frac{d^2x}{ds^2} = -\frac{x}{A^2}, \qquad \frac{d^2y}{ds^2} = -\frac{y}{A^2}, \qquad \frac{d^2z}{ds^2} = 0.$$

$$\frac{1}{\rho} = \sqrt{\left(\frac{d^2x}{ds^2}\right)^2 + \left(\frac{d^2y}{ds^2}\right)^2 + \left(\frac{d^2z}{ds^2}\right)^2} = \frac{a}{A^2}, \qquad \rho = \frac{A^2}{a} = \frac{a^2+k^2}{a}.$$

主法線の方向余弦：

$$\rho\frac{d^2x}{ds^2}=-\frac{x}{a},\qquad \rho\frac{d^2y}{ds^2}=-\frac{y}{a},\qquad \rho\frac{d^2z}{ds^2}=0.$$

（これはらせん上の点から z 軸に下した垂線の方向になっている.）

陪法線の方向余弦：l, m, n とすれば，接線，主法線と直角になっているという条件から，$-l\sin\varphi+m\cos\varphi+n\dfrac{k}{a}=0$，$-l\cos\varphi-m\sin\varphi=0$．また $l^2+m^2+n^2=1$．これらから

$$l=\frac{k}{\sqrt{a^2+k^2}}\sin\varphi,\qquad m=-\frac{k}{\sqrt{a^2+k^2}}\cos\varphi,\qquad n=\frac{a}{\sqrt{a^2+k^2}}.$$

4 n, θ, φ 方向の方向余弦は

	x	y	z
n 方向	$\sin\theta\cos\varphi$	$\sin\theta\sin\varphi$	$\cos\theta$
θ 方向	$\cos\theta\cos\varphi$	$\cos\theta\sin\varphi$	$-\sin\theta$
φ 方向	$-\sin\varphi$	$\cos\varphi$	0

極座標の場合と同様にして，

$$A_n=-a\dot\theta^2-(c+a\sin\theta)\dot\varphi^2\sin\theta,$$

$$A_\theta=a\ddot\theta-(c+a\sin\theta)\dot\varphi^2\cos\theta,$$

$$A_\varphi=c\ddot\varphi+\frac{a}{\sin\theta}\frac{d}{dt}(\sin^2\theta\,\dot\varphi).$$

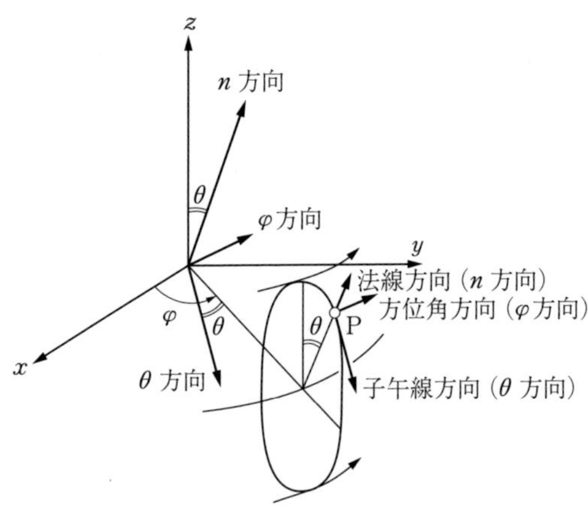

5 (5.2-5) を使う．$r^2\dot\varphi=$ 一定 $=h$ とすれば $A_r=h^2\left(\dfrac{n^2-1}{r^3}-\dfrac{2n^2a^2}{r^5}\right)$，$A_\varphi=0$.

第6章

1 $\dfrac{\partial X}{\partial y} = ax = \dfrac{\partial Y}{\partial x}$. ∴ 保存力. 位置エネルギーは $U = -\dfrac{1}{2}ax^2y$.

2 $\dfrac{\partial X}{\partial y} \neq \dfrac{\partial Y}{\partial x}$. ∴ 保存力ではない. $W_{\mathrm{ABC}} = \dfrac{b-a}{3}r^3$, $W_{\mathrm{AB'C}} = \dfrac{2b-a}{6}r^3$.

3
$$mV\frac{dV}{dt} = F_\tau V, \qquad mV\,dV = F_\tau ds.$$
$$\therefore\ d\left(\frac{1}{2}mV^2\right) = F_\tau ds = F\cos\theta\, ds = X\,dx + Y\,dy + Z\,dz.$$

4 $\dfrac{\partial}{\partial x}r = \dfrac{x}{r}$, $\dfrac{\partial}{\partial y}r = \dfrac{y}{r}$, $\dfrac{\partial}{\partial z}r = \dfrac{z}{r}$. 大きさ1で動径の方向を向く単位ベクトル.

5 (3.4-1) から $mu\dfrac{du}{dt} = -cx\dfrac{dx}{dt} - 2mku^2$.
$$d\left(\frac{1}{2}mu^2 + \frac{1}{2}cx^2\right) = -2mku^2\,dt.$$
$$\therefore\ dE = -2mku^2\,dt.$$
$x = ae^{-kt}\cos(\sqrt{\omega^2 - k^2}\,t + \alpha)$ を入れて
$$\frac{dE}{dt} = -2mka^2e^{-2kt}\{k\cos(\sqrt{\omega^2-k^2}\,t+\alpha) + \sqrt{\omega^2-k^2}\sin(\sqrt{\omega^2-k^2}\,t+\alpha)\}^2.$$
$u=0$ で $\dfrac{dE}{dt} = 0$. 3.4-1 図 (b) 参照.

第7章

1 (a) $\boldsymbol{A} \times (\boldsymbol{B} \times \boldsymbol{C})$ は $\boldsymbol{B}, \boldsymbol{C}$ のきめる平面内にある. したがって $\boldsymbol{A} \times (\boldsymbol{B} \times \boldsymbol{C}) = \lambda\boldsymbol{B} + \mu\boldsymbol{C}$ と書くことができる. (b) は両辺を比較せよ.

2 図を描けばすぐにわかる.

3 問題1(a) で $\boldsymbol{A} = \boldsymbol{n}$, $\boldsymbol{B} = \boldsymbol{A}$, $\boldsymbol{C} = \boldsymbol{n}$ とおいてみよ.

4 質点に働く力は中心力. $r^2\omega = r_0{}^2\omega_0$.

5
r 方向の運動方程式：$m(\ddot{r} - r\dot{\varphi}^2) = F_r$,
角運動量の保存の法則：$r^2\dot{\varphi} = h$

を使う.
$$F_r = mh^2a\left\{-\frac{3}{r^4} + \frac{2a(1-c^2)}{r^5}\right\}.$$

第8章

1 つり合いのときの上端Oを通って水平に x 軸，鉛直下方に y 軸をとる．Oから左右に動く糸の上端O′までの距離を x_0 とする．O′を原点にしたときのおもりの位置を (x,y) とする．運動方程式は

$$m(\ddot{x}_0+\ddot{x})=-S\frac{x}{l},\qquad m\ddot{y}=mg-S\frac{y}{l}.$$

また $cx_0=S\dfrac{x}{l}$．小振動を考えて $T=2\pi\sqrt{\dfrac{l}{g}\left(1+\dfrac{mg}{cl}\right)}$．

2 角振動数 ω の強制振動の場合と式の上で等しくなる．

3 球面から物体に働く力を R とすれば，$R\geqq 0$ のうちは物体は球面から離れない．球面から物体を離れさせないためには $R<0$ でなければならないときには，$R=0$ になるところで物体は球面から離れてしまう．それゆえ R を求めればよい．法線方向の運動方程式を立てる．V^2 が必要になるが，これはエネルギーを使って求める．答は $y=\dfrac{1}{3}\left(r-\dfrac{V_0{}^2}{g}\right)$ だけ鉛直に下がったところで離れる．$V_0>\sqrt{rg}$ のときは頂点ですぐ離れてしまう．

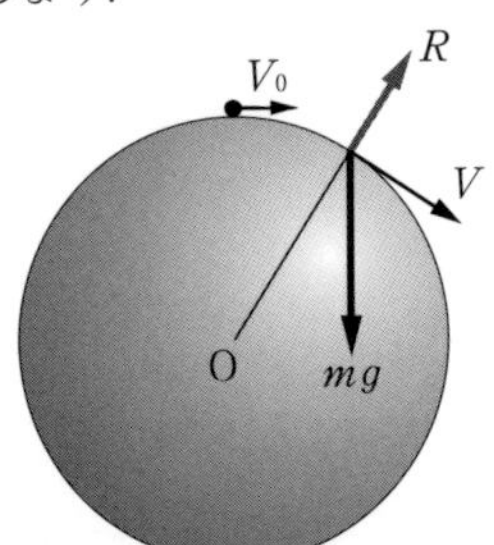

4 問題3で R を求めるのと同様．〔答〕$\dfrac{mga^2\left(a-\dfrac{V_0{}^2}{g}\right)}{(a^2+2ay)^{3/2}}$．$V_0=\sqrt{ag}$ ならばどうなるか（管はあってもなくても同じことになる）．

5 接線の方向を求めておく．$dx=a(1+\cos\theta)d\theta$，$dy=a\sin\theta\,d\theta$ から $ds=2a\cos\dfrac{\theta}{2}\,d\theta$．$\therefore\ \dfrac{dy}{ds}=\sin\dfrac{\theta}{2}$．それゆえ，接線方向と y 方向とのつくる角の cos は $\sin\dfrac{\theta}{2}$ である．

接線方向の運動方程式は

$$m\frac{d^2s}{dt^2}=-mg\frac{dy}{ds}.$$

最下点から曲線にそって s をとれば $s=\int_0^\theta 2a\cos\frac{\theta}{2}\,d\theta=4a\sin\frac{\theta}{2}$. これらの式から $m\frac{d^2s}{dt^2}=-mg\frac{s}{4a}$. $\therefore\ T=2\pi\sqrt{\frac{4a}{g}}$.

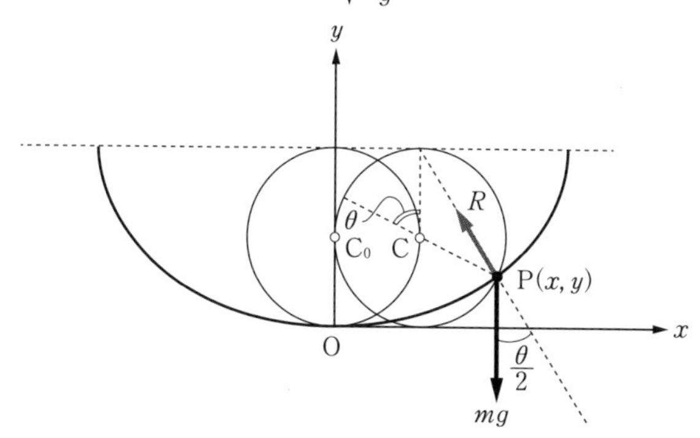

6 完全な等時性が成り立つためには，接線方向の運動方程式が $m\frac{d^2s}{dt^2}=-mg\frac{s}{4a}$, a：定数 の形にならなければならない. $mg\frac{s}{4a}$ は重力の接線成分であるから

$$\frac{dy}{ds}=\frac{s}{4a}.$$

これから $y=\frac{1}{8a}s^2+c$, c：定数. $c=0$ になるように y の原点を選ぶ. $y=\frac{1}{8a}s^2$.

一方, $\left(\frac{dx}{ds}\right)^2+\left(\frac{dy}{ds}\right)^2=1$ から $dx=\sqrt{1-\left(\frac{dy}{ds}\right)^2}\,ds=\sqrt{1-\left(\frac{s}{4a}\right)^2}\,ds$. これから $x=2a\left\{\sin^{-1}\frac{s}{4a}+\frac{s}{4a}\sqrt{1-\left(\frac{s}{4a}\right)^2}\right\}$. ただし $s=0$ で $x=0$ とする. $\sin^{-1}\frac{s}{4a}=\frac{\theta}{2}$ とおけばサイクロイドの式となる.

7 §8.2 の理論で α を求める. $\alpha-\varphi=\mp\cos^{-1}\dfrac{\frac{1}{R}-\frac{g}{V_0{}^2}}{\sqrt{\left(\frac{1}{R}-\frac{g}{V_0{}^2}\right)^2}}$ となる.

$V_0<\sqrt{gR}$ ならば地球の中心を遠い方の焦点とする楕円.
$V_0=\sqrt{gR}=7.92\ \mathrm{km/s}$ のときは半径 R の円.
$\sqrt{gR}<V_0<\sqrt{2gR}$ ならば，地球の中心を近い方の焦点とする楕円.
$V_0=\sqrt{2gR}=11.2\ \mathrm{km/s}$ のときは放物線.
$V_0>\sqrt{2gR}$ ならば双曲線.

8 $b^2 = -\dfrac{mh^2}{2E}$ $(E<0)$，$b^2 = \dfrac{mh^2}{2E}$ $(E>0)$ を使う．

9 r の平均 $\bar{r} = \dfrac{2}{T}\displaystyle\int_{r_1}^{r_2} r\,dt$，$r_1 = a(1-\varepsilon)$，$r_2 = a(1+\varepsilon)$．

$$\bar{r} = \frac{1}{\pi a}\int_{r_1}^{r_2}\frac{r^2\,dr}{\sqrt{(r-r_1)(r_2-r)}}. \quad r = a(1-\varepsilon\cos u) \text{ とおく．}$$

10 r_1, r_2 を近日点距離，遠日点距離とすれば

$$E = -\frac{GmM}{r_1+r_2}, \qquad h = \sqrt{GM}\sqrt{\frac{2r_1r_2}{r_1+r_2}}.$$

11 $m\dfrac{V^2}{a} = \dfrac{GMm}{a^2}$ から，密度 $= \dfrac{M}{\dfrac{4}{3}\pi a^3} = \dfrac{3\pi}{GT^2}$ を導け．月の平均密度は水のおよそ3倍であることがわかる．

12

$$m\left\{\frac{d^2r}{dt^2} - r\left(\frac{d\varphi}{dt}\right)^2\right\} = f(r), \tag{1}$$

$$m\frac{1}{r}\frac{d}{dt}\left(r^2\frac{d\varphi}{dt}\right) = 0. \tag{2}$$

(2) から

$$r^2\frac{d\varphi}{dt} = \text{一定} = h \tag{3}$$

が求められることは§8.2の議論と同様である．

$$\frac{d}{dt} = \frac{d\varphi}{dt}\frac{d}{d\varphi} = \frac{h}{r^2}\frac{d}{d\varphi}$$

を使い，$\dfrac{1}{r} = z$ とおいて

$$\frac{d^2z}{d\varphi^2} + z = -\frac{f(1/z)}{mh^2z^2}. \tag{4}$$

これから z を φ の関数として求めることができる．

13 $f(1/z) = -GMmz^2$，

$$\frac{d^2z}{d\varphi^2} + z = \frac{GM}{h^2}$$

となる．

$$z = \frac{GM}{h^2} + A\cos(\varphi-\alpha).$$

14 $\dfrac{d^2z}{d\varphi^2} + z = kz$，$k$：定数．

15 $r = \dfrac{\dfrac{R^2 V_0{}^2}{GM}}{1 + \left(\dfrac{R V_0{}^2}{GM} - 1\right)\cos\varphi}$ がすぐ出てくる．

第9章

1 列車の進む方向（加速度の方向）と逆向きに ma の大きさの仮想的な力を考え，列車に固定した座標系を慣性系であるかのようにみなす．〔答〕$m\sqrt{g^2 + a^2}$，$\tan^{-1}\dfrac{a}{g}$.

2 列車の加速度と逆の側に，鉛直と $\tan^{-1}\dfrac{a}{g}$ の角をつくる直線にそって，下向きに $\sqrt{g^2 + a^2}$ の大きさの加速度で運動する．

3 仮想的な力を考え，斜面に固定された座標系を慣性系であるかのように考えてよい問題に直す．〔答〕$g\sin\theta \pm a\cos\theta$，$m(g\cos\theta \mp a\sin\theta)$.

4 運動だけを求めるのならば仮想的な力として遠心力だけを考えればよい．

$$m\frac{dV}{dt} = mr\omega^2\cos\theta - mg\sin\theta, \qquad \theta：接線と水平のつくる角.$$

$\sin\theta = \dfrac{dz}{ds}$，$\cos\theta = \dfrac{dr}{ds}$ を入れる．$V\dfrac{dV}{ds} = r\omega^2\dfrac{dr}{ds} - g\dfrac{dz}{ds}$．放物線を $z = \dfrac{r^2}{2a}$ とおき $r = r_0$ で $V = 0$ として $V^2 = (r^2 - r_0{}^2)\left(\omega^2 - \dfrac{g}{a}\right)$.

5 平面に固定した座標系を慣性系のように扱うため，遠心力と Coriolis の力とを考える．仕事をするのは遠心力だけである．そのポテンシャルは $-\dfrac{1}{2}mr^2\omega^2$ となる．

6 $-X = 0$，$-Y = 2m\omega V\cos\lambda$（西方に）.

7 $2m\omega V\sin\lambda$.

8 $\dfrac{4\omega}{g^2}V_0{}^3\sin^2\theta\left(\cos\theta\sin\lambda + \dfrac{1}{3}\sin\theta\cos\lambda\right)$ だけ西にずれる．物体が地面に落ちる点の真南からのずれの角を φ とすると

$$\tan\varphi = \omega\frac{2V_0\sin\theta}{g\cos\theta}\left(\cos\theta\sin\lambda + \frac{1}{3}\sin\theta\cos\lambda\right).$$

$V_0 = 500$ m/s，$\theta = 45°$，$\lambda = 45°$ のときには 126 m のずれで角は 0.29°.

第10章

1 石が止まるときの石の運動量変化は mv．壁から石にこれだけの力積をおよぼし，

逆に壁はこれだけの力積を受ける．止められる場合：nmv N，はね返す場合：$2nmv$ N.

2　dt 時間の運動量変化は $\lambda v^2 dt$．∴ 手からの力積は $\lambda v^2 dt$．力は λv^2．あるいは次のようにしてもよい．重心の運動方程式を使う．鎖の長さ x が一直線になったときの重心の位置は $\frac{1}{l}\frac{x}{2} \times x = \frac{x^2}{2l}$．全質量を M として，重心の運動方程式は

$$M\frac{d^2}{dt^2}\left(\frac{x^2}{2l}\right) = F.$$

$$\therefore\ \frac{M}{l}\left\{\left(\frac{dx}{dt}\right)^2 + x\frac{d^2x}{dt^2}\right\} = F.\quad \frac{M}{l} = \lambda,\ \frac{dx}{dt} = v \text{ を入れて } F = \lambda v^2.$$

3　鎖の全体の運動量の変化の割合を考え，これを外力に等しいとする．$F = \lambda xg + \lambda v^2$.

4　時刻 t での運動量 λxv．時刻 $t + dt$ で $\lambda(x + dx)(v + dv)$．ただし，$dx = v\,dt$．したがって

$$(F - \lambda xg)dt = \lambda(x + v\,dt)(v + dv) - \lambda xv.$$

$$\frac{dv}{dt} = \frac{dv}{dx}v,\ vx = V \text{ とおく．〔答〕} v^2 = \frac{F}{\lambda} - \frac{2}{3}gx.$$

5　長さ x だけ手に受け止めたとき重心の高さ y_G は

$$y_G = \frac{1}{l}\frac{1}{2}(l - x)^2,\qquad \ddot{x} = g,\qquad \dot{x}^2 = 2gx.$$

重心の運動方程式：$\frac{W}{g}\ddot{y}_G = F - W$．∴ $F = 3W\frac{x}{l}$.

6　$\sqrt{\frac{2}{3}gx}$，$\sqrt{\frac{6x}{g}}$．力学的エネルギーに $\frac{1}{6}\lambda gx^2$ の損失がある．鎖が急に動き出す現象は，動き出す部分のところで完全非弾性衝突と同様な現象が起こっている．力学的エネルギー → 熱学的エネルギーの変換が生じている．

7　$\frac{d}{dt}(mv) = mg$，$m = m_0 + at$．$t = 0$ で $v = 0$ ならば $v = \dfrac{m_0 t + \frac{1}{2}at^2}{m_0 + at}g$．また $x = \frac{1}{2}g\left\{\frac{1}{2}t^2 + \frac{m_0}{a}t - \frac{{m_0}^2}{a^2}\log\left(1 + \frac{a}{m_0}t\right)\right\}$.

8　速度 $v = \dfrac{m_0 v_0}{m_0 - at}$，$x = -\frac{1}{a}m_0 v_0 \log\left(1 - \frac{a}{m_0}t\right)$.

9　$dv + U\frac{dm}{m} = -g\,dt$．$v = U\log\frac{m_0}{m} - gt$．$m = m_0 - at$ の場合には $y = U\left(t - \frac{m}{a}\log\frac{m_0}{m}\right) - \frac{1}{2}gt^2$.

10　dt 時間に m から $m + dm$ になったとすると，$-dm$ の質量を放出したことにな

る．$-dm$ の速度をベクトルで表わして $\boldsymbol{V}+U\boldsymbol{n}$（$\boldsymbol{n}$ は外向き法線の方向の単位ベクトル）とすれば

$$(m+dm)(\boldsymbol{V}+d\boldsymbol{V})+(-dm)(\boldsymbol{V}+U\boldsymbol{n})=m\boldsymbol{V}.$$

2次の微小量を省略して $m\dfrac{d\boldsymbol{V}}{dt}-U\boldsymbol{n}\dfrac{dm}{dt}=0.$ $\dfrac{dm}{dt}=-a.$ 上の式の接線成分 $m\dfrac{dV}{dt}=0.$ $\therefore$ $V=$ 一定．法線成分をとって，$m\dfrac{V^2}{\rho}-Ua=0.$ $\therefore$ $\rho=\dfrac{mV^2}{aU}.$ $\therefore$ 速さ一定，曲率半径 $\dfrac{mV^2}{aU}=\dfrac{(m_0-at)V^2}{aU}$ の軌道を描く．

11 $L=m_1va+m_2va,$ $N=m_1ga-m_2ga.$ $\dfrac{dL}{dt}=N$ を立てる．

12 動きはじめの状態と，A, C が衝突する直前の状態について，運動量保存の法則と力学的エネルギー保存の法則を立てる．〔答〕$\dfrac{2}{\sqrt{3}}V.$

14 すべて $\dfrac{v_0}{2}$ の大きさを持ち，衝突前の両ベクトルも，衝突後の両ベクトルも一直線（ちがう直線）になっている．

第11章

1 斜面の方向，これに直角の方向のつり合い，棒の下端のモーメントのつり合いの式を立てる．〔答〕$\cot^{-1}3\sqrt{3},$ $\dfrac{1}{2}\sqrt{\dfrac{7}{3}}W.$

2 $\dfrac{l\sin^2\alpha\cos\alpha}{h-l\sin\alpha\cos^2\alpha}.$

3 棒が右に滑り出そうとするときと，左に滑り出そうとするときの糸の傾きを出す．〔答〕$\tan^{-1}\left(\dfrac{1}{\mu}+2\tan\alpha\right)$ と $\pi-\tan^{-1}\left(\dfrac{1}{\mu}-2\tan\alpha\right)$ の間の角．

4 はじめのつり合いの条件から $k(l-l_0)=mg.$ 運動中の運動方程式は $I\dfrac{d\omega}{dt}=\{S-k(l+x-l_0)\}r,$ $m\dfrac{dv}{dt}=mg-S,$ $v=\dfrac{dx}{dt}$ また $v=r\omega$ を使う．〔答〕$T=\dfrac{2\pi}{r}\sqrt{\dfrac{(I+mr^2)(l-l_0)}{mg}}$ の単振動．

5 $h=\sqrt{\dfrac{2}{5}}\,r$ のとき．

6 $T=2\pi\sqrt{\dfrac{1}{g}\left(l+\dfrac{2}{5}\dfrac{r^2}{l}\right)}.$ $\sqrt{1+\dfrac{2}{5}\dfrac{r^2}{l^2}}$ を展開する．

7 角運動量が保存される．n^2 倍になる．この運動エネルギーの増加は球の各部分が作用しあう内力の行なった仕事による．

8 軸のまわりの全系の角運動量が保存される．〔答〕$\omega = \dfrac{2mv}{(M+2m)r}$.

9 共通軸のまわりの角運動量が保存される．

10 歯のかみあう点で，図のように大きさ $\overline{F}$ の力積が働きあうとする．両方の輪から成る系の外力としては O_1, O_2 で軸受けからの抗力があるが，このため O_1 のまわりにも，O_2 のまわりにも角運動量は保存されない．歯がかみあった後の角速度を ω_1', ω_2' とすれば

$$I_1\omega_1' - I_1\omega_1 = -a_1\overline{F}, \qquad I_2\omega_2' - I_2\omega_2 = -a_2\overline{F}.$$

これと $a_1\omega_1' = -a_2\omega_2'$ から

$$\omega_1' = \frac{\dfrac{I_1}{a_1{}^2}\omega_1 - \dfrac{I_2}{a_2{}^2}\dfrac{a_2}{a_1}\omega_2}{\dfrac{I_1}{a_1{}^2} + \dfrac{I_2}{a_2{}^2}}, \qquad \omega_2' = \frac{\dfrac{I_2}{a_2{}^2}\omega_2 - \dfrac{I_1}{a_1{}^2}\dfrac{a_1}{a_2}\omega_1}{\dfrac{I_1}{a_1{}^2} + \dfrac{I_2}{a_2{}^2}}.$$

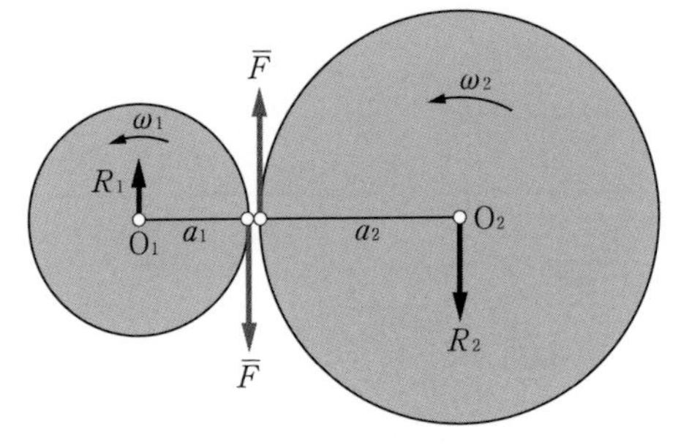

第12章

1 力学的エネルギー保存の法則を使う．$h = \dfrac{7}{10}\dfrac{v_0{}^2}{g}$.

2 静かにおいたときは接触面は滑っている．したがって運動摩擦力が働く．

$$M\frac{dv}{dt} = \mu N, \qquad 0 = N - Mg, \qquad M\frac{2}{5}r^2\frac{d\omega}{dt} = -r\mu N.$$

これらから $\dfrac{dv}{dt} = \mu g$, $\dfrac{d\omega}{dt} = -\dfrac{5}{2}\dfrac{\mu g}{r}$. $\therefore$ $v = \mu g t$, $\omega = \omega_0 - \dfrac{5}{2}\dfrac{\mu g}{r}t$. 床に接触する球面上の点Pの速度は

$$v_{\mathrm{P}} = v - r\omega = \frac{7}{2}\mu g t - r\omega_0. \qquad (1)$$

$t = t_1$ で $v_P = 0$ とすれば $t_1 = \dfrac{2}{7}\dfrac{r\omega_0}{\mu g}$. $0 \leqq t \leqq t_1$ の間は (1) で与えられる運動を行ない, t_1 で滑りが止み, それからは滑らずに転がる一定速度の運動になる. その速度は $\dfrac{2}{7}r\omega_0$.

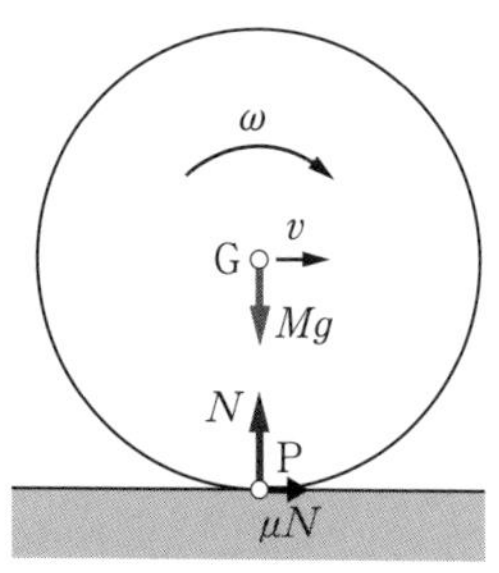

3 ブロックは位置エネルギーを失って運動エネルギーを得る. ブロックの底面 ABCD が床の面につく直前の運動を B′D′ 辺からみると, 重心 G′ が運動すると同時にブロックは G′ のまわりに回転している. B′D′ で止められた後はこの直線のまわりの回転になる. "B′D′ 辺のまわりの角運動量が保存される" ことを式に書く.

〔答〕 $\overline{AB} = 2a$, $\overline{AP} = 2c$ として $\dfrac{2c^2 - a^2}{2(a^2 + c^2)}\sqrt{\dfrac{3}{2}\dfrac{g(\sqrt{a^2 + c^2} - c)}{a^2 + c^2}}$. $c < \dfrac{a}{\sqrt{2}}$ のときは角速度が負になるが, これは許されない. このときは AB 辺が机を圧して (撃力的に) 全体の運動が止まってしまう.

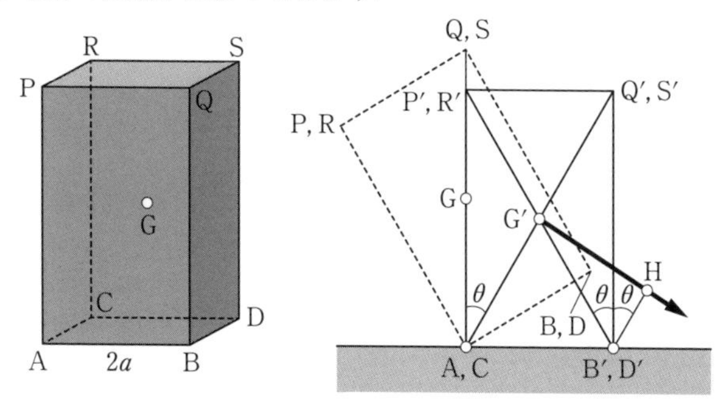

第 13 章

1 円板の中心を C, C の描く円の中心を A とする. $\overline{CA} = c$. A を通る鉛直線を AO とし, C で円板に立てた垂線が AO と交わる点を B とする. 円板と水平面と接する点を D とすれば, DB が瞬間回転軸である. ハーポールホード錐は OB を軸とし，∠DBO を半頂角とする円錐．ポールホード錐は BC を軸とし，∠CBD を半頂角とする円錐．

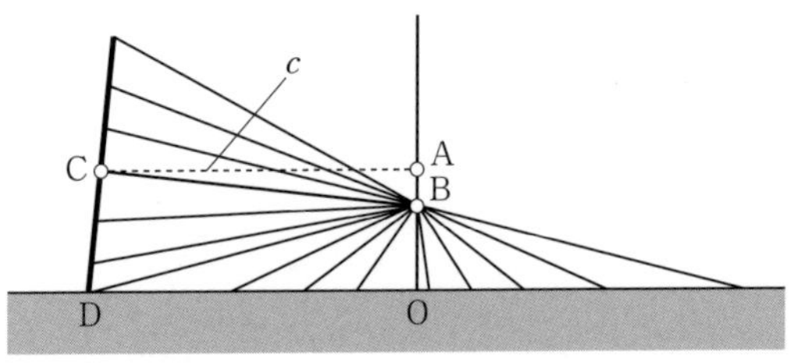

2 重心 O を通って，輪の面に直角に ζ 軸，輪の面内で水平に ξ 軸，輪の面内で上方に η 軸をとる．Euler の方程式を立てる．$A = B$.

$$A\frac{d\omega_1}{dt} - (A - C)\omega_2\omega_3 = N_1,\ \ A\frac{d\omega_2}{dt} - (C - A)\omega_3\omega_1 = N_2,\ \ C\frac{d\omega_3}{dt} = N_3.$$

$\omega_1 = 0,\ \ \omega_2 = \omega\sin\alpha,\ \ \omega_3 = \omega\cos\alpha$ から $N_1 = (C - A)\omega^2\sin\alpha\cos\alpha,\ \ N_2 = 0,\ \ N_3 = 0$.

3 角運動量ベクトルは保存されるので，まずこのベクトルと円板との関係を考える．円板内に ξ, η，これに直角に ζ をとる．$L_1 = A\omega_1,\ L_2 = A\omega_2,\ L_3 = 2A\omega_3$. $L_1 : L_2 : L_3 = \omega_1 : \omega_2 : 2\omega_3$ であるから，ζ 軸, $\boldsymbol{L}, \boldsymbol{\omega}$ は同じ平面内にあり，$\boldsymbol{L}$ は $\boldsymbol{\omega}$ と ζ 軸の間にある．$\boldsymbol{L}$ が空間に固定されているのであるから，ζ 軸がこのまわりに円錐を描く．半頂角を α とすれば

$$\tan\alpha = \frac{\sqrt{L_1{}^2 + L_2{}^2}}{L_3} = \frac{1}{2}\frac{\sqrt{\omega_1{}^2 + \omega_2{}^2}}{\omega_3} = \frac{1}{2}\tan\beta.$$

次に Euler の運動方程式をつくれば

$$\frac{d\omega_1}{dt} + \omega_2\omega_3 = 0, \qquad \frac{d\omega_2}{dt} - \omega_3\omega_1 = 0, \qquad \frac{d\omega_3}{dt} = 0.$$

これらから $\omega_3 = 一定 = n,\ \ \dfrac{d\omega_1}{dt} = -n\omega_2,\ \ \dfrac{d\omega_2}{dt} = n\omega_1$. したがって

$$\omega_1 = p\cos(nt + \alpha), \qquad \omega_2 = p\sin(nt + \alpha).$$

図のように，角速度ベクトル $\boldsymbol{\omega}$ の上の 1 つの点 P を通り，それぞれの円錐の軸に垂直な平面をつくり円錐面を切る円の周を考えれば，円周の長さはハーポールホードが，$2\pi\,\overline{\mathrm{OP}}\sin(\beta - \alpha)$，ポールホードでは $2\pi\,\overline{\mathrm{OP}}\sin\beta$ である．問題で求めているのは ζ 軸が $\boldsymbol{L}$ を 1 周する時間で，それは，$\boldsymbol{\omega}$ がハーポールホード上を 1 周する時間である．ポールホードの方を 1 周する時間は $\dfrac{2\pi}{n}$ であるから，求める周期は

$$T = \frac{2\pi}{n}\frac{\sin(\beta - \alpha)}{\sin\beta}.$$

$\tan\alpha = \dfrac{1}{2}\tan\beta$ を使って，$T = \dfrac{2\pi}{\omega}\dfrac{1}{\sqrt{1+3\cos^2\beta}}$．特に $\beta = 0$ のときは $T = \dfrac{\pi}{\omega}$ $= \dfrac{\pi}{n}$ となる．つまり，円板が大体その面内で 1 回転する間にその軸は 2 回円錐を描くから，2 回よろめくことになる．

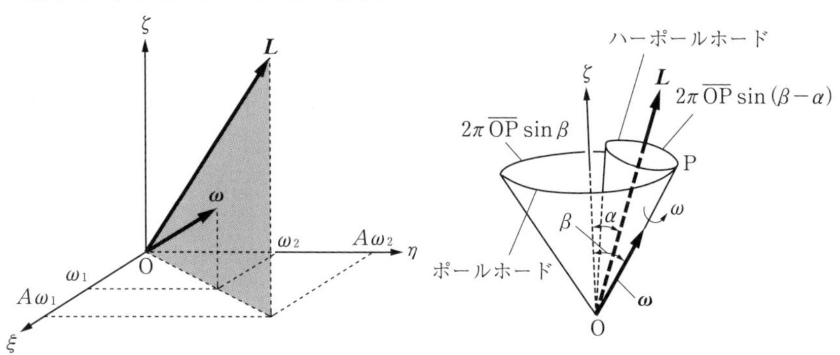

4 Euler の運動方程式は

$$A\frac{d\omega_1}{dt} - (A-C)\omega_2\omega_3 = -\lambda\omega_1, \tag{1}$$

$$A\frac{d\omega_2}{dt} - (C-A)\omega_3\omega_1 = -\lambda\omega_2, \tag{2}$$

$$C\frac{d\omega_3}{dt} = -\lambda\omega_3. \tag{3}$$

(3) から

$$\omega_3 = ae^{-(\lambda/C)t}. \tag{4}$$

(1)，(2) に代入して，

$$A\frac{d\omega_1}{dt} - (A-C)\omega_2 ae^{-(\lambda/C)t} = -\lambda\omega_1, \tag{5}$$

$$A\frac{d\omega_2}{dt} - (C-A)\omega_1 ae^{-(\lambda/C)t} = -\lambda\omega_2. \tag{6}$$

(5) + (6) × i

$$A\frac{d}{dt}u - (A-C)ae^{-(\lambda/C)t}\frac{u}{i} = -\lambda u, \qquad \text{ただし} \qquad u = \omega_1 + i\omega_2.$$

積分して

$$u = b\exp\left(-\frac{\lambda}{A}t\right)\exp\left(\frac{i(C-A)}{A}\frac{Ca}{\lambda}e^{-(\lambda/C)t}\right).$$

実部分をとって

$$\omega_1 = be^{-(\lambda/A)t}\cos\left(\frac{C-A}{A}\frac{Ca}{\lambda}e^{-(\lambda/C)t}\right),$$

虚部分をとって

$$\omega_2 = be^{-(\lambda/A)t} \sin\left(\frac{C-A}{A}\frac{Ca}{\lambda}e^{-(\lambda/C)t}\right).$$

これらから，$\omega = \sqrt{\omega_1{}^2 + \omega_2{}^2 + \omega_3{}^2}$ とおいて

$$\frac{\omega_1}{\omega} \to 0, \qquad \frac{\omega_2}{\omega} \to 0, \qquad \frac{\omega_3}{\omega} \to 1.$$

索　引

コ

サ

シ

ス

ソ

著者略歴

原島　鮮（はらしま　あきら）

1908年京城に生まれる．1930年東京帝国大学理学部物理学科卒業．旧制第一高等学校教授，九州大学教授，東京工業大学教授，国際基督教大学教授，東京女子大学学長を歴任．東京工業大学名誉教授．専門は理論物理学，特に液体の表面張力の統計力学．理学博士．

主な著書に「力学（三訂版）」「初等量子力学（改訂版）」「初等物理学」「基礎物理学選書1　質点の力学（改訂版）」「基礎物理学選書3　質点系・剛体の力学（改訂版）」「基礎物理学選書18　熱学演習 — 熱力学 —」「高校課程物理（上・下）」「物理教育 覚え書き」「続・物理教育 覚え書き」（以上，裳華房），「熱力学・統計力学（改訂版）」（培風館）がある．

力学Ⅰ — 質点・剛体の力学 —（新装版）

1973年2月5日　第1版発行
2008年6月30日　第41版発行
2019年3月20日　第41版7刷発行
2020年11月30日　新装第1版1刷発行
2024年2月5日　新装第1版3刷発行

検印省略

定価はカバーに表示してあります．

著作者　原島　鮮
発行者　吉野和浩
発行所　東京都千代田区四番町8-1
電話　03-3262-9166（代）
郵便番号　102-0081
株式会社　裳華房
印刷所　株式会社　精興社
製本所　牧製本印刷株式会社

一般社団法人
自然科学書協会会員

ISBN 978-4-7853-2272-4